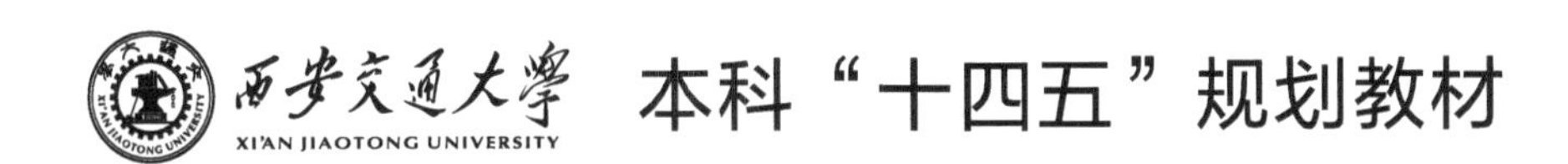

西安交通大学 XI'AN JIAOTONG UNIVERSITY 本科“十四五”规划教材

电子系统设计基础
——数字电路篇

主编 张翠翠 符 均 张世娇 张鹏辉

U0282222

西安交通大学出版社
XI'AN JIAOTONG UNIVERSITY PRESS

图书在版编目(CIP)数据

电子系统设计基础. 数字电路篇 / 张翠翠等主编
. —西安:西安交通大学出版社, 2020.9(2022.1重印)
ISBN 978-7-5693-1553-0

Ⅰ. ①电… Ⅱ. ①张… Ⅲ. ①电子系统—系统设计—高等学校—教材②数字电路—电路设计—高等学校—教材
Ⅳ. ①TN02②TN79

中国版本图书馆CIP数据核字(2020)第001871号

书　　名	电子系统设计基础——数字电路篇
主　　编	张翠翠　符　均　张世娇　张鹏辉
责任编辑	王　欣
责任校对	雷萧屹
出版发行	西安交通大学出版社 (西安市兴庆南路1号　邮政编码710048)
网　　址	http://www.xjtupress.com
电　　话	(029)82668357　82667874(市场营销中心) (029)82668315(总编办)
传　　真	(029)82668280
印　　刷	西安日报社印务中心
开　　本	787mm×1092mm　1/16　**印张** 12.375　**字数** 296字
版次印次	2020年9月第1版　2022年1月第3次印刷
书　　号	ISBN 978-7-5693-1553-0
定　　价	29.80元

读者购书、书店添货如发现印装质量问题,请与本社市场营销中心联系、调换。
订购热线:(029)82665248　(029)82665249
投稿热线:(029)82664954
读者信箱:1410465857@qq.com

版权所有　侵权必究

前言

本书是依托西安交通大学2017年本科实践教学改革研究专项“适应现代电子技术工程人才培养需求的数电教学实验改革与建设”和2018年本科实践教学改革研究专项中的实验教材专项的研究成果，为数字电路教学实验改革完成教材教辅建设而编写的。

本书的指导思想是：重基础，全体系，谋发展。本书定位为数字电路实验教学和数字电路工程设计的入门书籍，将基础作为重中之重；内容包括数字电路设计的方法、工具和经验，体系化地阐述了数字电路及数字系统工程实践环节的每一环；本书以发展的思路方法编写，由浅入深，在讲述基础知识的同时更注重学习方法的引导和渗透，使学生在学习了本书的知识后能举一反三，掌握搜索和学习本书知识以外的相关知识体系的方法和能力。

本书想重点解决的问题有如下几点。

1. 解决新型仪器的高门槛和难深入问题。本书第1章从电子系统测试测量不可或缺的三大基础仪器——示波器、信号源、直流稳压电源开始，摒弃仪器手册简单堆砌的方式，以“有序（知识点科学排序）、接序（知识点间自然过渡）、循序（逐层深入）”的科学认知和科学组织方式，从面板操作、面板逻辑到内部工作机理、仪器参数含义，遵循从熟悉到陌生、从直观到深层的学习规律，深入浅出地讲解仪器的知识脉络及仪器之间的逻辑关系，使学生彻底掌握此类仪器的用法，为电子系统设计的调试测试扫清障碍。

2. 解决数字电路设计的基本工具和方法问题。本书第3章和第4章分别介绍了EDA工具和硬件描述语言。介绍时避免了将工具使用指南和语法规范堆叠的浮于表面的枯燥讲法，结合工程实践和工程经验，强调EDA自动化设计和电路设计原理之间的对应关系，强调硬件描述语言和电路硬件动作之间的对应关系，遵循“底层电路概念清晰，上层电路设计软件化、语言化”的业界主流趋势，使学生沿着电路和工程的脉络掌握数字电路设计最基础且必要的工具方法，为数字电路设计的开端做好准备。

3. 解决对电子系统正确且全面的认知问题。本书第2章为实验箱，讲述了数字电路器件的发展历史、如何由模拟器件三极管设计出数字器件、可编程逻辑器件的内部电路结构组成，让学生明确数字电路不仅仅是0和1，数字电路的本质是模拟电路，它有时延有速度特性；可编程逻辑器件本身是电路，所以硬件描述语言是在描述电路，与C语言大不相同。电子系统中，模拟电路始终是基础，模数混合系统是电子系统的全貌。

4. 解决电子系统设计能力的逐层培养问题。本书第5章为实验内容，精心设计了从基础验证型到小规模设计型，再到较大规模工程应用型的实验内容体系，遵循从工程认知到工程设计、再到工程应用的原则，以循序渐进的科学培养方式由点及面地逐步培养学生的电子系统设计能力。

编写本书期望达到的目标有以下几点。

1. 纠正学生不会调试和不爱调试的不良习惯，通过对测试测量仪器的深入讲解和电路调试举例，引导学生学会基本的电路调试方法，建立正确的电路测试习惯。

2. 纠正学生用C程序设计的思路学习硬件描述语言的习惯，讲解硬件描述语言时强调语言的电路并行执行的特点，强调硬件程序设计后的硬件资源占用和速度等工程问题，帮助学生理解并建立正确的硬件描述语言的设计思路。

3. 纠正学生“易见细节、不见整体”的思维习惯，从实验规模的逐层增大到最后的模数混合系统，让学生一步一步看到整个系统的全貌，建立对知识“从整体上全面认知、局部上分块学习”的良好学习意识。

本书的编写工作是在邓建国老师和张鹏辉老师的指导下进行的，具体分工如下：张鹏辉老师和符均老师把控书的整体架构和内容层次；张翠翠老师负责第 1 章、第 2 章、第 5 章和前言的编写，并负责全书的统稿工作；张世娇老师负责第 3 章的编写；符均老师负责第 4 章的编写。不论哪一章节内容，均是老师们仔细地研究、推敲和琢磨后写下的。希望为学生开启一个正确的、易行的数字电路工程设计之旅。

此书的完成，首先要感谢西安交通大学邓建国教授。邓老师多次参加教材编写讨论会，从结构上、内容上、甚至逐字逐句地给予指导，也给了编写组信心和力量。此外，要感谢鼎阳科技有限公司的解超刚和周江工程师，固纬电子有限公司的孙志高工程师和邹铮工程师，艾德克斯电子有限公司的周玉潇工程师，他们为本书第 1 章仪器章节提供了技术答疑和资料支持。最后，感谢西安交通大学电信学部和西安交通大学实践教学中心对数字电路实验教学改革项目的支持。

知识和技术的发展日新月异，本书内容若有疏漏和不当之处，欢迎读者提出宝贵意见！

编　者

2019.12

于西安交通大学

目 录

第1章　仪器使用基础

本章介绍和电路测量调试息息相关的三种仪器（示波器、信号源和直流稳压电源）。因为在实际的电路设计过程中，电路的调试始终离不开这些仪器。掌握这些仪器的基本使用非常关键，也是后续电路设计和调试所必须的基础。

示波器是一种显示波形的仪器，可以对电信号进行采集、测量和显示，可以观测电路中我们关心的电信号波形。**信号源**可为电路提供标准的激励输入，可以输出标准的正弦波、方波、三角波等。**直流稳压电源**为电路提供直流电，其输出电压和电流均可设置。本章先从示波器开始、到信号源、再到直流稳压电源，从面板逻辑到基本操作、再到基本原理，希望通过本章的介绍能让读者较轻松地掌握仪器的基本使用。若要了解仪器的更复杂用法，请参阅仪器使用手册。

1.1　示波器

示波器从名字上来理解，就是显示波形的仪器，是一种测量设备。它能把电路中肉眼看不见的电信号变换成看得见的图像。利用示波器能观察各种信号幅度随时间变化的波形曲线，还可以测量各种不同的电信号参数，如频率、幅度等。通过示波器可以观测电路中各点的波形情况，从而分析电路、解决实际问题。

本书以固纬电子有限公司的GDS-2202E示波器为例进行介绍。

1.1.1　GDS-2202E初识

GDS-2202E示波器如图1-1所示。图中显示的信号波形是示波器自身的探头补偿信号。显示屏上的横轴表示时间，纵轴表示信号的电压幅度。示波器显示波形有两种方式：一种是扫描显示，一种是触发显示。扫描显示反映了波形随时间推移的动态变化；触发显示反映了一帧一帧的波形的动态更新，设置好触发条件，满足触发条件时采集并显示一屏波

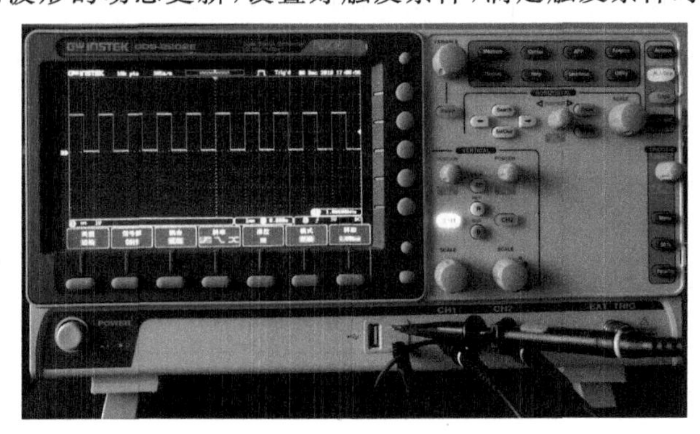

图1-1　GDS-2202E实物图

形，下次触发时更新波形显示。图 1－1 中的波形采用触发显示，因为测量的是周期信号，每一次触发采集并显示的波形数据一致，波形画面一致，因此叠加在一起看似静止。触发控制在 1.1.7 节中介绍。

GDS2000 系列示波器的前面板如图 1－2 所示，各部件名称及功用如表 1－1 所示。

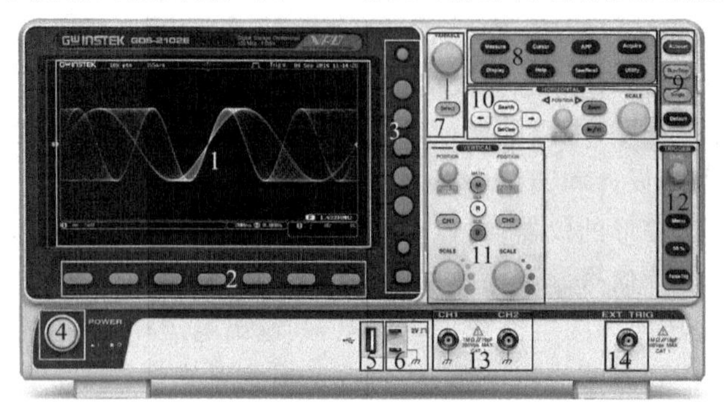

图 1－2　GDS－2000 系列示波器前面板

表 1－1　GDS－2000 系列示波器前面板部件列表

编号	名称	说明
1	LCD 显示屏	波形显示区域
2	显示屏下方菜单键	用于选择显示屏上出现的底部菜单
3	显示屏右方菜单键	用于选择显示屏上出现的右侧菜单
4	电源开关	按下打开电源，再次按下（弹起状态）为关闭电源
5	USB 接口	可连接 USB 存储设备
6	探头补偿信号输出端子	输出方波信号，用于调整示波器探头的容抗
7	可调旋钮	用于增加/减少数值或选择参数
8	功能键区	包含测量和光标等功能测量键
9	自动设置区	包含自动设置、运行停止、单次触发、恢复出厂设置键
10	水平控制区	控制水平方向（即时间轴）上的波形缩放与显示
11	垂直控制区	控制垂直方向（即纵轴）上的波形缩放与显示
12	触发控制区	触发控制键区，含触发电平设置、触发菜单等
13	输入接入	BNC 接口，两个输入通道
14	外部触发接入	若使用外部信号作为触发源，可从此接口接入

初次接触示波器，看图 1－2 会觉得比较繁杂，在学习接下来两节内容后再回过头来看图 1－2，会理解得更透彻。

示波器显示的信号波形主要反映了信号幅度在时间上的变化情况。示波器屏幕上横轴（水平方向上）是时间轴，决定了一屏波形的时间信息。和这个时间信息相关的设置称为水平控制，对应面板上的水平控制区。水平控制区控制波形在水平方向上的伸缩和移动，它不会改变信号本身的时间参数（如频率或周期），例如伸缩只改变一屏波形的总时长。

示波器屏幕上纵轴（垂直方向上）是信号幅度轴。面板上的垂直控制区控制的是信号在垂直方向上的伸缩和移动。伸缩和移动仅是对屏幕上显示的波形比例的改变，信号的实际幅度不变。

在触发显示下，示波器的波形并不是即时更新的，它的每两帧波形之间的更新有一定时间间隔，可以理解为示波器上的动态波形是由一帧一帧图像组成的，一帧图像什么时候更新、更换取决于触发条件。触发条件在面板上的触发控制区设置。

示波器使用中的 3 个基础控制：垂直控制、水平控制、触发控制分别在第 1.1.5、1.1.6、1.1.7 节中详细讨论。

示波器面板

1.1.2　待测信号接入

初次使用示波器，需要明确待测信号的接入。示波器面板上 CH1 和 CH2 两个测量通道的接入点为 BNC 接口形式，如图 1－3 所示。BNC 接口的外圈在示波器内部接地，中间的小孔是信号的正端子接入点。一般示波器探头（如图 1－4 所示）的标配是常用的测量电压的无源探头。它的一端是 BNC 接头，一端是一对黑色表笔夹子。黑色软夹连接 BNC 的外圈即地信号，黑色探针连接 BNC 中间的小孔即待测信号的正端子。通过电路知识我们知道，测量必须要形成回路，测量电压信号时，示波器应该是并联在待测的两个节点上。测量时，示波器探头的 BNC 接口插到 CH1 或 CH2 接口处，另一头的表笔夹子连接到待测电路中，其中黑色软夹接到电路中的地信号上。也就是说，**示波器只能测量相对于地信号的各点电压**。将探头的地线夹子接到电路中的任何非地节点上都可能会损坏电路或仪器，这个地线夹子必须且只能连接电路中的地信号（不能悬空），除非待测电路和示波器所在的电源回路是电隔离的。**使用示波器进行任何单点的测量都是无效的。**

图 1－3　待测信号接入点——BNC 接口

由于示波器探头本身的电抗特性，使用示波器探头测量的信号带宽有限。当待测信号频率较高时，电路中都会使用 SMA 接口（一种 50 Ω 阻抗的高频信号接口），此时需使用 BNC 转 SMA 线连接电路（如图 1－5 所示），以得到更准确的测量结果。

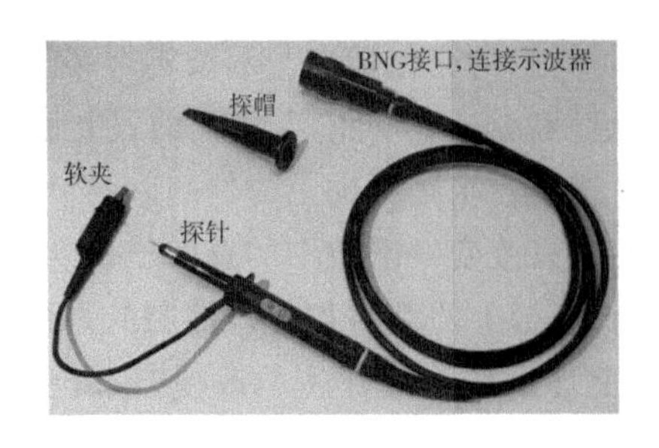

图 1-4　示波器探头

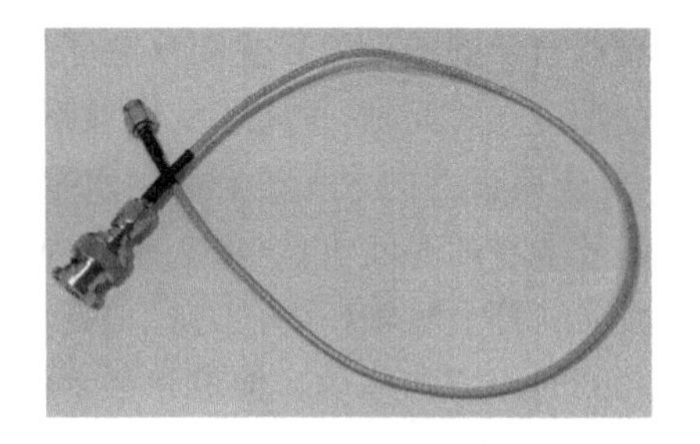

图 1-5　BNC 转 SMA 屏蔽线

1.1.3　示波器的输入阻抗

用示波器测量电路中某点对地的电压时，示波器作为电路的一个负载并联到待测电路上，这个负载就是示波器的输入阻抗，等效电路图如图 1-6 所示。只有当这个阻抗值很大时，它对待测电路的影响才会微弱到可被忽略，测得的信号幅值才会更接近其真实值。一般示波器的输入阻抗都是兆欧级，同时为了在高频时匹配 50 Ω 阻抗，示波器还会有 50 Ω 输入阻抗的可选项。输入阻抗在通道菜单中可以设置(见 1.1.5.3 中介绍)。GDS-2202E 的输入阻抗固定为 1 MΩ，没有 50 Ω 的选配项。

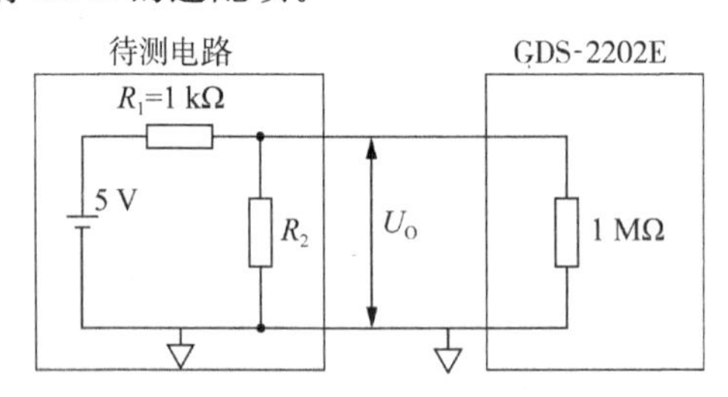

图 1-6　示波器测量的等效电路

图 1-6 中，待测的是 R_2 上的电压 U_O，U_O的实际值为U_O(实际)$=5\ \text{V}\times\dfrac{R_2}{R_1+R_2}$，当接入示波器时 U_O的值即测量值为U_O(测量)$=5\ \text{V}\times\dfrac{R_2}{R_1+R_2 /\!/ 1\ \text{M}\Omega}$。显然，当 R_2 的值远小于 1 MΩ 时，R_2 和 1 MΩ 电阻的并联更接近 R_2，即测量值和实际值更接近，测量误差更小。当 R_2 和 1 MΩ 相当时，R_2 和 1 MΩ 的并联结果将会是 R_2 的一半，测量结果会产生较大的误差。当 R_2 远大于1 MΩ时，测量值则主要取决于示波器的输入阻抗 1 MΩ，而与 R_2 没太大关系，但 U_O 的实际值是 R_2 决定的，这已经完全背离了我们的初始测量目标。读者可自行计算当 R_2 分别取1 kΩ、1 MΩ、10 MΩ 时，测量值与实际值之间的差。此外，R_1 的大小也会影响测量结果。

图 1-6 的示例描述了测量仪器对待测电路产生的影响，希望读者明确测量值和实际值之间的误差，明确什么情况下的测量才是有效的。

1.1.4　示波器探头

在实际测量中，除了示波器本身的输入阻抗对待测电路产生的影响以外，示波器探头的接入也会影响待测电路。为简单起见，将图 1 - 6 看作示波器接入、同时也是示波器探头接入且工作在×1 挡时的低频信号测量情况下的近似等效电路。当示波器探头工作在×10 挡，或者当测量的信号频率较高时(需要考虑示波器探头和示波器自身引入的容性阻抗)，实际的等效电路则与图 1 - 6 不同。

示波器探头分为有源和无源两类，有源探头内包含有源电子元件，具有放大能力，无源探头中仅包含无源元件如电阻、电容、电感等。GDS - 2202E 标配的示波器探头是无源探头，等效电路为电容和电阻的串并联，如图 1 - 7 所示。图 1 - 7 是在×10 挡位下的等效电路。×1 挡位下，图 1 - 7 中的 R_{tip} 为 0 Ω。×10 和×1 的挡位选择是通过探头上的一个滑块实现的(见图 1 - 8)，滑向一边为×1 挡，滑向另一边为×10 挡。

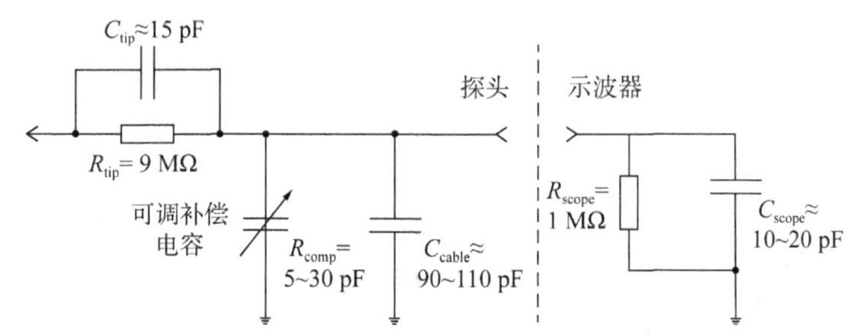

图 1 - 7　示波器探头等效电路(×10 挡)

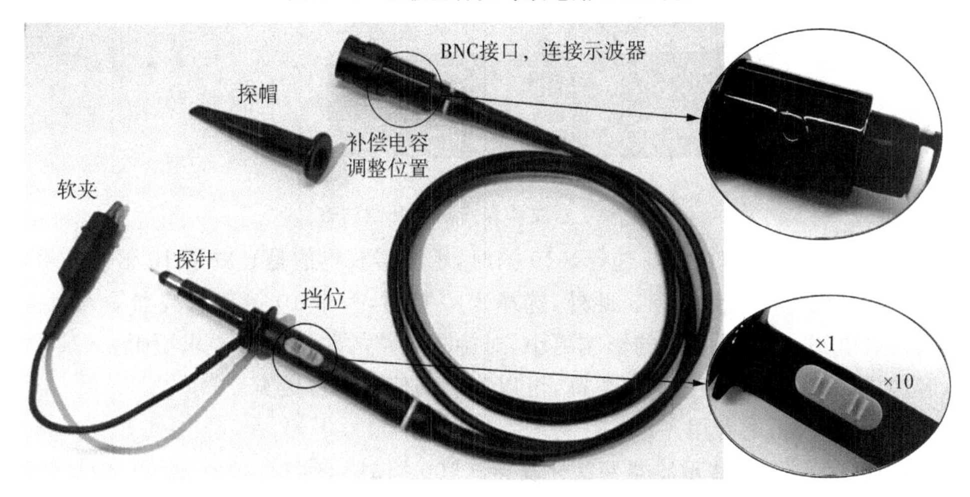

图 1 - 8　探头的挡位选择和补偿电容调整位置

对低频信号进行测量时，电容的影响可以忽略，此时，探头和示波器一起构成的等效电路可简化为探头和示波器阻抗的串联。当选择×10 挡时，相当于将一个 10 MΩ 的电阻接入待测电路，示波器得到的信号幅度是实际信号幅度的十分之一，所以需要对测量结果乘 10 才能得到真实测量值；当选择×1 挡时，则相当于一个 1 MΩ 欧的电阻接入待测电路，如图 1 - 6 所示。在示波器的通道菜单中(见 1.1.5.3 小节)，探棒设置中有一项是衰减系数，衰减系数的设置是告知示波器是否需要对测量的数值乘上某个系数进行调整，以得到正确的测量结果显示。例如，若示波器探头设在×10 挡位，应该设置衰减系数为×10，则示波器内部会对测量结果乘以 10 再显示。总之，示波器探头挡位与通道菜单中的衰减系数应保持一致。

对高频信号进行测量时，需要考虑图 1－7 中的电容的影响。此时示波器探头和示波器一起组成的电路网络应该从整体的幅频特性和相频特性上考虑。对于一个含有较多频率分量的信号来说，信号中某些高频分量的信号将会经过较大衰减到达示波器，且不同频率分量衰减不同，会导致测量到的信号的失真。为补偿这种失真，应使整体的频率响应特性尽量平坦，建议在使用前对示波器探头进行补偿调整。图 1－7 中的 C_{comp} 称为补偿电容，可以动态调整，调整位置如 1－8 所示。

补偿电容调整为多少合适呢？图 1－2 中的标号 6 是示波器的探头补偿信号输出端子，该处输出的是 1 kHz、2 V(峰峰值)的方波信号。因方波信号的 0 和 1 跃变部分包含丰富的高频分量，所以使用方波信号进行补偿调整。将示波器探头接到此处，如图 1－1 所示。观测示波器显示屏上的波形，同时用螺丝刀调整补偿电容的大小，直到方波信号正确显示，如图 1－9 所示。

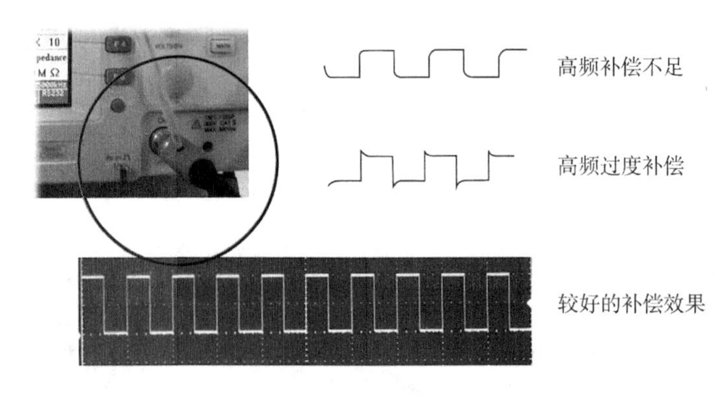

图 1－9　示波器探头高频补偿调整

为什么要设计×10 挡位呢？选择×10 挡时，示波器获得的是衰减了 10 倍的信号，这样可以拓宽示波器的电压测量范围。此外，选择×10 挡时，一个 10 倍于示波器输入阻抗的电阻将接入待测电路，对待测电路的影响更小，对待测电路的驱动能力要求更低；×10 挡的电阻和电容构成的低通网络截止频率更高，可以测量的信号频带更宽。

在测量小信号时，适合用×1 挡。

除了×10、×1 挡，有些示波器探头还支持×100 挡。

除了电压探头外，还有测电流的探头，以及高频下使用的 FET 探头等。

示波器测量探头补偿信号

1.1.5　垂直控制

1.1.5.1　垂直刻度和垂直地准位

面板上垂直控制区放大图如图 1－10 所示。

垂直控制最主要的是调节垂直刻度和垂直地准位，分别由大旋钮（SCALE：垂直刻度）和小旋钮（POSITION：垂直地准位）控制。GDS-2202E 有两个测量通道，所以我们看到有两组垂直控制旋钮。左边一列是 CH1，右边一列是 CH2。中间标有 CH1 和 CH2 的按钮是通道菜单，按下时，该按钮会高亮显示，表明通道已开启，显示屏上有波形显示；再次按下，打开通道菜单，显示屏下方会出现 7 个子菜单；再次按下，该按钮去除高亮显示，对应通道关闭，显示屏上无波形显示。

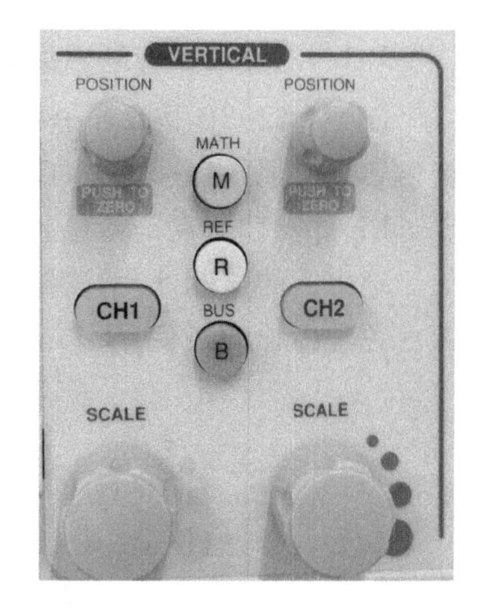

图 1-10　垂直控制区

垂直刻度设置的是垂直方向上一格代表的电压数，单位为 V/div。在屏幕左下方会有指示，如图 1-11 中的①指示的位置。垂直刻度的改变使信号波形在垂直方向上缩放。垂直地准位的改变则会在垂直方向上移动波形。垂直地准位线会由一个通道号标示，如图 1-11 中心的白色框标记，此外，在通道菜单的 Position 处也有显示。一般将信号幅度铺满整个屏幕的三分之二为最佳垂直视图。

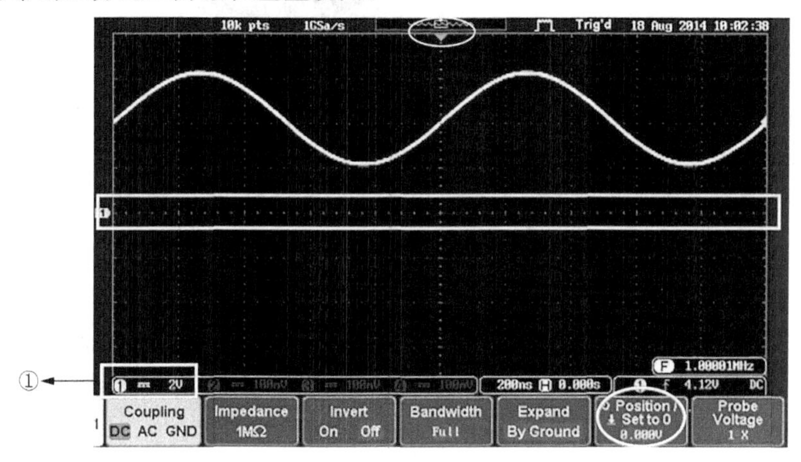

图 1-11　垂直刻度和垂直地准位图示

通过垂直刻度获取幅度信息

屏幕上垂直方向上是 8 个格子，垂直刻度单位为 V/div。信号最大值和最小值之差称为峰峰值，用 V_{pp} 表示。通过垂直方向上波形覆盖的格子数和垂直刻度相乘可粗估信号幅度 V_{pp}，即 V_{pp} = 垂直刻度×信号垂直方向上覆盖的格子数。如图 1-11 所示，信号波形垂直方向上覆盖约 2 格，此时的垂直刻度为 2 V/div，所以信号幅度 $V_{pp}=4$ V。这只是一种粗略估计的方法，要得到更准确的测量结果需使用功能键区的 Measure 键。关于测量功能请参阅示波器使用手册《GDS-2000E 系列使用手册》。

示波器垂直控制

1.1.5.2 通道的颜色标记

GDS－2202E 是双通道的示波器，每一个通道都有颜色标记。通道 1 是黄色、通道 2 是蓝色，对应到图 1－10 中，CH1 的垂直刻度 SCALE 外圈 4 个点是黄色，CH2 垂直刻度 SCALE 外圈四个点是蓝色。屏幕上任何黄色的标记都是和通道 1 相关的，蓝色的标记都是关于通道 2 的。此外，示波器探头也会有色环标识，一般将黄色色环标识的探头连接 CH1，蓝色色环标识的连接 CH2，如图 1－12 所示。

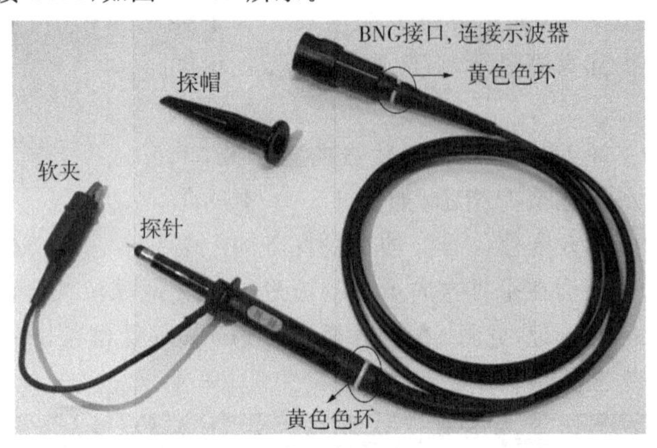

图 1－12 示波器探头色环标识

与水平控制相关的标记是白色的，所有通道共用一个水平控制。这不难理解，水平轴代表时间，各个通道采集进来的信号都是以时间为水平轴，所以在水平上都是一样的。垂直控制则不同，每个通道进来的信号幅度大小可能不在一个量级，为了得到最佳显示波形，垂直刻度应根据各通道接入的波形幅度调整到一个合适值。

1.1.5.3 通道菜单

按下垂直控制区的 CH1 或 CH2 按钮，在屏幕的下方会出现 7 个通道菜单，如图1－13 所示。从左向右依次是耦合方式(Coupling)、输入阻抗(Impedance)、信号反转(Invert)、带宽限制(Bandwidth)、扩展准位(Expand By Ground)、垂直参考位置(Position)、探棒设置(Probe)。

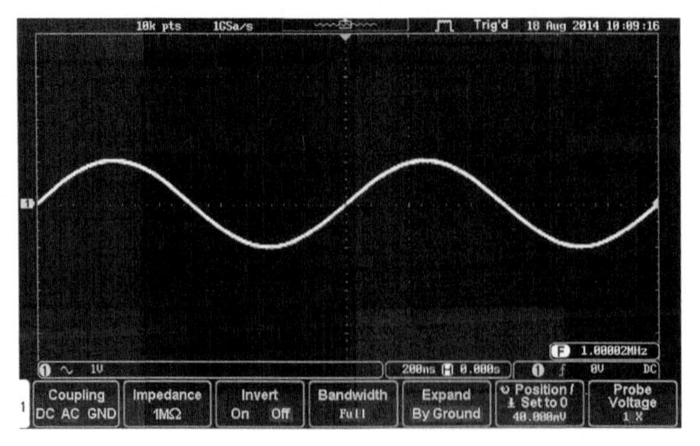

图 1－13 通道菜单

耦合方式：可选择 DC、AC、GND 耦合。使用显示屏下方菜单键切换选择，显示屏下方菜单键位置见图 1－2 中标号 2。

DC 耦合：是将交直流信号一起(即整个信号)进行处理和显示。

AC 耦合：去除信号的直流成分仅将信号的交流成分显示出来。示波器的屏幕高度是有限的，在直流成分很大、交流成分很小、更关注交流成分时，AC 耦合是非常有用的，可以使交流信号在屏幕上实现最佳显示。

GND 耦合：指将输入接地，屏幕上得到的是一条地信号准位线。

输入阻抗：GDS－2202E 示波器的输入阻抗固定为 1 MΩ，没有 50 Ω 可选。当需要以 50 Ω 阻抗匹配时，需要在通道端子处做阻抗转换。

信号反转：将信号正负反转显示在屏幕上。有时候为了更直观对照两个相位相差 180°的信号波形，可将其中一路信号反转。例如观察运放构成的反向跟随器的输出相对于输入信号的失真及相移情况。使用显示屏下方菜单键切换选择。

带宽限制：GDS－2202E 的带宽限制有 70 MHz、20 MHz、全带宽(Full)3 个选项。带宽内的频率分量才能被测量到。由于噪声信号是分布在很宽的频段上的，进行带宽限制后可以减少带外噪声的引入，提高测量精度。按下带宽限制下的显示屏下方菜单键，显示屏右侧会出现三个选项，按下对应的显示屏右方菜单键进行选择，如图 1－14 所示。

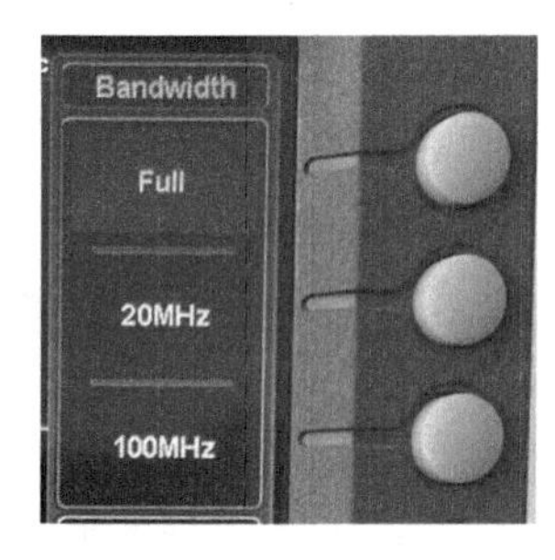

图 1－14　带宽限制设置

扩展准位：是当改变垂直刻度时，信号的垂直缩放参考准位。可选为地准位扩展或屏幕中心扩展。使用显示屏下方菜单键切换选择。

探棒设置：包括电压/电流采集、探棒衰减系数设置。按下探棒设置下的显示屏下方菜单键，显示屏右侧会出现相应设置选项(见图 1－15)。使用显示屏右方菜单键可选择电压采集或电流采集，旋转可调旋钮(位置见图 1－2 中 7 标示)可调整衰减系数(Attenuation)。

图 1－15　探棒设置

这里的探棒正是示波器探头，我们一般使用的是电压探头，这里选择电压采集。根据探头的挡位设置衰减系数。

示波器通道菜单

1.1.6　水平控制

1.1.6.1　时基和水平位置

示波器水平控制区放大图如图 1－16 所示，一大一小旋钮分别设置的是水平刻度(SCALE)和水平位置(POSITION)。屏幕水平方向上一格对应的时间称为时基(timebase)，单位是 s/div。旋动大旋钮,可以调整时基从 10 ns/div 到 100 s/div。时基在屏幕上有标识,图 1-17中时基为 10 ns/div。时基的变化导致波形在水平上的缩放显示。时基设置以一屏显示 2～5 个信号周期为最佳。

示波器出厂设置水平位置为 0,即将屏幕水平方向上均分为二,左右两侧的数据波形各占一半,此时水平方向上的参考时间点(1.1.7 节中会讲到,这个参考时间点正是满足触发条件的时刻点)是屏幕最中心位置,如图 1-17 中屏幕上方中间位置的倒三角标识。当水平位置不为 0 时,这个标识不在屏幕正中间,即屏幕上显示的时间参考点两侧的波形数据不一样多。当水平位置设置为正值时,此标识向左侧移动,将看到更多的参考时间点以后的波形数据;当水平位置设置为负值时,此标识向右侧移动,将看到更多的参考时间点以前的波形数据。旋动小旋钮可调整水平位置,使波形在屏幕上左右移动。

水平位置和时基在屏幕上均有标识,如图 1-17 所示。

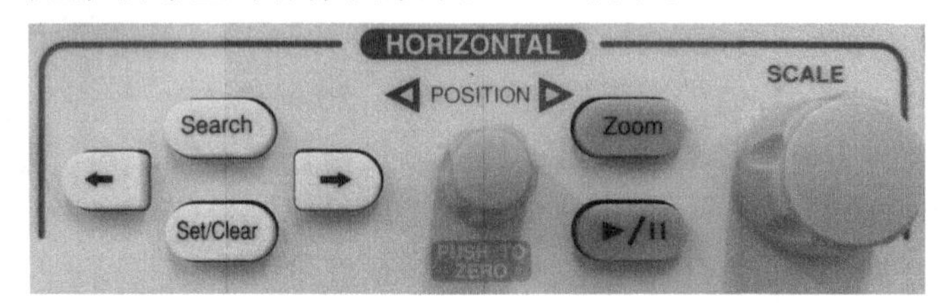

图 1-16　水平控制区

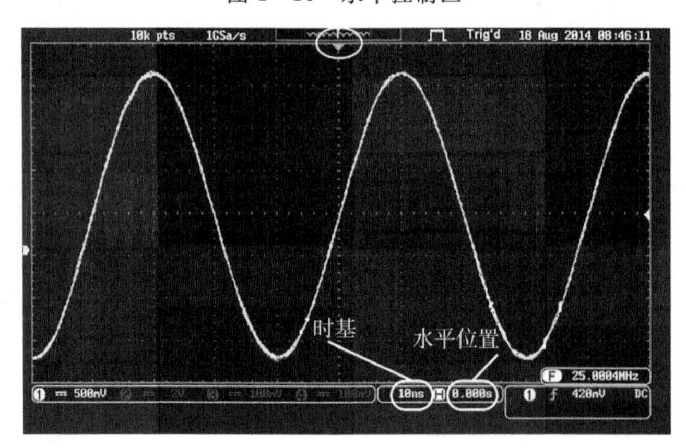

图 1-17　时基和水平位置图示

根据时基获取信号周期

如图 1-17 所示,该正弦信号的时基是 10 ns/div,通过数格子知波形的一个周期占 4 格,所以该信号周期为 4×10 ns=40 ns,频率为 25 MHz。这种数格子的方法是一种简单容易的方式,但是不准确,要得到更准确的信号周期和频率,建议使用功能键区的 Measure 键,启用示波器的测量功能,具体请参阅示波器的使用手册《GDS-2000E 系列使用手册》。

1.1.6.2　采样率和存储深度

GDS-2202E 的最大采样率为 1 G samples/s,即 1 s 时间可以采集 1 G 个样点。GDS-2202E 并不总是工作在最大采样率下,它的实时采样率与时基和存储深度有关。

数字示波器内部有存储器,用来存储波形数据。该存储空间的大小(即能存储的样点个数)称为**存储深度**。存储深度与时基一起决定了示波器的实时采样率。

例如,当时基为1 μs/div时,屏幕上水平方向上有10格,一屏波形数据对应的是10 μs的时间跨度。若示波器的存储深度为1000个样点(points),则一个样点的采样周期为10 μs/1000,对应的采样率为1000/10 μs=100 Msamples/s。

固纬的GDS-2202E的最大存储深度是10 Mpoints,可以通过设置改变波形的存储深度为1000 points、10 Kpoints、100 Kpoints、1 Mpoints和10 Mpoints。具体设置请参阅示波器的使用手册《GDS-2000E系列使用手册》。

示波器一屏上的波形样点数对应的正是存储深度,存储深度设置好后,不会随时基的改变而变化,随时基变化的是实时采样率,实时采样率在屏幕上方中间显示,如图1-18所示。表1-2展示了GDS-2202E的时基、存储深度、实时采样率的对应关系。

图1-18 实时采样率屏幕显示位置图示

表1-2 GDS-2202E时基、存储深度、实时采样率对应表

存储深度/points	时基	实时采样率/(samples/s)
1 K	10 ms/div	10 K
	1 ms/div	100 K
	1 μs/div	100 M
	≤100 ns/div	1 G
10 K	10 ms/div	100 K
	1 ms/div	1 M
	≤1 μs/div	1 G
100 K	10 ms/div	1 M
	1 ms/div	10 M
	≤10 μs/div	1 G
1 M	10 ms/div	10 M
	1 ms/div	100 M
	500 μs/div	200 M
	200 μs/div	500 M
	≤100 μs/div	1 G
10 M	10 ms/div	100 M
	≤1 ms/div	1 G

1.1.6.3 采样率过低导致的信号混叠

上面介绍了时基和采样率的关系，时基数值越小(也就是时基越快时)，采样率越高；时基越大，采样率越低。采样率越高，信号水平方向上(即在时间上)的细节信息越丰富，这是显而易见的。但是当采样率过低(欠采样)时，示波器会得到怎样的波形呢？以正弦信号为例，结果如图 1-19 所示。我们得到了和原信号幅度一致但频率不同的正弦信号，这种现象称为**混叠**。混叠从频域角度的理解可参见信号系统的相关知识。信号系统中讲到的奈奎斯特采样定理表明，当采样率高于信号频率两倍时，则不会出现混叠失真。

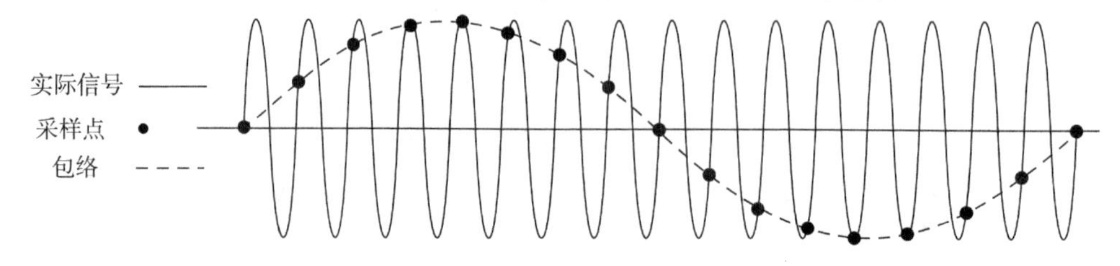

图 1-19 欠采样

所以，为了避免混叠的发生，要保证实时采样率至少要高于待测信号最高频率的两倍。而实时采样率由时基决定。在实际测量中一般当时基和待测信号的周期为同一数量级时，不会发生混叠。

判断是否发生混叠，可以看示波器屏幕上的波形是稳定显示的，还是滚动显示的。在触发条件设置正确的情况下，波形一般是稳定显示的，但当发生混叠时，波形看起来如滚动般显示。

示波器水平控制

1.1.7 触发控制

1.1.7.1 示波器触发采集原理

示波器的触发采集原理如图 1-20 所示。待测的模拟信号经过前端放大器进入到 ADC 模数转换，模数转换后的数字信号被采集存储，然后经过处理器进行测量分析及显示前预处理，最后送给显示屏显示。触发系统决定什么时候触发一次采集存储。示波器并不是任何时刻都在采集数据，采集的数据存储到存储器后，要经过处理器的处理后再开始下一次的触发采集。整个处理过程如图 1-21 所示，是“触发—采集—存储—处理—显示”的反复执行，一次完整的执行过程称为一个捕获周期。存储、处理、显示的过程不采集信号，称为示波器的死区时间。大部分示波器的死区时间都占捕获周期的 90%左右，即示波器 90%的时间都用于处理数据，仅有 10%的时间上的信号被捕获、处理和显示，如图 1-22 所示。

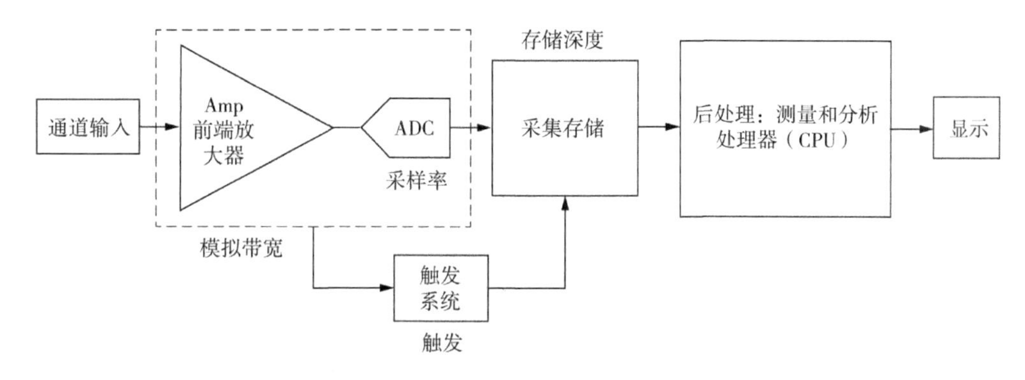

图 1-20　示波器触发采集原理框图

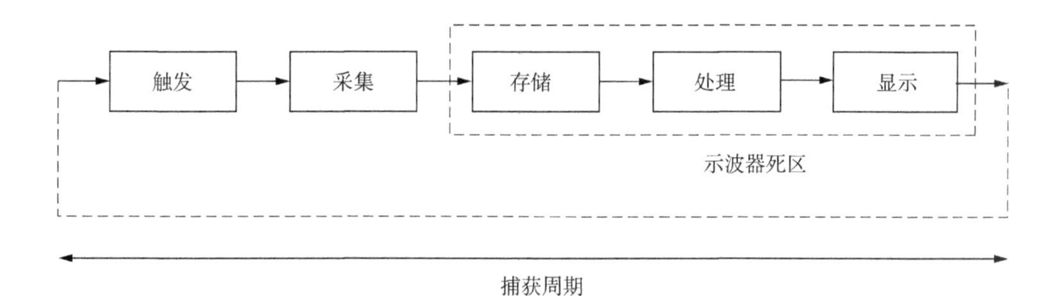

图 1-21　示波器处理流程

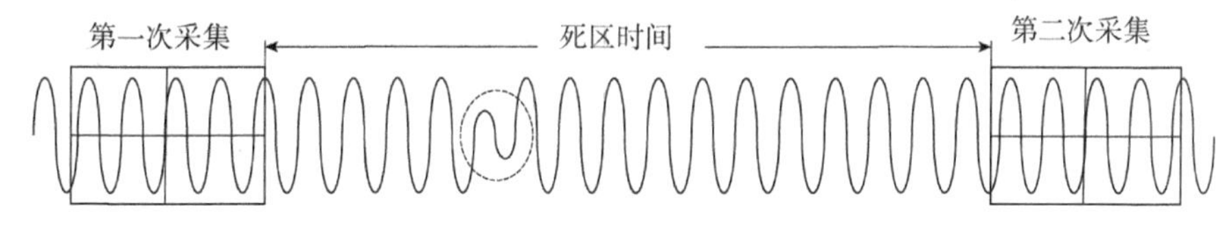

图 1-22　采集和死区时间

图 1-20 中，触发系统的作用是使每一次的数据采集都从某一个位置点开始，这个位置点由触发条件决定。这样做的好处有：第一，用户可以通过设置触发条件得到所关心的信号波形点；第二，对于周期信号，设置合适的触发条件可以使每次的采集都从信号的同一个相位点开始，从而保证每一次采集得到的波形图像基本一致。由于数字示波器模拟的是传统模拟示波器的余晖显示效果，会将多屏采集到的数据波形叠加显示，即屏幕上会不停更新波形数据同时叠加之前很多屏的波形数据显示。若前后几次采集的波形一致，则叠加在一起仍是清晰稳定的波形[见图 1-23(a)]；若前后几次采集的波形初相混乱，则得到的是混作一团的模糊图像[见图 1-23(b)]。图 1-23(b)仅展示了 3 屏波形的叠加，若是几十屏波形的叠加，结果可能会出现波带，完全看不到真实的正弦信号了。

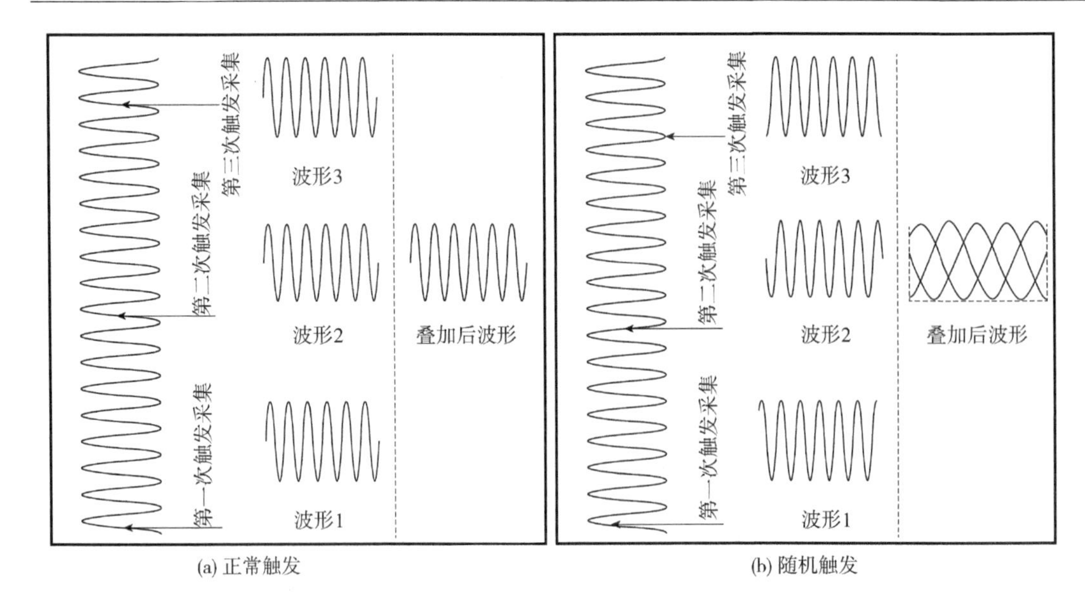

图 1-23　不同触发结果对比

1.1.7.2　边沿触发

示波器的触发类型非常丰富，包括边沿触发、延迟触发、脉冲宽度触发等。边沿触发是最简单的触发类型。当信号以正向或负向斜率通过某个幅度阈值时，边沿触发发生。边沿触发分为上升沿触发和下降沿触发，还有双沿触发。上升沿触发指信号从小到大变化时经过某个幅度阈值引起的触发；下降沿触发指信号从大变小时经过某个幅度阈值时引起的触发；双沿触发则同时包含上升沿触发和下降沿触发。如图 1-24 所示，这里的幅度阈值称为触发电平。当触发条件满足时，我们称为触发事件发生，此时开始一帧数据的采集、存储、处理及显示。

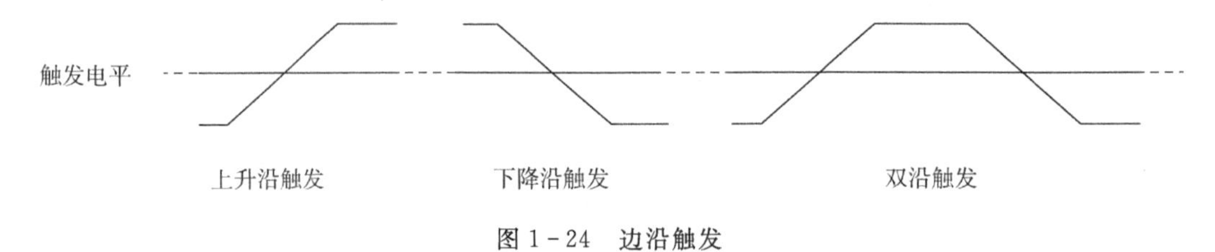

图 1-24　边沿触发

1.1.7.3　触发设置

触发控制区位于示波器面板的右侧，如图 1-25 所示，上方以 TRIGGER 标识。从上至下依次是触发电平旋钮(LEVEL)、触发菜单(Menu)、触发波形设置为 50%(50%)、强制触发(Force-Trig)。按下 Menu 键，会在屏幕下方出现触发菜单(见图 1-26)，从左向右依次是：触发类型(Type)、触发源(Source)、触发源耦合方式(Coupling)、边沿选择(Slope)、触发电平(Level)、触发模式(Mode)、释抑时间(Holdoff)。

触发类型：一般情况下选择边沿触发(Edge)。使用屏幕下方菜单键切换选择。

触发源：是指选择哪个信号作为触发信号，可选 CH1、CH2、外部接入的信号等。按下屏幕下方菜单键选择此项后，按下屏幕右方菜单键调出可选项，然后使用可调旋钮设置。如图 1-26 所示。一般使用待测信号作为触发源。

图 1 - 25　触发控制区

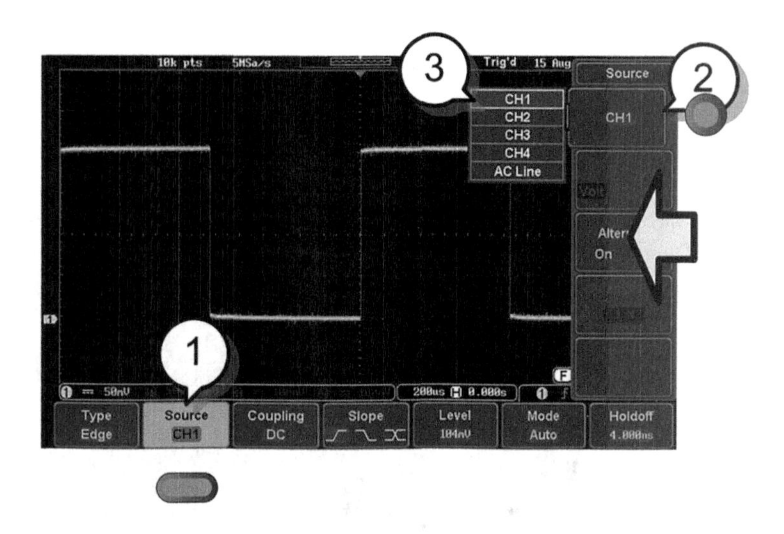

图 1 - 26　触发菜单

触发源耦合方式：可选择交流耦合或直流耦合。使用屏幕下方菜单键切换选择。

边沿选择：可选择上升沿、下降沿、双沿触发。使用屏幕下方菜单键切换选择。

触发电平：这里显示的是当前的触发电平。按下屏幕下方菜单键选择此项后，按下屏幕右侧菜单键选中参数，最后使用可调旋钮设置。也可直接使用触发电平旋钮设置。

触发模式：有自动触发(Auto)、正常触发(Normal)和单次触发(Single)。按下屏幕下方菜单键选择此项后，通过屏幕右方菜单键选择触发模式。

正常触发和单次触发均是仅当满足设置的触发条件时才捕获并更新波形。区别是单次触发在捕获更新波形后自动停止，当按下 Run/Stop 键后，再开启下一次的捕获，正常触发则在捕获更新波形后等待下一次的触发时刻更新波形。GDS - 2202E 的单次触发在面板右上角有单独的按钮(见图 1 - 2 中的标号 9)。单次触发模式可用于捕获异常的毛刺信号。在正常触发和单次触发模式下，如果触发条件设置不当，则可能出现触发条件长时间不能满足、一直等待触发的情况，此时屏幕上没有任何波形更新。

自动触发是指当触发条件较长时间没有被满足时，示波器内部产生触发以确保波形能够持续更新，因其触发条件与信号没有关系，每次的触发时刻相对于待测信号是随机的，故可能会出现波形的不稳定显示，如图 1 - 23(b)所示。自动触发模式下，若满足触发条件(即有触发事件发生)，则按照触发条件捕获并显示波形，若在较长时间内没有触发事件发生，则启动内部触发显示波形。

释抑时间：按下屏幕下方菜单键选择此项后，按下屏幕右方菜单键调出可选项，然后使用可调旋钮设置。释抑时间是指示波器重新启用触发电路所等待的时间，在触发释抑期间，触发电路封闭，触发功能暂停，即使有满足触发条件的信号波形示波器也不会触发。

触发设置在屏幕上都有相应的标识，图 1 - 27 中，当前触发源是 CH1，直流耦合，上升沿触发，触发电平为 1.44 V。

图 1 - 26 中，上方倒三角对应的是触发时刻点。由于数字示波器的存储特性，触发事件前的数据也可以被存储和处理。屏幕上倒三角块右侧显示的是触发时刻以后的数据，左侧

显示的是触发时刻以前的数据。当水平位置为0时，触发时刻前后的数据各占一半，若想更多地观测触发时刻以后或以前的数据，可以调整水平位置。

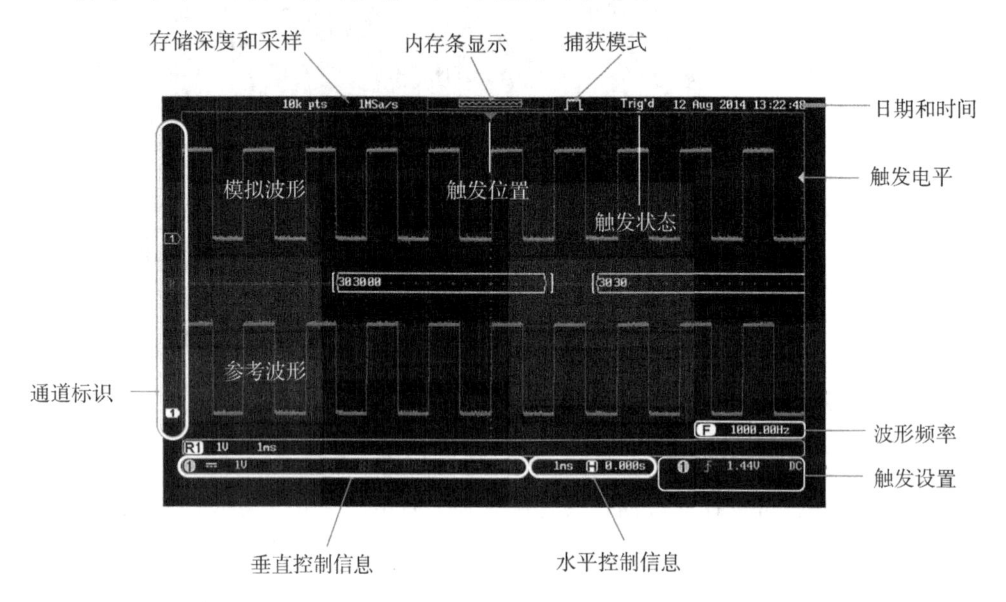

图 1-27　屏幕显示信息标识

示波器触发控制

1.1.7.4　触发设置举例

例 1.1.1　待测波形是正弦波，频率1 kHz，幅度5 V(峰峰值)，无直流分量，从CH1通道接入。如何设置触发得到稳定显示的波形？

(1)按下触发控制区的菜单键(Menu)，调出屏幕下方的触发菜单；

(2)设置类型为边沿触发；

(3)设置触发源为CH1；

(4)设置触发边沿为上升沿或下降沿触发；

(5)设置触发模式为自动(Auto)或正常(Normal)；

(6)调整触发控制区的触发电平旋钮，设置触发电平为−2.5 V到+2.5 V之间(0 V最佳)；

(7)调整时基到合适的位置(如1 ms/div)，可得到稳定显示的波形。

例 1.1.2　待测信号是方波，频率1 MHz，幅度5 V(峰峰值)，2.5 V直流分量，从CH2接入。如何设置可测到方波上升沿的上升时间？

(1)设置触发源为CH2，触发边沿为上升沿，触发电平为2.5 V，触发模式为Normal或Single(Single模式下，按下面板右上方的Single按键，开启一次捕获)；

(2)调整时基为1 μs/div，按下一次Single键得到一次波形显示。根据波形显示观测方波的上升时间。

示波器的触发控制很重要，它是波形稳定显示的关键。只有得到稳定显示的波形，才能继续进行下一步的数据测量和分析。

示波器单次触发

1.1.8 小　结

本节对示波器的基本使用进行了较为详细的介绍，主要从面板逻辑入手，将示波器的使用分为垂直控制、水平控制、触发控制三大部分。

垂直控制主要是垂直刻度和垂直地准位的设置，调整的是波形在垂直方向上的显示。一般建议波形在垂直方向上覆盖屏幕的三分之二为最佳。

水平控制主要是时基和水平位置的设置，调整的是波形在水平方向上的显示。一般建议一屏显示 2～5 个波形周期为最佳。

触发控制主要是设置触发条件，包括触发类型、触发源、触发模式、触发电平等。设置正确的触发条件才能得到稳定显示的波形。触发控制是示波器测量的重要基础。

屏幕上的标识如图 1－27 所示，包含存储深度和采样率（memory length and sample rate）、内存条显示（memory bar）、捕获模式（acquisition mode）、触发电平（trigger level）、触发位置（trigger position）、通道标识（channel indicators）、垂直控制信息（channel status）、水平控制信息（horizontal status）、触发配置（trigger configuration）、波形频率（waveform frequency）。

示波器的使用需经过大量的练习来巩固掌握。可参照本书 5.1 节的实验内容练习示波器的基本使用。

1.2 信号源

信号源的最基本功能是输出各种类型的标准信号，为电路提供标准激励输入，来验证电路的功能。

当我们测量一个电路网络时，除了直流电供给外，大多数时候还需要一个标准激励源供给输入。当我们想看这个电路网络在某个频点的响应时，可以给该网络输入这个频点的正弦信号，通过观察输出并且比对输出和输入之间的幅度和相位关系，得到在这个频点上的电路幅度和相位特性。信号与系统中讲到，一个线性系统对于一个单频信号的输出响应还是这个单频信号，只是幅度和相位发生了变化。而一个非线性系统（如一个乘法器、平方律器件等）对于一个单频信号的输出响应可能会出现其他频率的信号。对于线性系统，通过依次改变输入的正弦信号的频率观察输出情况就可以得到该电路网络的频率特性（包括幅频响应和相频响应）。当我们需要测量电路网络的阶跃响应时，则可以给其提供一个方波或脉冲波，通过观察方波上升沿附近的输出波形情况来得到系统的阶跃响应。这里仅举了两个例子，实际应用中有不少地方需要信号源提供各种信号激励来测试电路的设计与预期是否一致。

本节我们先从标准信号的基本概念、基本参数入手，明确标准激励信号有哪些关键的参数和意义,然后通过一款实际的信号源学习如何设置使其输出想要的标准激励信号。

1.2.1 信号的基本参数

我们知道正弦信号是一个很重要很基础的信号,从信号与系统的知识中我们知道,正弦信号是傅里叶变换中的信号基底,任何信号都可以表示为很多个不同频点的正弦信号的加权和,而正弦信号的频率范围则表征了其合成的这个信号在频域上的带宽。此外,我们在测试调试一个放大器电路时,最先供给的也是一个单频的正弦信号。正弦信号也是信号源的一个最基本信号。

除了正弦信号,信号源还可以输出矩形波(方波是占空比为 50%的矩形波)、锯齿波(三角波是对称度为 50%的锯齿波)以及复杂的调制波形。

正弦信号的基本参数有:频率、幅度、直流偏移;矩形波的基本参数有:频率、幅度、直流偏移、占空比;锯齿波的基本参数有:频率、幅度、直流偏移、对称度;对于较复杂的调制波则还有调制度等概念。

思考两个问题:信号源能否输出任意频率的波形? 信号源能否输出任意幅度的波形? 答案是不能。实际中的任何电路系统都是带限系统,信号源也不例外。信号源能输出的最高信号频率是它的重要指标之一,也是影响信号源售价的重要因素。与最高频率息息相关的是信号源的采样率,一般要高于信号源最高输出频率 10 倍以上。采样率越高,一个周期内的信号采样点数就越多,能呈现的信号在时间上的细节就越丰富。

1.2.2 SDG2122X 初识

与信号的基本参数相对应,信号源的设置中包含对信号参数的设置,如信号的波形(是方波、正弦波还是三角波或其他波形)、幅度、频率、占空比等,此外还有输出通道和负载阻抗的设置。本节以实验教学中使用的鼎阳科技有限公司的 SDG 2122X 信号源为例展开讨论。

SDG2122X 信号源实物图及面板组件如图 1-28 所示。前面板组件有:触摸显示屏、电源开关、屏幕下方的菜单键、常用功能按键、通道输出控制、方向键、多功能旋钮、数字键盘、USB 接口。同时仪器上标有采样率和带宽,该信号源的带宽为 120 MHz(即能输出最高 120 MHz 的正弦信号),采样率为 1.2 Gsamples/s。

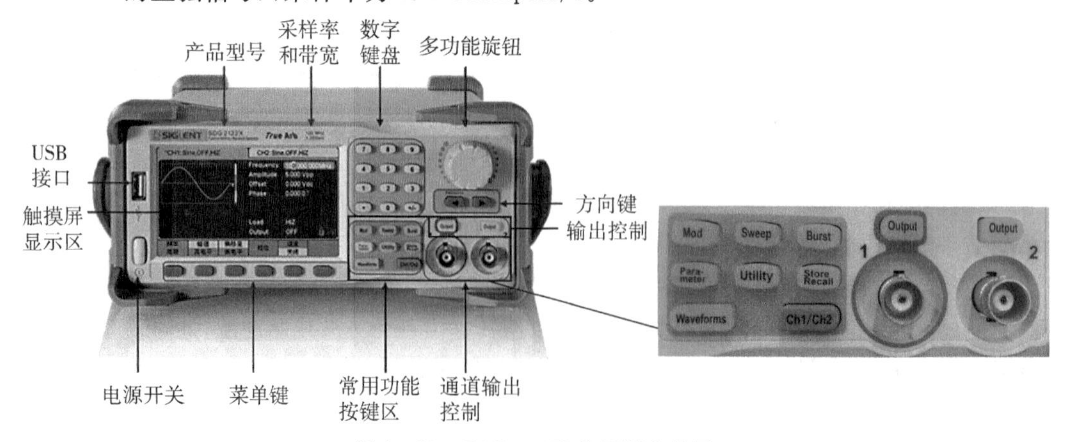

图 1-28 SDG2122X 信号源实物图

信号源的触摸屏显示区如图 1－29 所示。触摸屏可以使用手指和触控笔进行触控操作。大部分的显示和控制都可以通过触摸屏实现，效果等同于按键和旋钮。

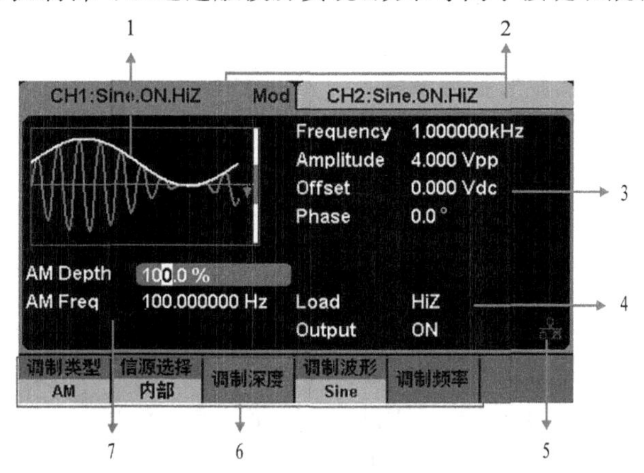

图 1－29　SDG2000X 触摸屏显示区

图 1－29 中屏幕各区域介绍如下。

1. 波形显示区

显示各通道当前选择的波形，点击此处的屏幕，“Waveforms”按键灯将变亮。

2. 输出通道配置状态栏

CH1 和 CH2 的状态显示区域，指示当前通道的选择状态和输出配置。点击此处的屏幕，可以切换至相应的通道。再点击一次此处的屏幕，可以调出前面板功能键的快捷菜单：Mod、Sweep、Burst、Parameter、Utility 和 Store/Recall。

3. 基本波形参数区

显示各通道当前波形的参数设置。点击所要设置的参数，可以选中相应的参数区使其突出显示，然后通过数字键盘或旋钮改变该参数。

4. 通道参数区

显示当前选择通道的负载设置和输出状态。

负载(Load)：可选择高阻(HiZ)或具体的阻值(默认为 50 Ω，范围为 50 Ω～100 kΩ)。选中相应的参数使其突出显示，然后通过菜单键、数字键盘或旋钮改变该参数。

输出(Output)：点击此处的屏幕，或按相应的通道输出控制端，可以打开或关闭当前通道。ON：打开；OFF：关闭。

5. 网络状态提示区

带红叉的图标表示没有网络连接或网络连接失败。

6. 菜单

显示当前已选中功能对应的操作菜单。例如，图 1－29 中显示“正弦波的 AM 调制”的菜单。在屏幕上点击菜单选项，可以选中相应的参数区，再设置所需要的参数。

7. 调制参数区

显示当前通道调制功能的参数。点击此处的屏幕，或选择相应的菜单后，通过数字键盘或旋钮改变参数。

1.2.3 信号源的基础设置

1.2.3.1 波形选择及波形参数设置

SDG2000X 的界面上只能显示一个通道的参数和波形，下面以 CH1 的设置为例。基于当前功能的不同，界面显示的内容会有所不同。

如图 1－30 所示，按下功能键区的 Waveforms 键（或者在触摸屏上点击波形显示区），则在触摸屏下方会出现一系列波形选择按键，分别为正弦波、方波、三角波、脉冲波、高斯白噪声、DC 和任意波。

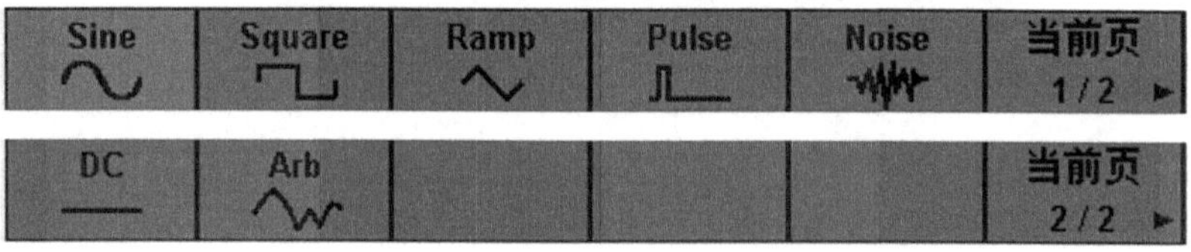

图 1－30 常用的 7 种波形

下面对正弦波、方波、三角波的设置逐一进行介绍，其他设置相似，若想详细了解请参阅信号源用户手册《SDG2000X 系列函数/任意波形发生器用户手册》。

1. 正弦波的设置

选择 Waveforms→Sine，通道输出配置状态栏显示“Sine”字样。SDG2102X 可输出 1 μHz～100 MHz的正弦波。设置频率/周期、幅值/高电平、偏移量/低电平、相位，可以得到不同参数的正弦波。图 1－31 所示为正弦波的设置界面。

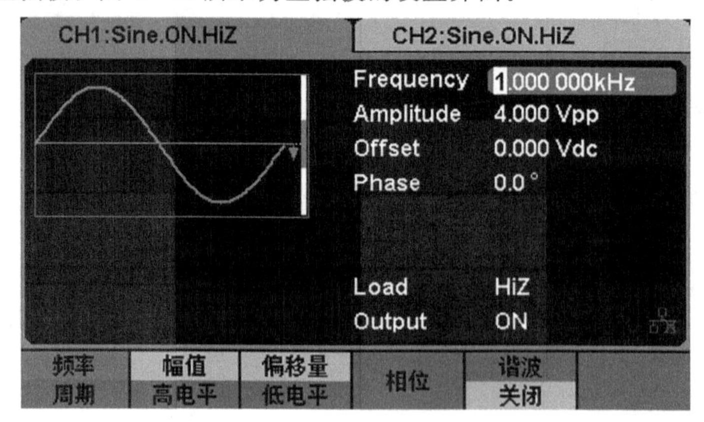

图 1－31 正弦波设置界面

2. 方波的设置

选择 Waveforms→Square，通道输出配置状态栏显示“ Square”字样。SDG2000X 可输出 1 μHz～25 MHz 并具有可变占空比的方波。设置频率/周期、幅值/高电平、偏移量/低电平、相位、占空比，可以得到不同参数的方波。图 1－32 所示为方波的设置界面。

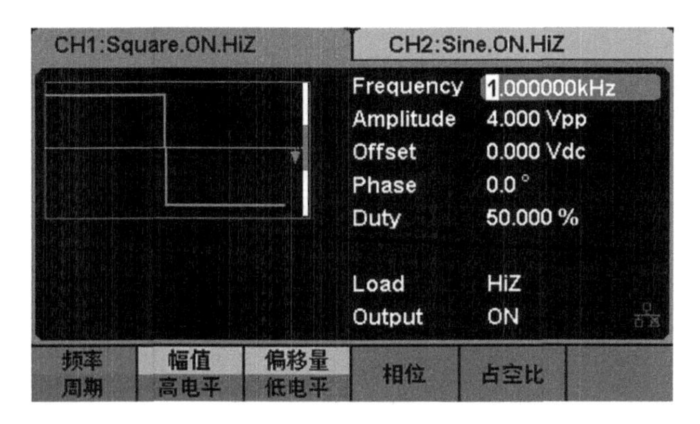

图 1-32　方波设置界面

3. 三角波的设置

选择 Waveforms→Ramp，通道输出配置状态栏显示“Ramp”字样。SDG2000X 可输出 1 μHz～1 MHz 的三角波。设置频率/周期、幅值/高电平、偏移量/低电平、相位、对称性，可以得到不同参数的三角波。图 1-33 所示为三角波的设置界面。

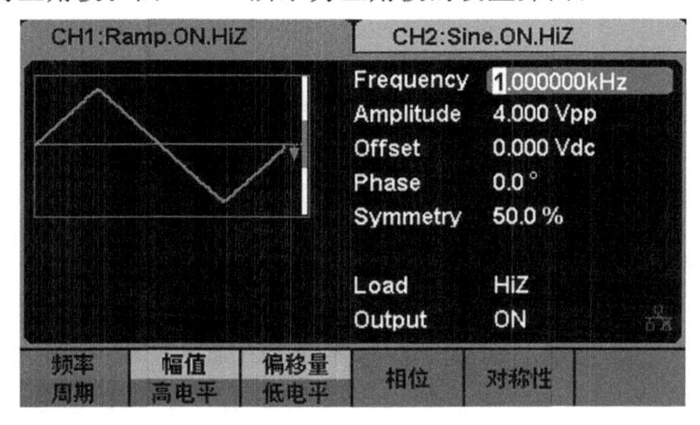

图 1-33　三角波设置界面

1.2.3.2　负载阻抗设置

信号源默认是高阻输出(HiZ)。如果需要使用 50 Ω 输出时，可在屏幕上轻触 Load 后的 HiZ，屏幕下方将出现 HiZ 和 50 Ω 的选项，通过屏幕下方的菜单键选择即可。若想设置为其他的阻值，可通过多功能旋钮调整或按数字键直接键入阻值。

什么是信号源的负载阻抗?

信号源的负载阻抗，从字面上理解，是指信号源的负载，即为信号源将要接入的电路网络的输入阻抗。

为什么要设置负载阻抗?　负载阻抗设置的本质是什么?

信号源的内阻固定为 50 Ω，当负载阻抗 R_L 也为 50 Ω 时，则输出电压 $V_2=\frac{1}{2}V_1$，如图 1-34所示(V_2 是信号源的输出电压)；当负载阻抗 R_L 为无穷大(即高阻)时，$V_2=V_1$。即负载阻抗的大小影响了信号源的实际输出幅度 V_2。所以信号源需要知道当前的负载情况，进而通过修正 V_1 而使用户得到正确的设置值。

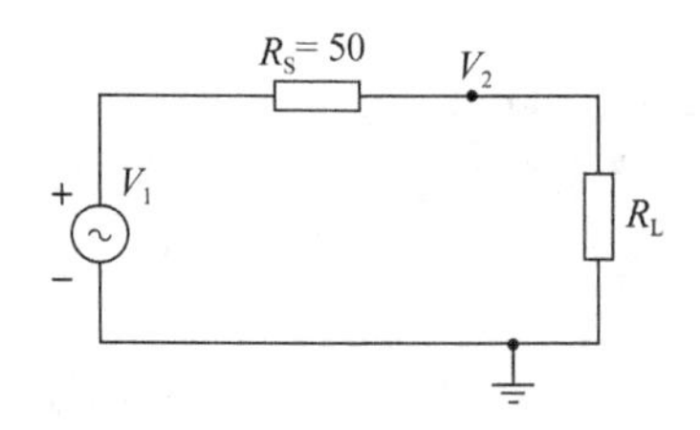

图 1-34 信号源输出等效电路

例 1.2.1 若待接入电路的输入阻抗很大(即信号源的负载阻抗很大),则设置负载阻抗为 HiZ。若设置信号幅度峰峰值 V_{pp} 为 1 V,则信号源配置内部的 V_1 为 1 V,此时 V_2 也为 1 V,保证了实际输出与设置值的一致。

例 1.2.2 若待接入电路的输入阻抗为 50 Ω,则设置负载阻抗为 50 Ω。若设置信号幅度峰峰值 V_{pp} 为 1 V,则信号源配置内部的 V_1 为 2 V,使得 V_2 为 1 V,保证了实际输出与设置值的一致。

例 1.2.3 若待接入电路的输入阻抗为 1 kΩ,则设置负载阻抗为 1 kΩ。若设置信号幅度峰峰值 V_{pp} 为 1 V,则信号源配置内部的 V_1 为 1.05 V($V_1=\frac{50\ \Omega+1000\ \Omega}{1000\ \Omega}V_{pp设置值}$),使得 V_2 为 1 V,保证了实际输出与设置值的一致。

综上,在设置负载阻抗时,要尽量与待接入电路的输入阻抗保持一致。若不一致,信号源的实际输出将与设置的 V_{pp} 不一样,会造成测量上的误差。

1.2.3.3 输出通道控制

1. 通道输出控制

在 SDG2000X 方向键的下面有两个输出控制按键,见图 1-28 中右下角,放大图如图 1-35所示。使用 Output 按键,将开启/关闭前面板的输出接口的信号输出。选择相应的通道,按下 Output 按键,该按键灯被点亮,同时打开输出开关,输出信号;再次按 Output 按键,将关闭输出。也可直接点击触摸屏上的通道参数区的 Output 来设置。按键和触屏设置效果相同。用按键设置时,触摸屏上的 Output 处的 ON 或 OFF 显示同步更新;使用触摸屏设置时,输出通道控制区的 Output 按键也同步更新(点亮或熄灭)。

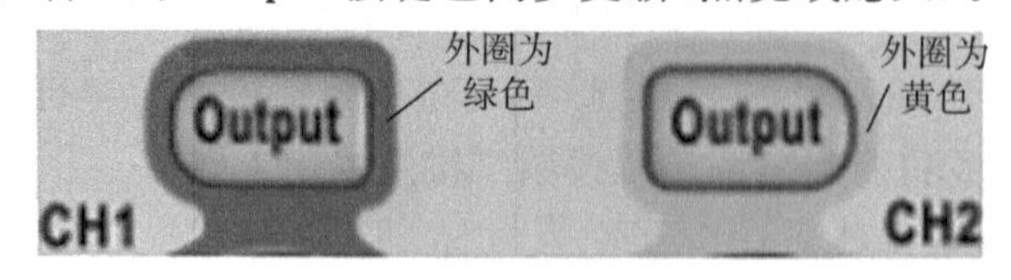

图 1-35 输出控制按键

信号源如图 1-35 所示的部分,两个通道的 Output 键外圈有颜色标示,CH1 是绿色,CH2 为黄色,对应触摸屏上的输出通道配置状态栏(CH1 为绿色背景、CH2 为黄色背景),如图 1-36 所示。

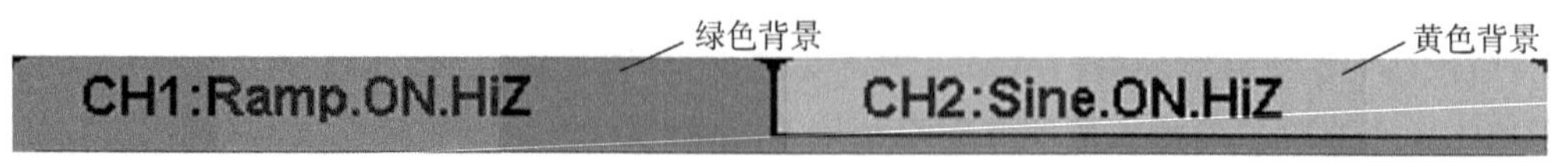

图 1-36 输出通道配置状态栏

2. 屏幕上通道视图切换

可直接点击触摸屏上的输出通道配置状态栏进行 CH1 和 CH2 的切换，也可使用功能键区的“CH1/CH2”键进行通道视图切换。

1.2.3.4　应用举例

例 1.2.4　通道 1 输出正弦波，1 kHz，5 V(峰峰值)，无直流偏移，高阻输出。

①按下“CH1/CH2”键，切换到通道 1 视图，此时屏幕上是绿色背景；

②按下“Waveforms”键，在屏幕下方菜单键选 Sine，此时屏幕上出现正弦波设置界面，如图 1－31 所示；

③通过触屏、旋钮或数字键设置波形参数：频率为 1 kHz、幅度为 5 V(峰峰值)、直流偏移为 0、负载为 HiZ；

④按下通道 1 的“Output”键(或触屏设置 Output 为 ON)打开通道 1 的输出。

例 1.2.5　通道 2 输出方波，20 MHz，5 V(峰峰值)，2.5 V 直流偏移，50 Ω 负载输出。

①按下“CH1/CH2”键，切换到通道 2 视图，此时屏幕上是黄色背景；

②按下“Waveforms”键，在屏幕下方菜单键选 Square；

③通过触屏、旋钮或数字键设置波形参数：频率为 20 MHz、幅度为 5 V(峰峰值)、偏移为2.5 V、负载为 50 Ω；

④按下通道 2 的“Output”键(或触屏设置 Output 为 ON)打开通道 2 的输出。

要验证以上设置是否正确，需结合示波器观察信号来验证。信号源和示波器可通过两头都是 BNC 接头的短线直连，这样连接线上的损耗较小。在低频时，也可以使用信号源的连接线和示波器的探头连接的方式(注意正负端子一一对应)。具体的练习可参阅本书 5.1 节的实验内容。

1.2.4　信号源的输出接口与连接线

信号源的输出接口是 BNC 型，与示波器的通道输入接口相同。同样，BNC 接头的外圈在信号源内部与地信号相连接，中间的“小点”是信号的正端子输出。信号源连接线最常使用的是 BNC 转双鳄鱼夹线(如图 1－37 所示)。双鳄鱼夹线有一对红黑夹子，其中黑色夹子连接 BNC 接头的外圈地，红色夹子连接 BNC 接头的正端子，即黑夹子连接的是地信号，当接入到电路中时，也必须与电路的地信号相连接，不能接到任何非地信号上，也不能悬空不接。当在高频信号输出时，一般会使用 BNC 转 SMA 同轴线(如图 1－5所示)，可以实现50 Ω阻抗匹配以及较好的屏蔽性。实际应用中，电源、信号源、示波器以及待测电路要共地。

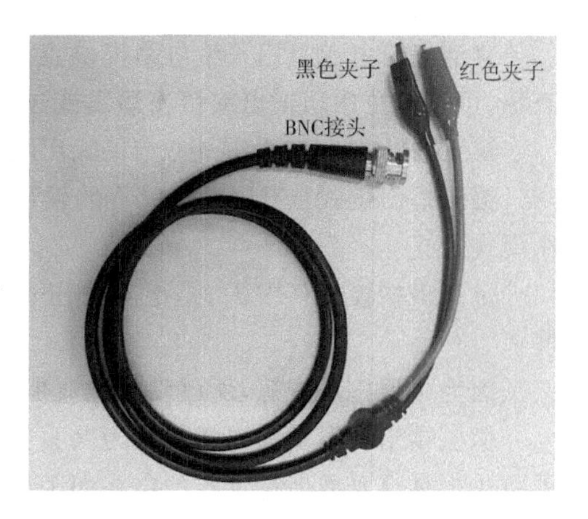

图 1－37　BNC 接头转双鳄鱼夹线

1.2.5 小　结

不论哪种型号的信号源,使用方法基本相同。需要设置的有波形类型、波形参数(频率、幅度、相位等)、负载阻抗、通道开关等。

信号源使用中较容易出错的是负载阻抗的设置。负载阻抗即为待接入电路的输入阻抗,信号源会根据负载阻抗的大小调整内部源端的输出幅度,以使实际的输出值和设置值保持一致。若实际的负载阻抗与设置的负载阻抗不一致,则信号源的实际输出会与设置值不同。

信号源面板及基本操作/示波器测量信号源输出的信号

1.3 直流稳压电源

实际中使用的电源都是 220 V/50 Hz 的交流电,但我们的电子设备大多数是直流供电,例如手机是 5 V 直流充电,笔记本电脑是 12 V 直流供电。手机充电器会将 220 V 的交流电转换为 5 V 的直流电,笔记本电脑的电源适配器会将 220 V 的交流电转换为 12 V 的直流电。

能为负载提供稳定直流电源的仪器称为**直流稳压电源**,直流稳压电源的供电电源是交流电源,输出是稳压后的直流电。当交流供电电源的电压或负载电阻发生变化时,直流稳压电源的直流输出电压始终保持稳定。直流稳压电源的输出更加灵活,输出电压电流可按需设置,以适配我们在实际电路设计中所需的各种直流电。本节从直流稳压电源的基本概念入手,以 IT6302 直流稳压电源为例,讲述它的基本操作和使用方法。

1.3.1 基本概念

直流稳压电源是用来给电路提供直流电的仪器设备,大部分直流稳压电源属于**恒压限流源**,可工作在**恒压输出**或**恒流输出**或**过压保护**模式下。

恒压输出模式(CV),是指仪器的输出电压保持恒定,输出电流随负载大小变化的工作模式。

恒流输出模式(CC),是指仪器的输出电流保持恒定,输出电压随负载的大小变化的工作模式,

过压保护模式(OVP),是指当输出大于设置的过电压保护值时,仪器关闭输出的保护模式。

因为是恒压限流源,所以没有过流保护,仅有限流输出。

恒压输出和恒流输出均可认为是直流稳压电源的正常工作模式,过压保护则是仪器为了防止损坏自身或者待供给的电路而关闭输出的一种保护状态。

1.3.2 直流稳压电源 IT6302 初识

直流稳压电源 IT6302 正是一种恒压限流源。

IT6302 不能手动设置恒压和恒流模式,工作在哪种模式下是仪器根据当前设置的电

压、电流及实际的负载情况自动切换的。初始状态下，IT6302 工作在恒压输出模式下，当负载过重(恒压模式下的负载过重对应的是负载的阻值过小)导致实际电流大于设置的电流值时，仪器则自动切换到恒流模式下，即输出电流恒定为当前设置值，输出电压随负载大小变化(输出电压为当前电流与实际负载的乘积)，且不超过设定的电压值；仪器在恒流模式下，也会因为负载过重(恒流模式下的负载过重是指负载阻抗过大)，使得输出电压超过当前设置的电压值，仪器则自动切换到恒压模式下，即按照设置的电压值恒定输出，输出电流随负载大小变化(输出电流为当前电压值除以实际负载)。

直流稳压电源有两个重要参数：**额定电压和额定电流**。额定电压和额定电流分别指仪器在正常工作状态下的最大输出电压和电流。直流稳压电源的输出设置值不能超过额定电压和额定电流。IT6302 的实物如图 1－38 所示，它有三个输出通道，额定输出分别为 30 V/3 A、30 V/3 A、5 V/3 A。

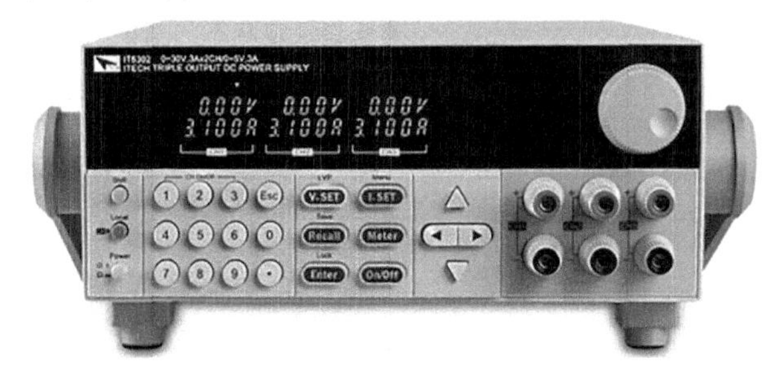

图 1－38　IT6302 实物图

IT6302 的前面板布局如图 1－39 所示。

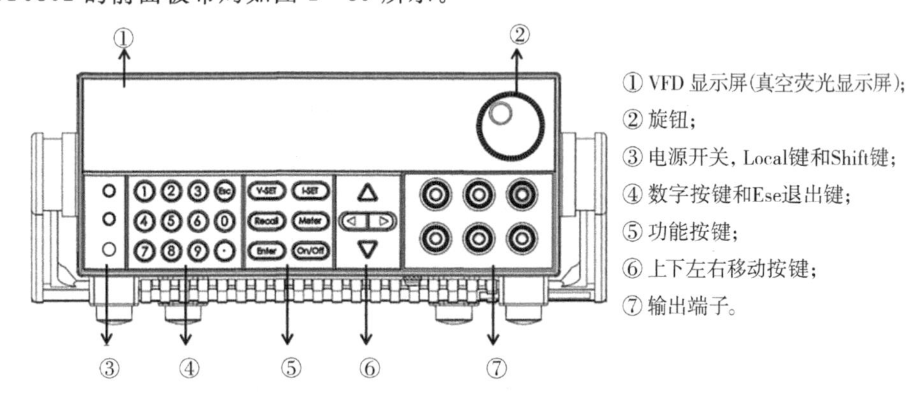

图 1－39　IT6302 前面板布局

键盘按键如图 1－40 所示，具体按键释义如表 1－3 所示。

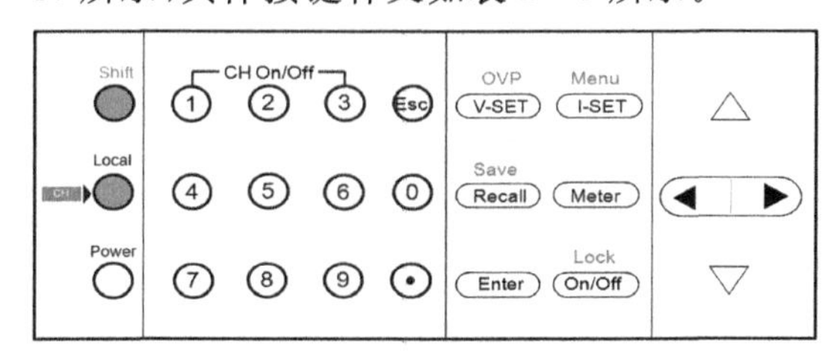

图 1－40　键盘按键

表 1-3　键盘按键释义

按键	名称及功能
0～9	数字键(其中 1～3 为单路输出开关键,需配合 Shift 键使用)
Esc	返回键
Shift	复合功能键
Local	通道切换键
Power	电源开关键
V-SET/OVP	电源输出电压设置键/过电压设置键
I-SET/Menu	电源限电流设置键/菜单键
Recall/Save	从指定的内存位置取出电源设定值/存储电源的当前设置值到指定的内存位置
Meter	测量和设定状态的切换
Enter	确认键
On/Off / Lock	电源输出开关键/键盘锁定键
◀ ▶	左右移动键
△▽	上下移动键
Shift+①	通道 1 打开/关闭
Shift+②	通道 2 打开/关闭
Shift+③	通道 3 打开/关闭

1.3.3　直流稳压电源基础设置

直流稳压源 IT6302 可以设置的参数有:输出电压、输出电流、过电压。

1. 电压设置

按“V-SET”键→数字键键入数值→按“Enter”键完成数值输入,此时屏幕上对应通道将显示设置的电压值;此外,按◀ ▶键可调整光标位,转动旋钮可改变所选光标上的数字,即可设置电压值。

2. 电流设置

按“I-SET”键→数字键键入数值→按“Enter”键完成数值输入,此时屏幕上对应通道将显示设置的电流值;此外,按◀ ▶键可调整光标位,转动旋钮可改变所选光标上的数字,设置电流值。

3. 过电压设置

切换到某个通道后,按下“Shift”+“V-SET(OVP)”进入过电压设置,此时“V-SET(OVP)”键闪烁显示。通过数字键或旋钮设置过电压值,按“Enter”键完成输入。

设置过电压后,当设置的输出电压高于这个电压时,相应通道会自动更改输出电压为过电压。此外,当接有源负载使得实际电压大于这个过电压值时,仪器会关闭输出、切换到过压保护模式下。

4. 通道切换

在电压设置"V - SET"或电流设置"I - SET"灯亮的状态,按"Local"操作键可在三个通道间进行切换。

5. 输出状态

按"On/Off"键可同时打开或同时关闭所有通道的输出。"On/Off"键灯亮时,表示当前所有通道中至少有一路输出开启。"On/Off"键灯灭时,表示所有通道关闭。

单通道的开关键"Shift"+①,"Shift"+②,"Shift"+③可控制某一通道的输出开关状态(数字键①控制第一通道的输出状态,数字键②控制第二通道的输出状态,数字键③控制第三通道的输出状态)。

6. 查看实际输出

按下"Meter"键使"Meter"键点亮时,屏幕上显示当前的实际输出电压和电流。通过"Meter"键,可以非常方便地得到实际电源的供给情况,得到系统的整体功耗。

如何设置电压电流使其工作在恒压或恒流模式下?

若要提供恒流供给,设置电流值为需要的输出电流,预估所需的电压(电流与负载的乘积),设置一个大于预估电压的电压值。

若要提供恒压供给,设置电压值为需要的输出电压,预估所需的电流(电压与负载的比值),设置一个大于预估电流的电流值。

1.3.4 电源的输出连接方式

1.3.4.1 电源输出端子和连接线

IT6302有3个独立的输出通道,对应的输出端子有3对,每个通道都有正端(红色端子)和负端(黑色端子)两个输出端子,每对输出端子间标有通道号CH1、CH2、CH3,如图1-41所示。该电源3个通道间是相互隔离的,即3个通道的黑色端子不连通,仪器内部也没有将黑色端子接到大地信号上,这点与示波器和信号源不同。但并不是所有的直流稳压电源的通道间都是隔离的。电源的输出端子也称为接线柱,可以使用"香蕉插头转鳄鱼夹"线[如图1-42(a)所示]连接接线柱和待供电电路,香蕉插头直接插入到接线柱中[(如图1-42(b)通道1所示)],鳄鱼夹连接电路中;有时也直接用导线将其接入到电路中[图1-42(b)通道2所示],导线插入到接线柱的小孔中,然后把帽拧紧,为显示小孔图1-42(b)中没有拧紧。

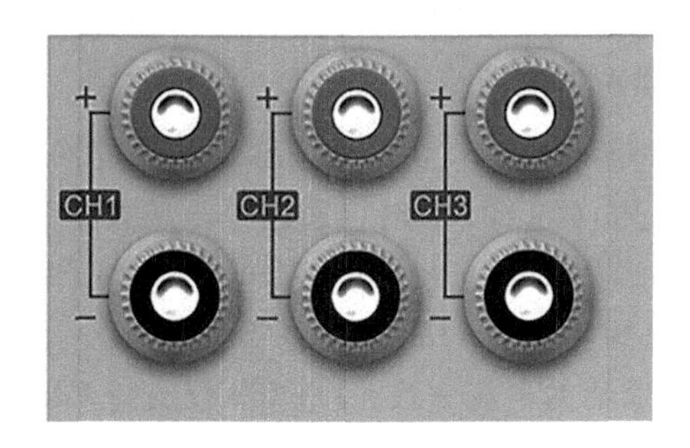

图1-41 IT6302输出通道

(a)“香蕉插头转鳄鱼夹”线

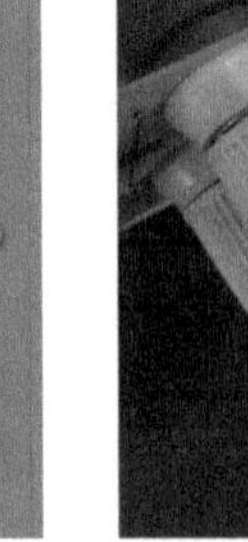

(b)电源输出连接

图 1-42　电源输出连接

1.3.4.2　单路电源输出

实际应用中较常用单路电源供电，如+5 V 供电，此时选择仪器的一个通道，设置好参数后，按照图 1-42(b)的接法将电源的输出接入到电路中。红色接线柱对应+5 V、黑色接线柱对应 GND 信号。

1.3.4.3　两路串联提供正负电源输出

实际应用中，会遇到正负电源供电的应用场景(例如，双电源供电的运放)，此时需要将两个通道串联来实现。电源的通道间能否串并联，需要查看电源的使用手册，确保相互隔离的通道才可以串并联，一般在手册中都会有详细说明。

CH1 和 CH2 串联产生±5 V 双电源的连接图如图 1-43 所示：将 CH1 的负端子和 CH2 的正端子用导线连起来，作为 GND 信号接入到电路；CH1 的正端子为正电源输出，CH2 的负端子为负电源输出。之后，分别设置两个通道的电压和电流即可。

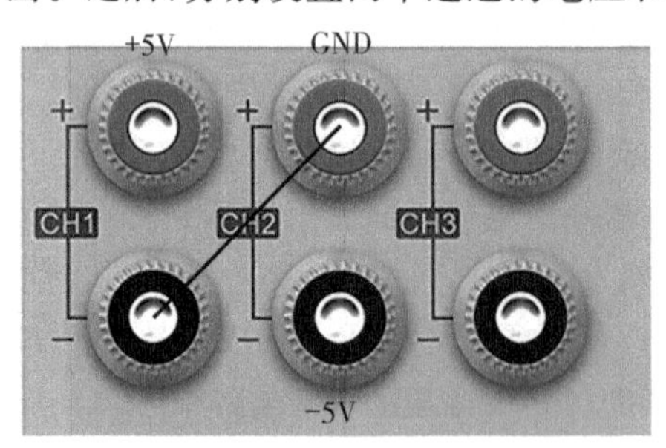

图 1-43　两通道串联提供双电源输出

1.3.4.4　两路串联提供两倍电压输出

串联除了产生正负电源外，还可以提供两倍于额定电压的输出电压。例如，在有的应用场景下，需要一个 60 V 的电压，而 IT6302 的单通道电压最大为 30 V，此时串联两个通道可解决此问题。接线和信号输出如图 1-44 所示。CH1 的负端子和 CH2 的正端子用导线连起来；CH1 的正端子为正电源输出，CH2 的负端子为 GND。注意，此时需设置 CH1 和 CH2 为串联同步，确保两个通道的电流一致。IT6302 仅支持 CH1 和 CH2 串联。

具体设置方法：

按下“Shiift”+“I-SET”键，进入菜单中；使用方向键的上下键选择到 COUP 选项下

(此时有 OFF、SEr、PAr 三个选项,如图 1－45 所示);使用左右键选择 SEr,最后按"Enter"键确认(若要退出串并联模式,这一步选择 OFF＋"Enter"键确认)。串联设置成功后,界面显示如图1－46所示,屏幕中间会出现 SEr,表示当前是 CH1 和 CH2 通道的串联输出,左侧显示的是串联后的电压和电流,电压最高可设置为 60 V(CH1 和 CH2 的额定电压之和)。

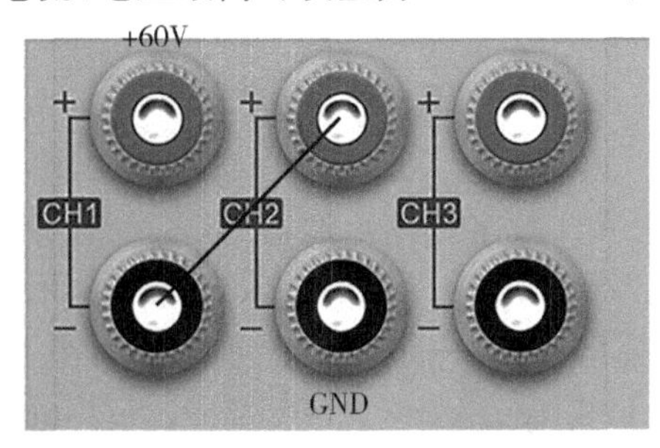

图 1－44　两通道串联拓宽输出电压

图 1－45　串并联设置界面

图 1－46　串联设置成功后界面

1.3.4.5　两路并联提供两倍电流输出

IT6302 的 CH1 和 CH2 可以并联实现两倍的额定电流输出。接法如图 1－47 所示,将 CH1 和 CH2 的负端子连接在一起、正端子连接在一起。并联设置方法与串联一致,先进入到 COUP 菜单下,然后选择 PAr,最后按"Enter"键确认。设置成功后的界面如图 1－48 所示,中间显示 PArA,表示当前是 CH1 和 CH2 的并联输出,左边显示的是并联后的电压和电流,此时可设置的最大输出电流为 6.2 A(CH1 和 CH2 的额定电流之和)。

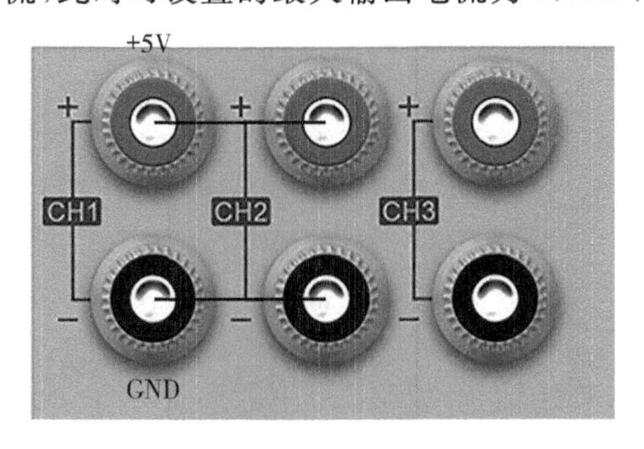

图 1－47　两通道并联拓宽输出电流

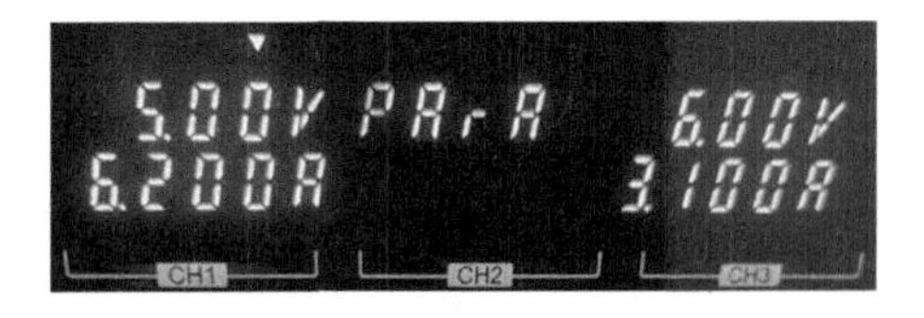

图 1－48　并联设置成功后界面

1.3.5　小　结

本节介绍了直流稳压电源的基本概念和基本使用。

直流稳压电源主要的工作模式为恒压输出模式和恒流输出模式,默认是在恒压模式下,当负载过重会自动切换到恒流模式下,也称为限流模式。过压保护是当输出电压超过过电压设置值(OVP)时仪器关闭输出的一种保护状态。

直流稳压电源设置的参数有电压、电流、过电压。仪器有 3 个通道,CH1 和 CH2 最高可输出 30 V、3.1 A,串并联的使用可以拓宽电压范围和电流范围(最高 60 V/3.1 A 或 30 V/6.2 A)。CH3 最高可输出 6 V、3.1 A。

参考文献

[1] 固纬电子(苏州)有限公司. 数字存储示波器 GDS-2000E 系列使用手册[EB/OL]. [2019-12-1]. http://www.gwinstek.com.cn/product/detail/150.

[2] 深圳市鼎阳科技有限公司. SDG-2000X 系列函数/任意波形发生器用户手册[EB/OL]. [2019-12-1]. https://www.siglent.com/upload_file/user/SDG2000X/SDG2000X_UserMan ual_ UM0202X-C02B.pdf.

[3] 艾德克斯电子(南京)有限公司. 三路可编程直流电源 IT6300A/B 用户手册 [EB/OL]. [2019-12-1]. http://www.itech.sh/cn/product/dc-power-supply/IT6300.html.

第 2 章 实验箱

2.1 数字电路的发展历程

1837 年，摩尔斯发明电报，用点和线编码信息，并通过开关的通断实现了信息以电流的形式长距离传递，开启了数字通信和开关数字电路的时代。此后，人们发现数字电路有很多好处，如易编码、高容错性、抗干扰性强等。1904 年弗莱明发明了真空二极管，在一个密闭的抽真空的玻璃瓶内，阴极（灯丝）在高压下发射出电子到另一极（称为阳极），电子的流动可由阴极的电压控制；1907 年，弗瑞斯特发明了真空三极管，在真空二极管的阴阳两极基础上增加了栅极，实现了阴阳两极之间电流的变化跟随栅极电压的变化，即实现了电信号的放大和信号的受控传输。1946 年，第一台通用电子计算机用真空管搭建完成。1947 年，第一个 npn 锗晶体管在贝尔实验室诞生，开启了半导体器件时代。1960 年，贝尔实验室诞生了金属-氧化物-半导体场效应晶体管（MOSFET），它价廉且体积小。1963 年，互补金属-氧化物-半导体（CMOS）器件诞生，目前 95％的集成电路器件都由此类器件构成。随后又出现了集成电路、可编程逻辑器件。至此，数字电路经历了电子真空管—晶体管—集成电路—可编程逻辑器件几个阶段。电子真空管体积大、功率大、可靠性差、速度慢、价格昂贵，由于其大功率的优势，目前主要在军事领域和一些高保真电路中使用。晶体管体积小、重量轻、寿命长、效率高、发热少、功耗低，目前大部分电路器件都基于晶体管构成。

数字电路本质上是由模拟电路实现的，只是对于模拟量（电压或电流）的处理仅关注两态：高位（逻辑 1）和低位（逻辑 0）。数字电路逻辑器件的组成单元是三极管（三极管工作在饱和态或截止态来表示 1 和 0 的状态）。本节先介绍晶体三极管构成的逻辑门电路，然后简要介绍集成电路和可编程逻辑器件，2.3 节会详细介绍可编程逻辑器件。

2.1.1 晶体管逻辑门

布尔代数和数理逻辑是数字电路的数学理论基础，其中与、或、非构成完备的逻辑运算集，简称逻辑完备组。在数字电路中，逻辑门指能实现逻辑运算的门电路，最基本的正是与、或、非逻辑门。逻辑门可以用电阻、电容、二极管、三极管等分立元件构成，称为分立元件门电路；也可以将门电路的所有器件及连接导线制作在同一块半导体基片上，构成集成逻辑门电路。不论是哪种，其电路原理是相同的。当前主流的集成逻辑门电路从半导体工艺看主要分为 TTL 逻辑门和 CMOS 逻辑门。由双极结型晶体管构成的逻辑门称为 TTL 逻辑门；由互补金属氧化物半导体场效应管构成的逻辑门称为 CMOS 逻辑门。

2.1.1.1 TTL 逻辑门

TTL（Transistor-ransistor Logic，晶体管-晶体管逻辑）逻辑门主要由 BJT（Bipolar Junction Transistor，双极结型晶体管）构成，具有速度快的特点。介绍晶体三极管构成的逻辑门之前，先介绍二极管构成的逻辑门，如图 2-1 所示。

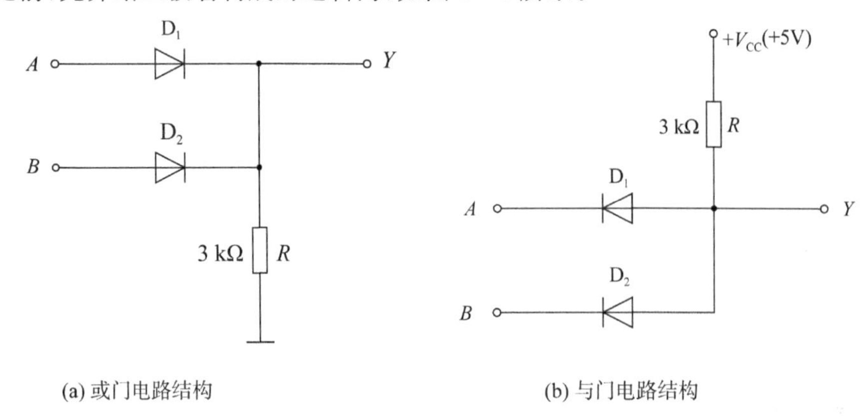

(a) 或门电路结构

(b) 与门电路结构

图 2-1 二极管构成的门电路

图 2-1(a)中，当 A 或 B 中有一个为高电平时，其中一个二极管导通，Y 输出为高电平（比 A 或 B 的高电平低 0.7 V，0.7 V 为二极管的导通压降）；仅当 A 和 B 都为低电平时，两个二极管都反向截止，Y 输出为低电平。这是或的逻辑关系。

图 2-1(b)中，当 A 或 B 中有一个为低电平时，其中一个二极管导通，Y 输出为低电平（比 A 或 B 的电平高出 0.7 V，0.7 V 为二极管的导通压降）；仅当 A 和 B 都为高电平时，两个二极管都反向截止，Y 输出为高电平。这是与的逻辑关系。

然而无论怎样设计，用二极管都无法构成非逻辑。没有非逻辑，就不能形成逻辑完备组。此外，二极管或门和与门电路虽结构简单、逻辑关系明确，但却不实用，存在着高低电平偏移现象，且带负载能力差。图 2-2(a)是由三极管实现的非门电路，图 2-2(b)是由二极管和三极管组合起来的与非门电路，以消除在串接时产生的电平偏离，并提高带负载能力。

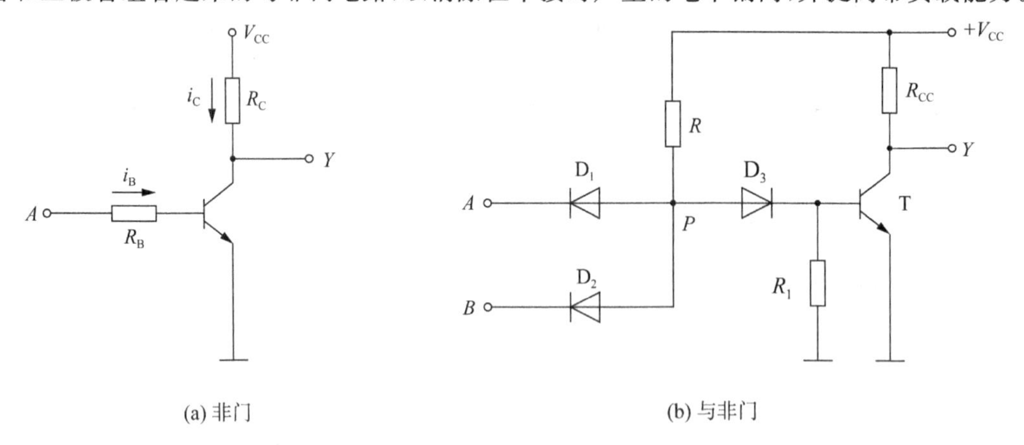

(a) 非门

(b) 与非门

图 2-2 三极管构成的门电路

图 2-2(a)中，当 A 为高电平时，发射结正偏，三极管处于饱和态，发射极和集电极导通，Y 输出为低电平；当 A 为低电平时（一般为低于 0.7 V），发射结电压小于死区电压，三极管处于截止状态，集电极和发射极之间不导通，Y 输出为高电平。实现了非的逻辑关系。

图 2-2(b)的与非门电路，在二极管构成的与门和三极管构成的非门之间加了一个二

极管 D_3，是为了提高输入低电平的抗干扰能力。当 A 或 B 有低电平干扰时，只要此干扰导致 P 点的电压不超过 1.4 V(假定 D_3 的正向导通压降为 0.7 V，三极管基极的导通压降也为 0.7 V)，对应 A 或 B 的低电平干扰不超过 0.7 V，那么经过 D_3 后的电压就不会超过 0.7 V，基极就不会导通，保证了 Y 的高电平输出。只有当 A 或 B 的低电平扰动超过 0.7 V 时，才可能导致三极管基极的导通，出现 Y 输出为低电平的情况。电阻 R_1 的作用是当三极管从饱和向截止转换时，给基区存储电荷提供一个泄放回路。

图 2-1 和图 2-2 展示了二极管和三极管构成门电路的基本电路原理，然而实际中为了进一步提升门电路的性能，更多使用的是三级结构的门电路。图 2-3 所示为 74 系列门电路的结构图，其中图 2-3(a)是三级结构的与非门电路，图 2-3(b)是三级结构的非门电路。

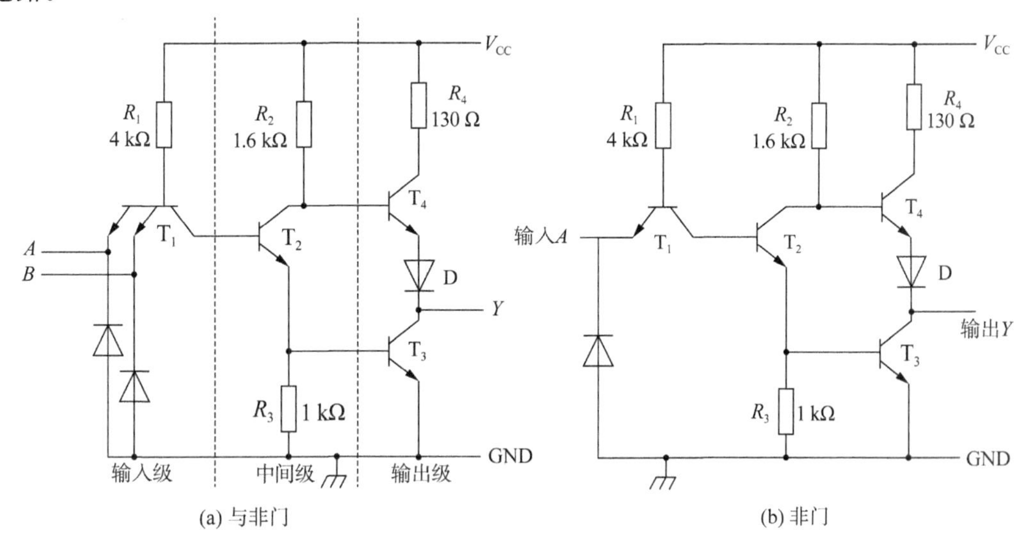

图 2-3　三级结构的 TTL 门电路

图 2-3 中的门电路由输入级、中间级、输出级三级构成。因为输入端和输出端都是晶体三极管结构，所以称为晶体管-晶体管逻辑电路，即 TTL 电路。其特性为输出阻抗低、带负载能力强、工作速度快。

• 输入级：由 T_1 和 R_1 组成，是一个多发射级的晶体管结构，实现与门逻辑。多发射级的晶体管结构等效为图 2-4 所示的背靠背的二极管电路。

• 中间级：由 T_2、R_2、R_3 组成，在电路的导通过程中，利用 T_2 的放大作用，为输出管 T_3 提供较大的基极电流，加速输出管的导通。中间级的作用是提高输出管的导通速度，改善电路的性能。逻辑关系上是“跟随”。

• 输出级：由三极管 T_3、T_4 和二极管 D 及电阻 R_4 组成。三极管 T_3 实现逻辑非的运算，三极管 T_4 和 R_4 替代图 2-2(a)非门中的 R_C 电阻，目的是增强输出级的带负载能力。

图 2-3 中，T_1、T_2 均为“跟随”，T_3 为非门，所以图 2-3(a)总体呈现与非逻辑，图 2-3(b)总体呈现非逻辑。图 2-5 是或非门的电路结构，请读者自行分析其电路原理。

从图 2-3 中看出，与非门和非门除输入级外所用的器件数是一样的，与非门并不比非门复杂。然而若要实现与门，则需要与非门加非门来实现。这也是 74 系列中与非门编号为00的原因(74系列中小规模器件将在2.2节中详细介绍)。

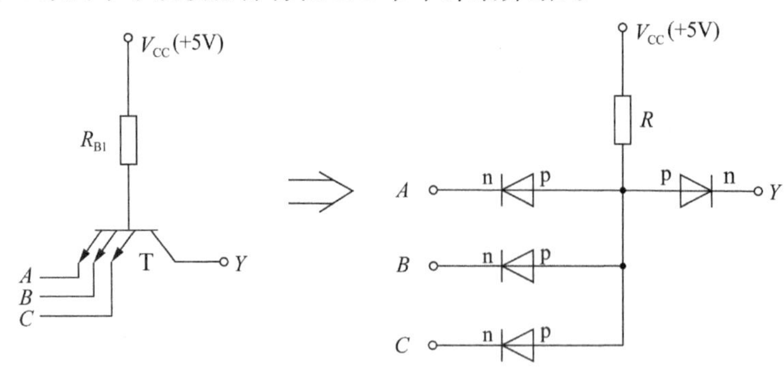

图2-4　多发射极晶体管的等效二极管电路

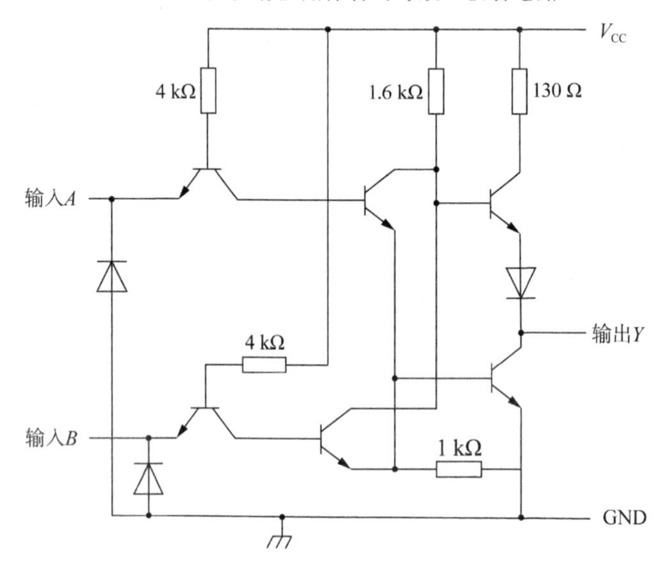

图2-5　或非门电路结构

2.1.1.2　CMOS逻辑门

双极结型晶体管在工作过程中,内部的多数载流子和少数载流子都起着导电的作用。而场效应管中主要起导电作用的是多数载流子,所以也称为单极型晶体管。场效应管也是晶体管的一种,它分为两大类:结型场效应管和绝缘栅型场效应管。同时,场效应管又可分为增强型和耗尽型场两种,在数字电路中,多采用增强型场效应管。

双极结型晶体管在发射结正向偏置时,需要较大的输入电流,这使得输入电阻不能太大,对于由基极输入的信号来说,负载较重。为了克服双极型晶体管的不足,结型场效应管设置输入回路的pn结为反向偏置,以减小输入电流,增大输入电阻。绝缘栅型场效应管为了进一步避免输入回路pn结的反向电流随着温度升高而增大以及避免pn节正偏,在栅极和沟道之间加了一层绝缘层,进一步增大了输入电阻。所以绝缘栅型场效应管的输入电阻远大于结型场效应管的输入电阻,导致输入功率在很大程度上降低。

目前绝缘栅型场效应管常用二氧化硅作金属铝和半导体之间的绝缘层,因此称为金属-氧化物-半导体场效应晶体管(MOSFET,简称MOS管)。MOS管有NMOS管和PMOS管两种。当 NMOS 管和 PMOS 管成对出现在电路中，设计成互补的结构（减少静态功耗），就称为**互补金属氧化物半导体**（Complementary Metal Oxide Semiconductor，简称 CMOS 管）。由 CMOS 管构成的门电路就称为 CMOS 逻辑门。

图 2-6 是 CMOS 逻辑门的电路结构。

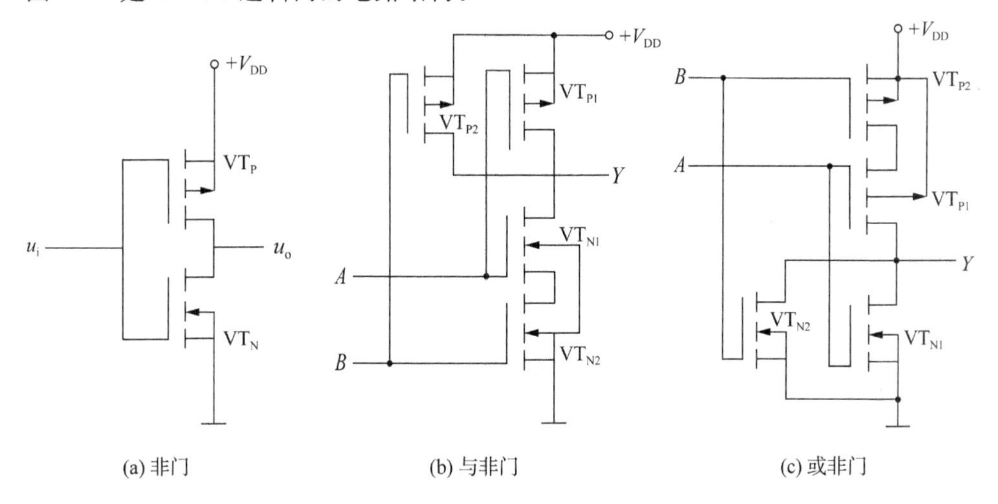

图 2-6　CMOS 逻辑门电路结构

图 2-6(a)是 CMOS 非门（也称为 CMOS 反相器）的电路结构。上方 PMOS 的栅极与下方 NMOS 的栅极相连，两种器件皆为增强型 MOSFET。对 PMOS 器件而言，阈值电压 VT_n 小于零，而对 NMOS 器件而言，阈值电压 VT_n 大于零（通常阈值电压约为 $1/4V_{DD}$）。当输入电压 u_i 接地或是较小的正电压时，PMOS 器件导通，而 NMOS 截止，此时，u_o 输出高电平（接近 V_{DD}），对应逻辑 1。当输入 u_i 为高电平 V_{DD}时，PMOS 截止，而 NMOS 为导通状态（$u_i=V_{DD}>VT_n$），此时，u_o 输出低电平（接近零，对应逻辑 0）。CMOS 反相器在任一逻辑状态下，在由 V_{DD}到地的串联途径上，总有一个 MOS 器件是截止的，因而在任一稳定逻辑状态下，只有很小的漏电流；只有在 0、1 状态切换的间隙，两个器件才可能同时导通，才会有明显的电流经过 V_{DD}到地的通路。因此 CMOS 反相器功耗很小，为 nW 数量级。CMOS 反相器也是 CMOS 互补结构的一个典型应用。

图 2-6(b)展示了 CMOS 与非门的电路结构。VT_{P1}、VT_{P2}都是 PMOS，VT_{N1}、VT_{N2}都是 NMOS。当 A 或 B 中至少有一个为低电平时，VT_{P1} 和 VT_{P2} 中至少有一个导通（VT_{P1}、VT_{P2}并联的通路导通），VT_{N1}和 VT_{N2}至少有一个截止（VT_{N1}、VT_{N2}串联的通路不导通），此时 Y 输出高电平，接近 V_{DD}，对应逻辑 1。只有当 A 和 B 都为高电平时，VT_{N1} 和 VT_{N2}同时导通（VT_{N1}、VT_{N2}串联的通路才导通），VT_{P1}和 VT_{P2}同时截止（VT_{P1}和 VT_{P2}并联的通路不导通），Y 输出低电平，接近 GND，对应逻辑 0。这正是与非门的逻辑特性。

图 2-6(c)展示了 CMOS 或非门的电路结构。VT_{P1}、VT_{P2}是 PMOS，VT_{N1}、VT_{N2}是 NMOS。当 A 或 B 中至少有一个为高电平时，VT_{N1}和 VT_{N2}至少有一个导通（VT_{N1}、VT_{N2}并联的通路导通），VT_{P1}和 VT_{P2}至少有一个截止（VT_{P1}、VT_{P2}串联的通路不导通），所以 Y 输出低电平，接近 GND，对应逻辑 0。只有当 A 和 B 都为低电平时，VT_{P1}和 VT_{P2}同时导通（VT_{P1}、VT_{P2}串联的通路导通），VT_{N1}、VT_{N2}同时截止（VT_{N1}、VT_{N2}并联的通路不导通），Y

输出高电平，接近 V_{DD}，对应逻辑 1。这正是或非门的逻辑特性。

CMOS 器件不用的输入端必须连到高电平或低电平，这是因为 CMOS 是高输入阻抗器件，理想状态是没有输入电流的。如果不用的输入引脚悬空，很容易感应到干扰信号，影响芯片的逻辑运行，甚至静电积累会永久性地击穿这个输入端，造成芯片失效。

2.1.1.3 TTL 和 CMOS 逻辑电平

根据 TTL 和 CMOS 器件的电路结构，规定了合适的 TTL 和 CMOS 逻辑电平。

· TTL 电平：逻辑低 $L \leqslant 0.8$ V，逻辑高 $H \geqslant 2$ V。

· COMS 电平：逻辑低 $L \leqslant 0.3\ V_{CC}$，逻辑高 $H \geqslant 0.7\ V_{CC}$。

以上对于电平标准的规定一般是针对器件的输入来讲的。

对于 TTL 器件，当输入电压小于等于 0.8 V 时，认为是逻辑低输入(L)；当输入电压大于等于2 V时，认为是逻辑高输入(H)。只有当输入电压处于规定的电压范围(小于等于0.8 V或大于等于 2 V)时，器件才会呈现正确的逻辑功能。而输入电压处于 0.8 V 和 2 V 之间时，器件的逻辑功能可能会出现模糊态，即不正确的电路逻辑。

对于 CMOS 器件，逻辑低和逻辑高均与供电电压 V_{CC} 有关。当输入电压小于等于 V_{CC} 的 30%时，认为是逻辑低输入(L)；当输入电压大于等于 V_{CC} 的 70%时，认为是逻辑高输入(H)。同样，只有当输入电压处于规定的电压范围内，器件才会呈现正确的逻辑功能。

TTL 器件和 CMOS 器件相互驱动或者级联时，要注意逻辑电平是否适配，必要时需要进行电平转换。具体应用中需要根据器件型号查阅器件手册，查看器件的输出电压范围，来确定该器件是否能适配后级器件的输入，即是否能正确驱动后级器件。必要时可使用电平转换芯片解决电压不匹配问题。

2.1.1.4 TTL 和 CMOS 的对比

由于 TTL 晶体管和 CMOS 晶体管各自的特性，导致了 TTL 和 CMOS 构成的逻辑门器件的不同特性，具体有以下几点。

· 电源电压：COMS 的电源电压范围比较大(5～15 V)，TTL 只能在 5 V 下工作。现在已有低电压 CMOS(LVCMOS)和 TTL 器件(LVTTL)，电源电压可低于 5 V。LVTTL 典型的有 3.3 V 和 2.5 V，LVCMOS 典型的有 3.3 V、2.5 V、1.8 V、1.5 V。

· 转换电平：TTL 的输入级为多射级晶体管结构，决定了转换电平是 2 倍的 pn 结正向导通压降，一般为 1.4 V。CMOS 由于输入是互补的，转换电平是电源电压的 1/2。为了电路更稳定地工作，人为规定 TTL 的逻辑高门限为 2 V，逻辑低门限为 0.8 V；CMOS 的逻辑高门限为电源电压的 70%，逻辑低门限为电源电压的 30%。

· 噪声容限：CMOS 的高低电平之间相差比较大、噪声容限大。

· 静态功耗：CMOS 由于互补的电路结构，静态功耗很小(静态电流为 μA 级)，TTL 功耗较大(静态电流为 mA 级)。

· 输入阻抗：CMOS 的输入阻抗很大，对干扰信号的捕捉能力强，所以不用的管脚不能悬空，应接上拉或下拉电阻为其提供恒定的电平。

· 输入电流：CMOS 的输入电流不能超过 1 mA，否则有可能烧坏器件。所以最好在 CMOS 的输入端串接限流电阻。

· CMOS 的速度较 TTL 略低，但是高速 CMOS 速度与 TTL 差不多。

2.1.2　集成电路

集成电路(Integrated Circuit，IC)是一种微型电子器件或部件。采用一定的工艺，把一个电路中所需的晶体管、电阻、电容和电感等元件及布线连在一起，制作在一小块或几小块半导体晶片或介质基片上，然后焊接封装在一个管壳内。

集成电路发明者为杰克·基尔比[基于锗(Ge)的集成电路]和罗伯特·诺伊思[基于硅(Si)的集成电路]。当今半导体工业大多数应用的是基于硅的集成电路。

数字集成电路按照其含有的门电路的多少可分为大、中、小三种规模。小规模集成电路(Samll-Scale Integrated circuit，SSI)，是一种等价于 1～20 个门电路的元器件，典型的 SSI 包含数字设计的基本构件，即一系列门电路或触发器。如 74 系列中的 7400、7402 等。

中规模集成电路(Medium-Scale Integrated circuit，MSI)等价于 20～200 个门电路，往往包含一个功能构件，如编译码器(74138)、寄存器或计数器。

大规模集成电路(Large-Scale Integrated circuit，LSI)含有等价于 200～1000000 个以上门电路的元器件，包括小型存储器、微处理器、可编程逻辑器件和定制元件。LSI 与超大规模集成电路(Very Large-Scale Integrated circuit，VLSI)之间的界限是模糊不清的，并且趋向于以晶体管的个数而不是门电路的数量来界定。超过几百万个晶体管的 IC 就是 VLSI。现在 VLSI 大都包含有微处理器、存储器以及大的可编程逻辑器件和定制器件。

2.1.3　可编程逻辑器件

最初集成电路都是固定逻辑功能的，即出厂时内部的逻辑电路的功能是确定且不能更改的，常见于模拟集成电路和模数混合集成电路。

数字集成电路则可以借助特殊巧妙的电路结构原理(基于查找表和基于乘积项)，使其内部的逻辑功能发生变更，称为可编程逻辑器件(在 2.3 节会详细阐述)。

可编程逻辑器件的优势在于：可应用到不同的场景，只需更改内部电路逻辑；可试错，在电路设计完善前期，方便设计-调试-更改；已有专业的可编程器件设计软件，使得电路设计的复杂度降低。因此，可编程逻辑器件占据目前逻辑器件市场的大部分，是数字电路设计学习者很好的选择。本章的大部分知识内容都是在可编程逻辑器件的基础上展开的。

目前，常用的可编程逻辑器件的生产厂商主要有 Xilinx、Intel-FPGA、Lattice 等。

2.2　中小规模数字电路器件

最早的中小规模数字逻辑器件由德州仪器公司生产，命名时以 74 开头，此后各大厂商都沿用了 74 系列的命名规则。命名规则为：74FAM*nn*，其中，FAM 为按字母排列的系列助记符，*nn* 为用数字表示的功能编号。如 74LS00、74HC00，其中 00 表示芯片的逻辑功能为与非逻辑，LS 表示 TTL 系列器件，HC 表示 CMOS 系列器件。

表 2－1 列出了常用的 74 系列逻辑芯片的编号及其功能。编号相同，则逻辑功能相同，只是性能上有差异。

表 2-1　常用 74 系列逻辑芯片的编号及逻辑功能

编号	功能	编号	功能
00	二输入端四与非门	157	同相输出四 2 选 1 数据选择器
01	集电极开路二输入端四与非门	158	反相输出四 2 选 1 数据选择器
02	二输入端四或非门	160	可预置 BCD 异步清除计数器
03	集电极开路二输入端四或非门	161	可预置四位二进制异步清除计数器
04	六反相器	162	可预置 BCD 同步清除计数器
05	集电极开路六反相器	163	可预置四位二进制同步清除计数器
06	集电极开路六反相高压驱动器	164	八位串行输入/并行输出移位寄存器
07	集电极开路六正相高压驱动器	165	八位并行输入/串行输出移位寄存器
08	二输入端四与门	166	八位串并输入/串行输出移位寄存器
09	集电极开路二输入端四与门	169	二进制四位加/减同步计数器
10	三输入端三与非门	170	开路输出 4×4 寄存器堆
11	三输入端三与门	173	三态输出四位 D 型寄存器
12	开路输出三输入端三与非门	174	带公共时钟和复位六 D 触发器
13	四输入端双与非施密特触发器	175	带公共时钟和复位四 D 触发器
14	六反相施密特触发器	180	九位奇数/偶数发生器/校验器
15	开路输出三输入端三与门	181	算术逻辑单元/函数发生器
16	开路输出六反相缓冲驱动器	185	二进制-BCD 代码转换器
17	开路输出六同相缓冲驱动器	190	BCD 同步加/减计数器
20	四输入端双与非门	191	二进制同步可逆计数器
21	四输入端双与门	192	可预置 BCD 双时钟可逆计数器
22	开路输出四输入端双与非门	193	可预置四位二进制双时钟可逆计数器
26	二输入端高压接口四与非门	194	四位双向通用移位寄存器
107	带清除主从双 J-K 触发器	195	四位并行通道移位寄存器
109	带预置清除正触发双 J-K 触发器	196	十进制/二-十进制可预置计数锁存器
112	带预置清除负触发双 J-K 触发器	197	二进制可预置锁存器/计数器
121	单稳态多谐振荡器	221	双/单稳态多谐振荡器
122	可再触发单稳态多谐振荡器	240	八反相三态缓冲器/线驱动器
123	双可再触发单稳态多谐振荡器	241	八同相三态缓冲器/线驱动器
125	三态输出高有效四总线缓冲门	243	四同相三态总线收发器
126	三态输出低有效四总线缓冲门	244	八同相三态缓冲器/线驱动器
132	二输入端四与非施密特触发器	245	八同相三态总线收发器
133	十三输入端与非门	247	BCD-7 段 15 V 输出译码/驱动器

续表

编号	功能	编号	功能
136	四异或门	248	BCD－7 段译码/升压输出驱动器
138	3－8 译码器	249	BCD－7 段译码/开路输出驱动器
139	双 2－4 译码器	251	三态输出 8 选 1 数据选择器
145	BCD－十进制译码器	253	三态输出双 4 选 1 数据选择器
150	16 选 1 数据选择/多路开关	256	双四位可寻址锁存器
151	8 选 1 数据选择器	257	三态原码四 2 选 1 数据选择器
153	双 4 选 1 数据选择器	258	三态反码四 2 选 1 数据选择器
154	4－16 译码器	259	八位可寻址锁存器/3－8 线译码器
155	四输出译码器/分配器	260	五输入端双或非门
156	开路输出译码器/分配器		

FAM 助记符表征逻辑器件的不同性能。具体的性能指标有门传输延迟、输入输出电平标准等。在德州仪器官网(www. ti. com. cn)上，可以查到 74 系列的芯片手册。表 2－2 列出了部分 CMOS 和 TTL 系列的释义。

表 2－2 74 系列助记符及其释义

助记符	CMOS 器件	助记符	TTL 器件
HC	高速 CMOS	H	高速型 TTL
HCT	高速 CMOS，TTL 兼容	S	肖特基型 TTL
AC	高级型 CMOS	LS	低功耗肖特基型 TTL
ACT	高级型 CMOS，TTL 兼容	AS	高级肖特基型 TTL
AHC	高级型高速 CMOS	ALS	高级低功耗肖特基型 TTL
AHCT	高级型高速 CMOS，TTL 兼容	F	快速 TTL

最早的 TTL 系列是 74S 和 74LS。集成电路的工艺和电路改良后有了高级肖特基系列。74AS(高级肖特基型 TTL)系列比 74S 系列速度快一倍，而功耗基本相同。74ALS 比 74LS 速度高、功耗低。74F 系列是 74AS 和 74ALS 在速度和功耗上的折衷，目前在高速 TTL 设计中用得较多。

由于 CMOS 在功耗和噪声容限上的优势，目前基本都用 CMOS 器件，且 CMOS 出现了 TTL 兼容系列，在某些 TTL 应用场合可以替代 TTL 器件使用。CMOS 有高速 CMOS 系列(74HC)、高级型 CMOS 系列(74AC)及高级高速型 CMOS 系列(74AHC)。这三个系列都有对应的 TTL 兼容系列(74HCT、74ACT、74AHCT)。其中 AHC/AHCT 的速度是 HC/HCT 的 2 倍。AHC 和 AHCT 只是对输入电平的识别不同(AHCT 的输入电平标准与 TTL 的相同，所以称为 TTL 兼容)，其输出特性相同。HC 和 HCT 也是如此。

表 2-3 列出了 7400 不同系列的性能指标，方便大家对比记忆。

如需进一步了解门电路的内部结构及各系列的性能参数，可在德州仪器官网上搜索器件型号查阅器件的数据手册。

表 2-3　74××00 不同系列参数对比

参数	SN7400	SN74S00	SN74LS00	SN74HC00	SN74HCT00	SN74AHC00	SN74AHCT00
供电电压 V_{CC}	5 V	5 V	5 V	2～6 V	4.5～5.5 V	2～5.5 V	4.5～5.5 V
高电平输入 V_{IH}	≥2 V	≥2 V	≥2 V	≥0.7 V_{CC}	≥2 V	≥0.7 V_{CC}	≥2 V
低电平输入 V_{IL}	≤0.8 V	≤0.8 V	≤0.8 V	≤0.3V_{CC}	≤0.8 V	≤0.3V_{CC}	≤0.8 V
高电平输出 V_{OH}	≥2.4 V	≥2.7 V	≥2.7 V	≥V_{CC}−0.1 V (I_{OH}=−20 μA) ≥V_{CC}−0.7 V (I_{OH}=−4 mA)	≥V_{CC}−0.1 V (I_{OH}=−20 μA) ≥ V_{CC}−0.7 V (I_{OH}=−4 mA)	≥V_{CC}−0.1 V (I_{OH}=−50 μA) ≥Vcc−0.7 V (I_{OH}=−8 mA)	≥V_{CC}−0.1 V (I_{OH}=−50 μA) ≥Vcc−0.7 V (I_{OH}=−8 mA)
低电平输出 V_{OL}	≤0.4 V	≤0.5 V	≤0.5 V	≤0.1 V (I_{OL}=20 μA) ≤0.33 V (I_{OL}=4 mA)	≤0.1 V (I_{OL}=20 μA) ≤0.33 V (I_{OL}=4 mA)	≤0.1 V (I_{OL}=50 μA) ≤0.44 V (I_{OL}=8 mA)	≤0.1 V (I_{OL}=50 μA) ≤0.44 V (I_{OL}=8 mA)
传输延时 t_{PLH}	≤22 ns	≤5 ns	≤15 ns	≤23 ns (V_{CC}=4.5 V)	≤25 ns (V_{CC}=4.5 V)	≤8.5 ns (V_{CC}=5 V)	≤9 ns (V_{CC}=5 V)
传输延时 t_{PHL}	≤15 ns	≤5 ns	≤15 ns	≤23 ns (V_{CC}=4.5 V)	≤25 ns (V_{CC}=4.5 V)	≤8.5 ns (V_{CC}=5 V)	≤9 ns (V_{CC}=5 V)

备注：t_{PLH}—输入从低到高变化时输出相对输入的延时；t_{PHL}—输入从高到低变化时输出相对输入的延时。

图 2-7 摘自 TTL 型的 SN7400 数据手册，包含了三种器件 SN7400、SN74S00、SN74LS00 的内部电路结构。

图 2-7(a)正是 2.1.1 节中讲到的用晶体管搭建的与非门电路，也是 SN7400 器件的内部结构。图 2-7(b)和(c)分别是 SN74S00 和 SN74LS00 的内部结构。可以看到，74S00、74LS00 的内部电路中都使用了肖特基三极管和肖特基二极管。肖特基晶体管的特点是开关频率高、正向导通压降低。

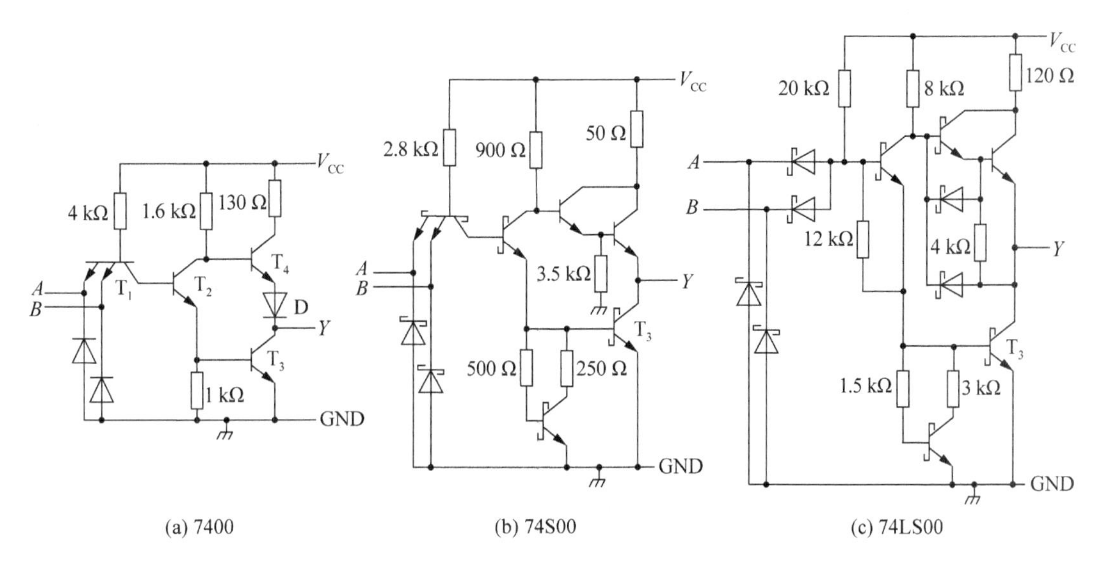

图 2－7　TTL 系列 74××00 内部结构

图 2－8 是 SN74LS00 的实物图(DIP:双列直插封装;SOIC:表面贴装)。它有 14 个引脚,左下方的引脚序号为 1,引脚序号逆时针排列。各引脚信号名如图 2－8(c)所示。

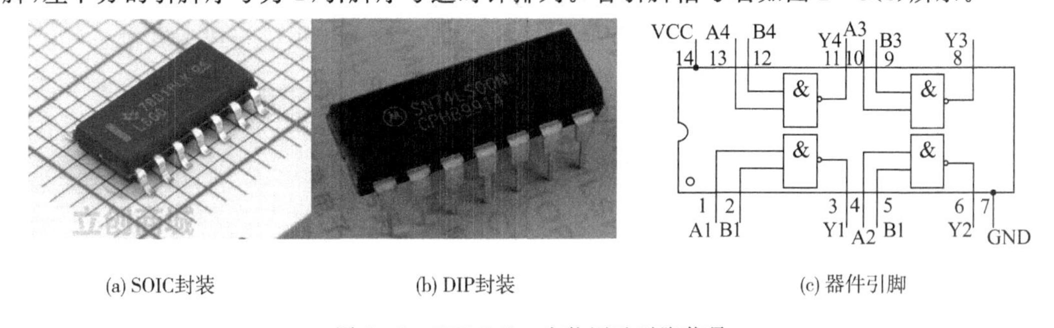

图 2－8　SN74LS00 实物图及引脚信号

2.3　可编程逻辑器件

可编程逻辑器件中的逻辑功能是可以变更的。目前常见的可编程电路结构主要有两种:乘积项结构和查找表结构。

在早期,基于乘积项结构的可编程逻辑器件称为 CPLD(Complex Programmable Logic Device),基于查找表结构的可编程逻辑器件称为 FPGA(Field Programmable Gate Array)。乘积项结构的 CPLD 器件和基于查找表结构的 FPGA 器件的主要区别如下:

· FPGA 的查找表结构基于 SRAM 工艺,器件内部的配置信息掉电会丢失,需加外部配置芯片;

· CPLD 的乘积项结构采用 EEPROM 或 FLASH 工艺,器件内部的配置信息掉电不丢失,无需外加配置芯片;

· FPGA 容量一般较 CPLD 容量大;

· FPGA 器件内部嵌入有 DSP 块、存储块、锁相环等功能模块;

- FPGA 需要进行时序约束；
- 大部分 CPLD 器件没有内嵌存储块，无法使用片上调试工具。

但随着技术的发展，新的可编程逻辑器件已经模糊了 CPLD 和 FPGA 的区别。例如 Intel-Altera 的 MAXⅡ、MAXⅤ系列 CPLD，本质上已经是基于查找表结构的逻辑器件，但由于其内部集成了配置芯片，编程数据掉电不丢失，可像传统的 CPLD 一样使用，加上容量和传统 CPLD 类似，所以 Altera 把它归为 CPLD；而 MAX10 系列，容量增大，同时加入了 DSP 等原本 FPGA 才有的功能模块，所以该系列又归为 FPGA 了。又如 Lattice 的 XP 系列 FPGA 也是使用了查找表结构，同时将配置芯片集成到内部，在使用方法上和 CPLD 类似，但因为容量大、性能和传统 FPGA 相同，所以 Lattice 将其归为 FPGA。

2.3.1 乘积项结构的可编程电路原理

逻辑函数都可以用输入变量的一系列乘积项之和来表达，也称为与或式表达。除了与或式表达还有或与式表达，其中与或式的表达更普遍也更符合人们的逻辑思维习惯。逻辑函数基于最小项的与或式表达是唯一的。

乘积项结构正是基于逻辑函数的与或式表达来设计的。输入变量及其反变量先经过一个与运算得到一系列乘积项，然后这些乘积项经过或运算得到输出。哪些输入变量或输入信号的反变量进行与运算是可以通过某种工艺改变的，哪些乘积项进行或运算也是可以改变的。图 2-9(a)是一个 2 输入变量的乘积项结构原理图，可以通过某种工艺将需要进行与运算的信号连接到与门的输入线上，将需要进行或运算的与门输出(即乘积项)连接到或门的输入线上。图 2-9(b)是异或逻辑的连接图。

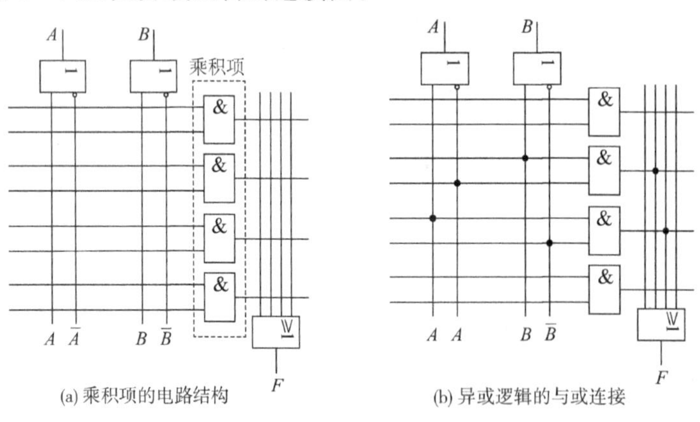

(a) 乘积项的电路结构
(b) 异或逻辑的与或连接

图 2-9 乘积项电路结构

在有些情况下，与连接固定，或连接可编程改变，常见于 PROM(Programmable Read-Only Memory)器件中；有些情况下，或连接固定，与连接可编程改变，常见于器件 PAL (Programmable Array Logic)和 GAL(Generic Array Logic)中；或连接和与连接均可编程改变，常见于 PLA(Programmable Logic Arrays)中。

一般情况下，基于乘积项结构的可编程逻辑器件是基于 EEPROM 或 flash 工艺的，电路的编程配置信息在器件掉电后不会丢失，器件再次上电后可直接工作。关于存储器电路结构及工艺的学习可参阅 John F. Wakerly 著、林生等人翻译的《数字设计：原理与实践》的

第九章内容。

2.3.2　查找表结构的可编程电路原理

由于查找表本质上是一个随机存取存储器(Random Access Memory,RAM),所以在开始讲述查找表结构前,先大致介绍一下 RAM 的基本概念和内部结构。

2.3.2.1　存储器

RAM 首先是一个存储器,存储器在实际中的应用很广泛,PC 机、手机、照相机等几乎任何电子产品或电子设备中都有存储器。RAM 是一种可以随机存取(读写时间不受存储位置影响)的存储器。除了 RAM 外,存储器还有只读存储器(Read-Only Memory,ROM)、磁盘存储器(不能随机读取,读取时间与当前磁头所在位置和将要读写的位置有关)。RAM 又分为静态 RAM(SRAM,在不掉电情况下,数据一旦写入就会保持不变直到下一次写入)、动态 RAM(DRAM,需要对存储的数据进行周期刷新以保证数据不丢失)。PC 机上的内存条就是动态 RAM,而大部分可编程逻辑器件中的存储单元及查找表都是静态 RAM。下面以静态 RAM 为例简要介绍其内部的电路结构。若想要进一步了解存储器知识可参阅 John F. Wakerly 著、林生等人翻译的《数字设计:原理与实践》第九章内容。

图 2-10 为一个 8×1 RAM 的外特性图。该 RAM 有 3 根地址线 C、B、A(A 为低位),有 $2^3=8$ 个存储空间,每个存储空间存储 1 bit 信息。*CBA*=b000 时,选择存储空间 0;*CBA*=b001 时,选择存储空间 1;依此类推,*CBA*=b111 时,选择存储空间 7。Dout 是存储器的存储值输出,Din 是存储器的数据输入。除此之外,还有读使能和写使能信号 WRn 和 RDn。信号名后加 n,表示该信号为低电平有效。

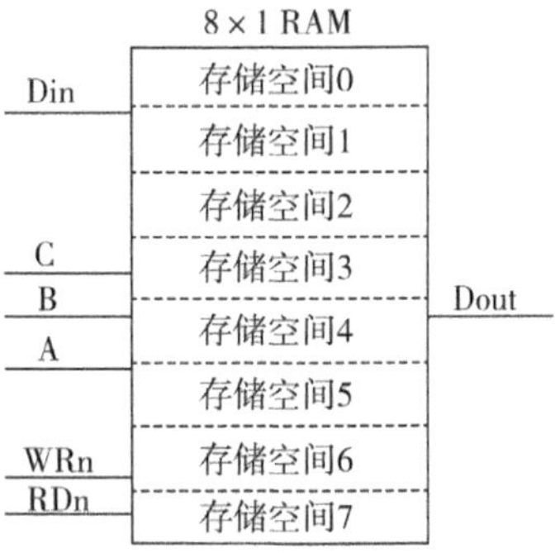

8×1 RAM
Din
存储空间0
存储空间1
存储空间2
C
存储空间3
B
存储空间4
Dout
A
存储空间5
WRn
存储空间6
RDn
存储空间7

图 2-10　8×1 RAM 外特性图

图 2-11 是静态 RAM 内部结构的简化模型。其中,核心存储器件为 D 锁存器,一个 D 锁存器可以存储 1 bit 信息,8 个 D 锁存器对应 8 个存储空间。图 2-11 中,3 根地址线经过 3-8 译码器在一个时刻选择且仅选择一个 D 锁存器进行写入或读出。例如:当 *CBA*=b000 时,3-8 译码器的输出 Y0 有效。Y0 连接的两个与门分别打开,此时选中的是存储空间 0(其他存储空间的两个与门都输出为 0,即关闭状态)。此时,若 WRn 有效,则 Din 写入存储空间 0 的 D 锁存器的数据被存储下来;若 RDn 有效,则存储空间 0 中的三态门打开,D 锁存器中之前被存储的数据通过三态门输出到 Dout 上。其中,我们把 3-8 译码器的输出称为字线,用于选择存储位置,Din 和 Dout 称为位线,表示存储的信息(bit),也称为信息位。

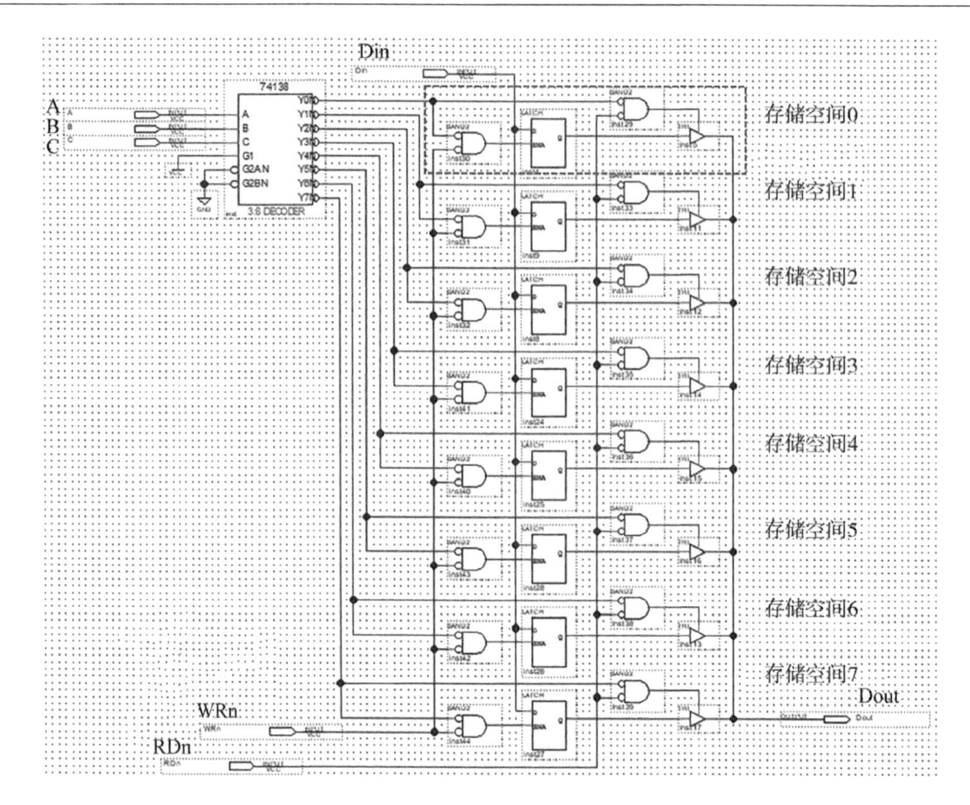

图 2-11　静态 RAM 内部结构简化模型

以上简要说明了一个 8×1 静态 RAM 的内部结构及读写原理，读者可以仿照此结构画出 4 位地址线的 16×1 静态 RAM 结构图。

相比于静态 RAM，动态 RAM 用 MOS 晶体管和电容器实现数据存取。图 2-12 是动态 RAM 中的一位存储单元的结构，其中的电容器可以存储一位信息，通过 MOS 管实现存取控制。通过将字线设置为高电平来存取该存储单元。若要存储 1，则将位线设置为高电平，位线通过 MOS 管给电容器 C_s 充电；若要存储 0，则将位线设置为低电平，使电容器放电。读取该存储单元时，同样将字线设为高电平，则电容器上的电平可以在位线上被检测到。因为电容器上的电压由于漏电流的存在会慢慢降低，所以动态 RAM 需要周期刷新以保持数据的存储。

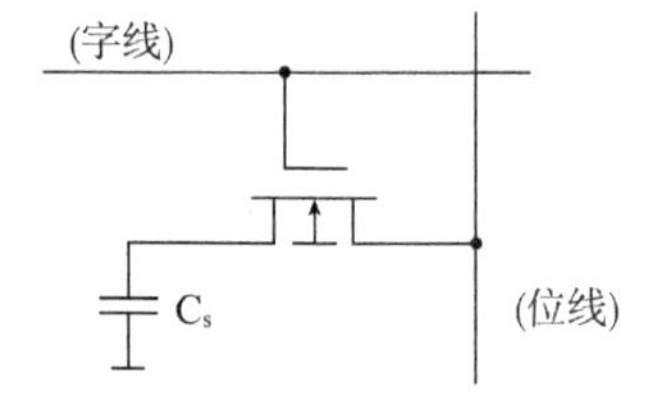

图 2-12　动态 RAM 中的一位存储单元

若要进一步了解存储器内部结构，可参阅 John F. Wakerly 著、林生等人翻译的《数字设计：原理与实践》的第九章内容。

2.3.2.2　查找表

查找表(Look Up Table，LUT)本质上是一个 RAM。目前可编程逻辑器件中常用的是 4 输入查找表，对应的是 4 位地址线的 16×1 RAM。近年来的 FPGA 中有更多输入的查找表，以便实现更复杂的逻辑关系。

对于一个逻辑函数 $F=F(A,B,C,D)$，将 A、B、C、D 连接到 RAM 的地址线上，F 连接

到 RAM 的输出线上，则 RAM 中存储的是逻辑函数 F 的真值表。一个 4 输入 1 输出的逻辑函数对应一个 4 位地址线的 16×1 RAM。下面举例说明基于 RAM 的查找表如何实现电路的可编程。

逻辑函数 $F=ABC+ABD+ACD+BCD$ 表示一个表决器，4 个人投票，投票结果超过半数为有效。我们得到 F 的真值表如表 2-4 左半部分所示。此时若以 D、C、B、A 作为 RAM 的 4 根地址线，A 为低位，对应真值表中的第一行 $\overline{D}\overline{C}\overline{B}\overline{A}$，将其逻辑输出 0 写入到 RAM 的 $\overline{D}\overline{C}\overline{B}\overline{A}$ 对应的存储空间中，即存储空间 0 中。依此类推，将真值表中每一行的输出值写入到 RAM 的对应存储空间中。至次，表决器的逻辑功能在 RAM 中的编程工作就完成了。之后，当 $DCBA$ 输入任意值时，都等价于读取对应的存储空间中的存储值，而该存储值已经按照表决器的真值表写入到 RAM 中了，对应输入组合到 RAM 中查找对应地址空间的值，所以这种结构命名为查找表。**RAM 的写入对应逻辑函数的编程过程，RAM 的读出对应逻辑函数的运算过程。**

表 2-4　查找表实现表决器

真值表		RAM 中的存储内容	
$DCBA$ 输入	逻辑输出	地址	存储的内容
0000	0	0000	0
0001	0	0001	0
0010	0	0010	0
0011	0	0011	0
0100	0	0100	0
0101	0	0101	0
0110	0	0110	0
0111	1	0111	1
1000	0	1000	0
1001	0	1001	0
1010	0	1010	0
1011	1	1011	1
1100	0	1100	0
1101	1	1101	1
1110	1	1110	1
1111	1	1111	1

一般情况下,查找表结构的可编程逻辑器件都是基于 SRAM 工艺的,电路的编程配置信息在器件掉电后会丢失,需要每次上电后重新配置。此类器件一般都会配置外围的 EEPROM、flash 或微处理器加 flash 等掉电不丢失的存储器来存储配置信息,每次上电时电路由 EEPROM 或 flash 自动配置后工作。

2.3.3 硬件描述语言和可编程逻辑器件开发软件

对于可编程逻辑器件,不需要设计者根据真值表得到查找表的存储值,也不需要设计者根据最小项表达式得出与或结构的具体连接情况,而是用更上层的一种设计输入方式,即使用编程语言来设计电路。这种编程语言称为硬件描述语言,常用的有 Verilog 和 VHDL。本书第 4 章将以 Verilog 为例,详细介绍硬件描述语言的基本语法和相关使用。

工业界开发的专门的软件工具可完成从硬件描述语言到器件编程之间的翻译过程,称为可编程逻辑器件开发软件,对应 Xilinx 公司的器件,为 VIVADO 设计套件;对应 Intel-Altera 公司的器件,为 Quartus 系列设计套件。本书第 3 章将以 Quartus Prime 18.1 为例重点介绍如何使用软件来进行可编程逻辑器件的电路设计。

在可编程逻辑器件开发软件中,使用硬件描述语言设计好电路后,软件根据设计文件经过综合、布局布线、时序分析优化等一系列流程,最终生成与器件适配的编程文件。这个编程文件在电脑上,我们需要一种硬件设备根据编程文件来配置逻辑器件,即将电路设计适配到 CPLD/FPGA 器件里,这样可编程逻辑器件才会呈现相应的逻辑功能。这种硬件设备称为编程器。早期的编程器为独立的编程器,需要将器件放在编程器上编程后,再焊接到电路板上进行工作。当“在系统可编程(In-System Programming,ISP)”技术出现后,CPLD 和 FPGA 都可以通过芯片上的 JTAG 接口来进行编程甚至在线调试。电脑通过编程电缆与逻辑器件的 JTAG 接口连接,从而实现器件上电工作期间的重新编程。对应 Intel FPGA 器件的编程电缆为 USB Blaster 系列。借助 Quartus 开发软件和 USB Blaster 系列编程电缆可以将 PC 上的编程文件烧写到 CPLD/FPGA 器件里,完成可编程逻辑器件的编程配置。

2.3.4 乘积项结构的 CPLD

采用乘积项结构的 CPLD 芯片有:Altera 的 MAX7000 系列、MAX3000 系列(EEPROM 工艺)、Xilinx 的 XC9500 系列(flash 工艺)、Lattice 和 Cypress 的大部分产品(EEPROM 工艺)。

我们以 MAX7000 系列为例来介绍基于乘积项的 CPLD 器件的总体结构,其他型号都与此类似。图 2-13 是 MAX7000 系列芯片的内部结构。

这种 CPLD 主要由三种结构组成:宏单元(macrocells)、可编程连线(PIA)、IO 控制块。宏单元是 CPLD 的基本结构,由它来实现基本的逻辑函数功能。LAB 是逻辑阵列块,包含 16 个宏单元。可编程连线负责信号传递,连接所有的宏单元。IO 控制块负责输入输出的电气特性控制,例如可以设置集电极开路输出、摆率控制、三态输出等。INPUT/GCLK1、INPUT/OE1、INPUT/OE2 分别是全局时钟、清零、输出使能信号,由专用连线与 CPLD 中每个宏单元相连,到每个宏单元的延时相同并且延时最短。

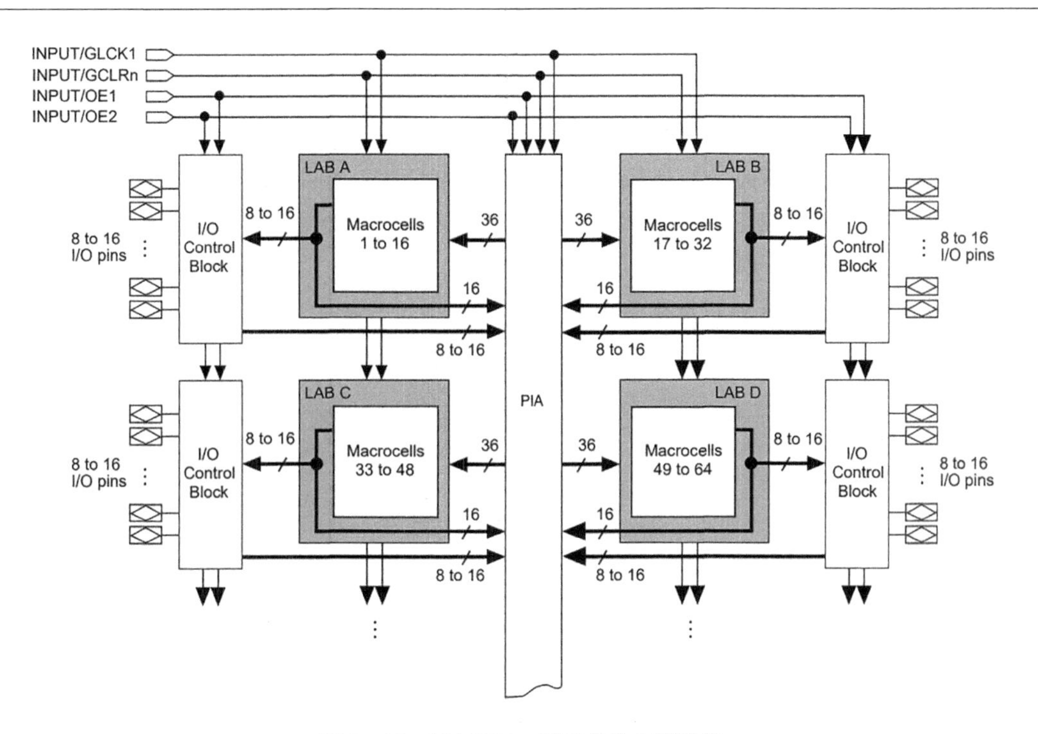

图 2 - 13　MAX7000 系列芯片内部结构

宏单元的具体结构如图 2 - 14 所示。

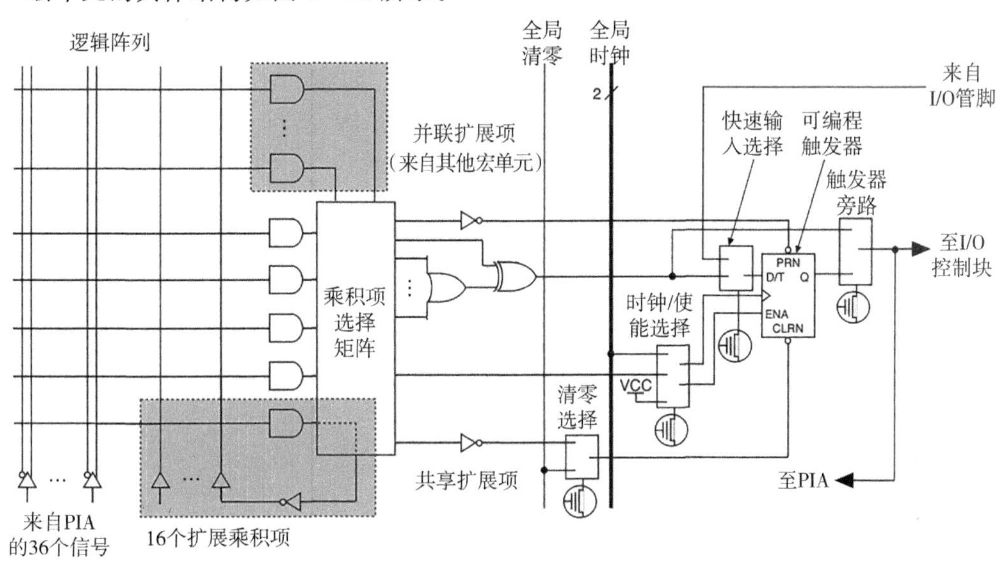

图 2 - 14　宏单元具体结构

左侧是一个乘积项阵列，每一个交叉点都是一个可编程熔丝，如果导通就实现“与”逻辑，后面的乘积项选择矩阵是一个“或”阵列，两者一起完成组合逻辑。图 2 - 14 右侧是一个可编程触发器，它的时钟、清零输入都可以编程选择，可以使用专用的全局清零和全局时钟，也可以使用内部逻辑（乘积项阵列）产生的时钟和清零。如果不需要触发器，可以将其旁路，信号直接输出至 PIA 或 I/O 管脚。

2.3.5 查找表结构的 CPLD

Altera 的 MAX Ⅴ系列芯片是基于查找表结构的 CPLD 器件。由于本章后续章节中重点介绍的实验箱的核心板正是选用 MAX Ⅴ的 5M160ZE64C5N 作为核心器件，所以本节将详细介绍 MAX Ⅴ系列 CPLD 芯片。

2.3.5.1 MAX Ⅴ系列芯片资源概述

首先，我们来看一下 MAX Ⅴ系列芯片的命名规则，如图 2-15 所示。

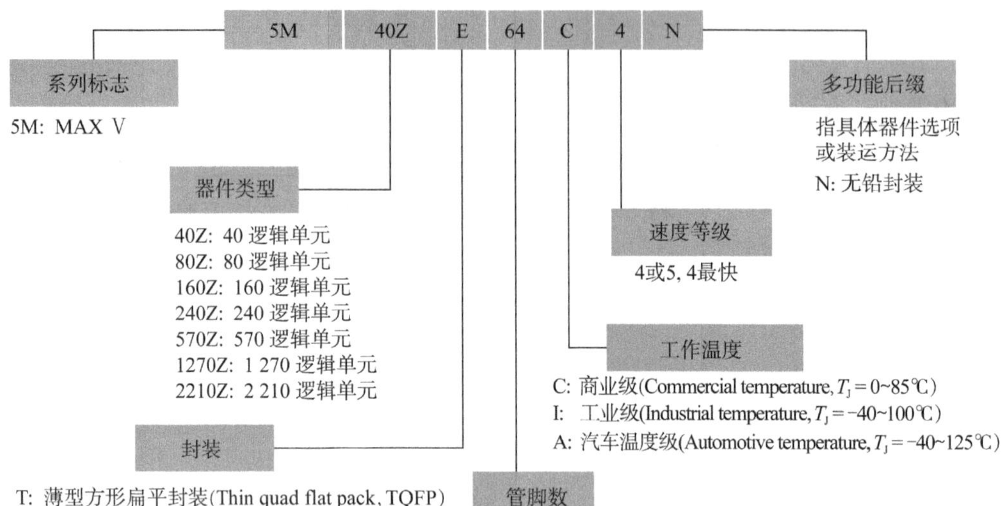

图 2-15 MAX Ⅴ命名规则

其中：

5M：MAX Ⅴ系列芯片的系列名；

40Z：含有的逻辑单元数，即容量大小；

E：封装类型；

64：管脚数目；

C：工作温度；

4：速度等级；

N：多功能后缀，N 表示无铅封装。

由名称可知，5M160ZE64C5N 属于 Intel FPGA 的 MAX Ⅴ器件系列，含有 160 个逻辑单元(LE)，塑料增强方形扁平封装，共 64 个管脚，芯片适用于一般商业应用，速度等级为 5，是批量生产的无铅封装产品。

由表 2-5 所示的 MAX Ⅴ系列资源列表看到，5M160ZE64 的 160 个逻辑单元等效于 128 个宏单元，此外，有 8192 位(bits)的用户闪存空间(User Flash Memory，UFM)、4 个全局时钟、1 个内部振荡器。用户 IO 数目是根据器件的封装定的，同一型号的器件可能有不同的封装，不同封装下器件的管脚数目不同，用户可用的 IO 数也不同。表 2-6 展示了不同封装下器件的可用 IO 数目，5M160ZE64 是 64 个管脚的 EQFP 封装，有 54 个用户 IO。

表 2-5　MAX Ⅴ系列资源列表

名称	5M40Z	5M80Z	5M160Z	5M240Z	5M570Z	5M1270Z	5M2210Z
逻辑单元(LEs)	40	80	160	240	570	1270	2210
等效宏单元	32	64	128	192	440	980	1700
用户存储(bits)	8192	8192	8192	8192	8192	8192	8192
全局时钟	4	4	4	4	4	4	4
内部振荡器	1	1	1	1	1	1	1
最大用户 IO 数	54	79	79	114	159	271	271

表 2-6　MAX Ⅴ系列不同封装下用户 IO 数

器件	64-Pin MBGA	64-Pin EQFP	68-Pin MBGA	100-Pin TQFP	100-Pin MBGA	144-Pin TQFP	256-Pin FBGA	324-Pin FBGA
5M40Z	30	54	—	—	—	—	—	—
5M80Z	30	54	52	79	—	—	—	—
5M160Z	—	54	52	79	79	—	—	—
5M240Z	—	—	52	79	79	114	—	—
5M570Z	—	—	—	74	74	114	159	—
5M1270Z	—	—	—	—	—	114	211	271
5M2210Z	—	—	—	—	—	—	203	271

2.3.5.2　MAX Ⅴ内部结构

图 2-16 是 MAX Ⅴ的内部结构框图。图 2-17 是 MAX Ⅴ器件的平面图。在MAX Ⅴ器件中，主要有逻辑阵列块(LAB)和 IO 单元(IOE)、用户闪存空间(UFM)、专用配置闪存空间(CFM)。对于 5M40Z、5M80Z、5M160Z 和 5M240Z，闪存块位于芯片的左侧，对于 5M240Z(T144 封装)、5M570Z、5M1270Z 和 5M2210Z，闪存块位于芯片的左下部，如图2-17所示。闪存的大部分空间用于专用配置(CFM)，给 SRAM 提供掉电不丢失的非易失配置信息。CFM 在每次上电时会自动配置器件内部的逻辑功能和 IO，提供即时操作。闪存块中有一小部分用于用户数据存储(UFM)，在 MAX Ⅴ器件中，UFM 为 8192 bits。UFM 提供可编程的端口连接以便内部逻辑阵列的读写。有 3 行 LAB 和 UFM 相邻(与 UFM 相邻的 LAB 列数，不同型号芯片列数不同)。

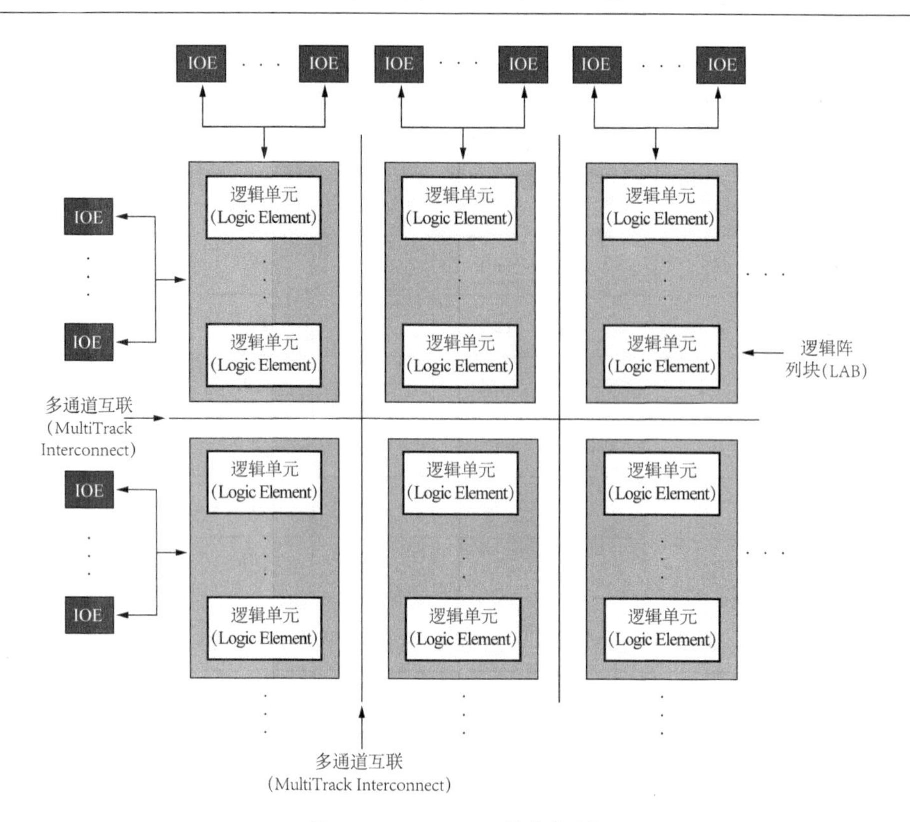

图 2-16　MAX Ⅴ结构框图

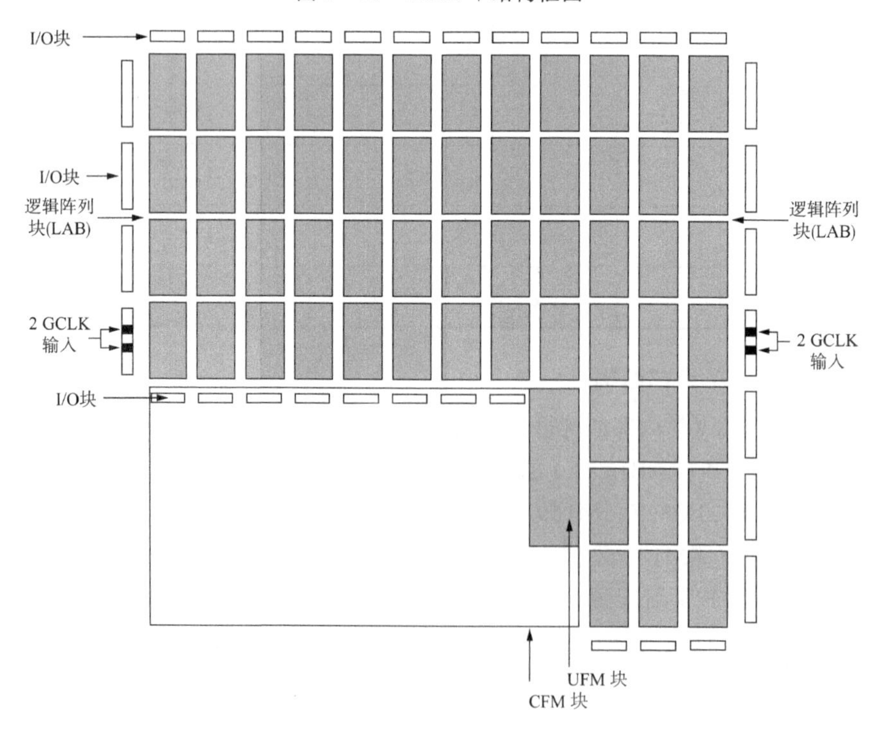

图 2-17　MAX Ⅴ平面图

1. 逻辑阵列块(LAB)

逻辑阵列块是 MAX Ⅴ器件中实现逻辑功能的核心部件。如 5M160Z 器件共有 4 行、6 列 LAB，即 24 个 LAB。

每一个 LAB 包含 10 个逻辑单元(LE)、LE 进位链(LE carry chains)、LAB 控制信号(LAB control signals)、一个内部互联(local interconnect)、一个查找表链(look-up table chain)和寄存器链互联线(register chain connection lines)。每一个 LAB 最多有 26 个输入和来自自身的 10 个反馈输入。内部互联负责同一个 LAB 中的 LE 之间的信号传递。查找表链负责同一个 LAB 中 LE 的查找表输出到相邻的 LE 的连接。寄存器互联负责一个 LAB 中 LE 的寄存器到相邻的 LE 的寄存器的信号传递。Quartus 开发工具(将在本书第 3 章介绍)会处理 LAB 中或相邻 LAB 间的互联逻辑，有效地使用内部互联、查找表链、寄存器链以保证性能和面积上的最优。图 2-18 展示了 LAB 的结构，图中展示了 LAB 间的行互联和列互联，未标明查找表链、寄存器链和 LE 进位链。

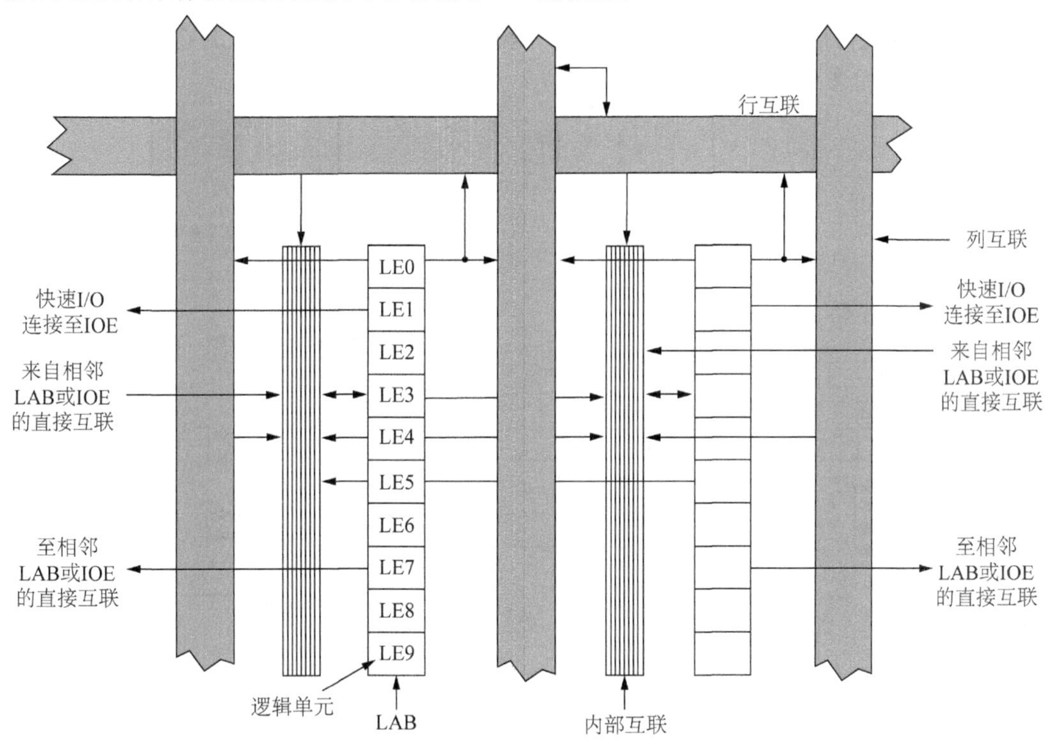

图 2-18　LAB 结构

行列互联和 LAB 中 LE 的输出驱动 LAB 的内部互联，相邻的左右两侧的 LAB，通过直连互联(direct link interconnect)驱动 LAB 的内部互联。直连互联最小化了行列互联的使用，提供了更高的性能和灵活性。每一个 LE 可以通过快速内部和直连互联驱动 30 个其他的 LE。

每一个 LAB 包含专用逻辑来驱动控制信号至其 LE。控制信号包括两个时钟信号、两个时钟使能信号、两个异步清零信号、一个同步清零信号、一个异步置位/加载信号、一个同步加载信号、一个加/减控制信号，同时可提供最多 10 个控制信号。同步加载和清零信号常用于计数器，也可用于其他逻辑功能。

想要进一步了解 LAB 中的互联和控制信号，请参阅 *MAX V Device Handbook*。

2. 逻辑单元(Logic Elements，LEs)

LAB 中的部件 LE 是 MAX V 器件中实现逻辑功能的最小单元。LE 设计紧凑、逻辑利用率高、性能好，其核心部件是一个 4 输入的查找表，可以实现任意 4 输入的逻辑函数功能。此外，还包含可编程的寄存器和传送链。一个 LE 支持一位数据的动态加/减，可由 LAB-wide 控制信号选择。每一个 LE 可以驱动所有类型的互联：内部互联、行列互联、LUT 链、寄存器链和直连互联，如图 2-19 所示。LE 中的寄存器可配置为 D、T、JK 或 SR 工作模式。每一个寄存器都有数据、异步加载数据、时钟、时钟使能、清零、异步加载/预置输入。全局信号、通用 IO 或任何的 IE 都可以驱动寄存器的时钟和清零信号。GPIO 或者 LE 可以驱动寄存器的时钟使能、预置、异步加载和异步数据信号。异步加载数据从 LE 的 data3 输入。对于组合逻辑，LUT 的输出将寄存器旁路、直接驱动 LE 的输出。

LE 有两种工作模式，正常模式和动态算术模式。想要进一步了解 LE 内部信号及其工作机理可参阅 *MAX V Device Handbook*。

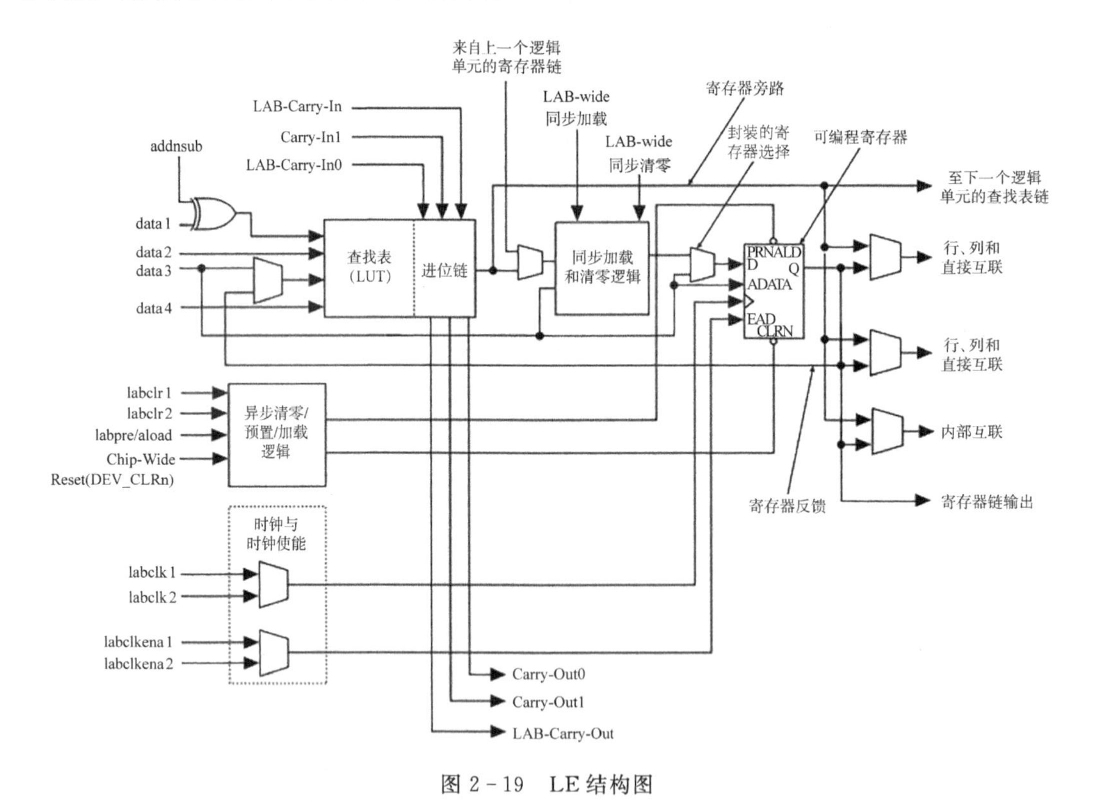

图 2-19　LE 结构图

2.3.5.3　MAX V 管脚

5M160ZE64 实物图如图 2-20(a)所示，有 64 个管脚，均匀分布在芯片四个边上。图 2-20(a)中芯片上标注的最后一行 1531A，是一般半导体的生产日期标注方法，表示该芯片是在 2015 年的第 31 周生产的。左上方小圆点位置处是编号为 1 的管脚，管脚逆时针排布，依次编号到 64。这 64 个管脚中有给芯片提供电源的供电引脚(VCC、GND),有配置引脚,有 4 个全局输入时钟引脚,有通用输入输出引脚(IO)54 个,具体如图 2-20(c)所示。管脚分"bank"管理,同一个 bank 里的管脚电气特性一致。管脚 1—34 及 64 同属于 bank1,管脚 33—63 同属于 bank2。

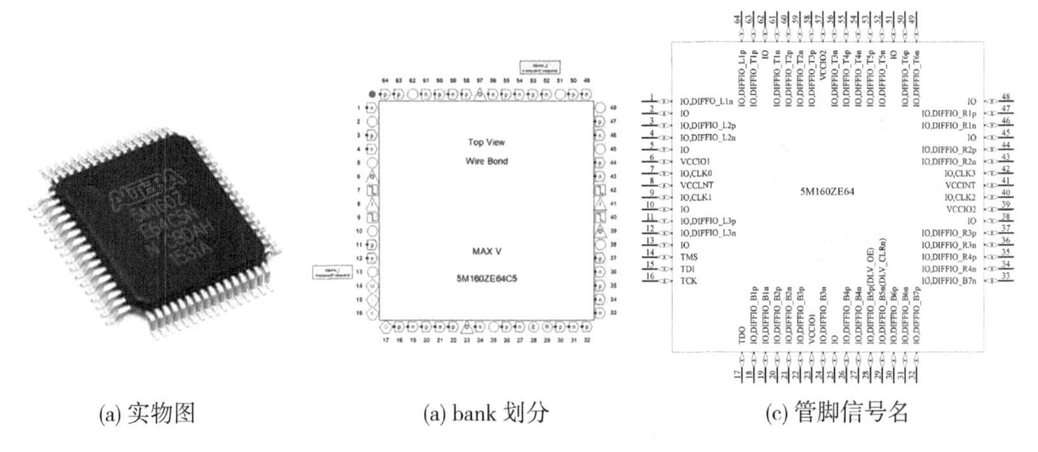

(a) 实物图　　(a) bank 划分　　(c) 管脚信号名

图 2-20　5M160ZE64 管脚信息

通用输入输出引脚(IO)也是可编程的,设计者可以为电路中的输入输出指定相应的 IO,方便与其他外围设备或器件互联,组成更复杂的数字系统。IO 可根据设计需求进行配置,可配置的参数有方向、IO 标准、驱动强度、上拉、集电极开路、快速 IO、输入延时、压摆率等。表 2-7 列出了 MAX V 支持的 IO 标准。IO 内部结构可参阅 *MAX V Device Handbook*。IO 的具体配置可参阅 Quartus 软件的使用手册及本书第 3 章内容。

表 2-7　MAX V 的 IO 电平标准

IO 标准	类型	V_{CCIO} 电平/V
3.3 V LVTTL/LVCMOS	单端	3.3
2.5 V LVTTL/LVCMOS	单端	2.5
1.8 V LVTTL/LVCMOS	单端	1.8
1.5 V LVCMOS	单端	1.5
1.2 V LVCMOS	单端	1.2
3.3 V PCI	单端	3.3
LVDS	差分	2.5
RSDS	差分	2.5

表 2-7 中,V_{CCIO}是器件的 IO 供电电平,同一个 bank 的 IO 标准一致,因此一个 bank 对应一个 V_{CCIO}引脚,如图 2-20(c)中的管脚 6 和 39,分别是 5M160ZE64 的 bank1 和 bank2 的 V_{CCIO}。在具体应用中设计可编程逻辑器件的系统板时,需要将 V_{CCIO}连接到与 IO 标准对应的电源电平上。

表 2-7 中的 LVTTL/LVCMOS 指低电压 TTL/CMOS 标准。

表 2-7 中的 LVDS(Low-Voltage Differential Signaling,低电压差分信号)和 RSDS(Reduced Swing Differential Signaling，低摆幅差分信号）均为差分形式的高速接口，一个信号对应一对差分引脚（两个管脚），靠两根信号线之间的压差来传输信号，抗共模干扰能力强。

2.3.6 查找表结构的 FPGA 器件

Altera 的 Cyclone 系列是基于查找表结构的 FPGA 器件。本节以 Cyclone Ⅳ 中的 EP4CE15F17C8N 为例介绍此类器件。本章后续介绍的实验箱中的 FPGA 提高板正是以 EP4C15F 器件为核心的 FPGA 系统板。

Cyclone Ⅳ 器件分为 GX 和 E 两个系列，GX 系列含有高速收发器，数据速率可达 GHz 级。Cyclone Ⅳ 器件命名规则如图 2－21 和图 2－22 所示。

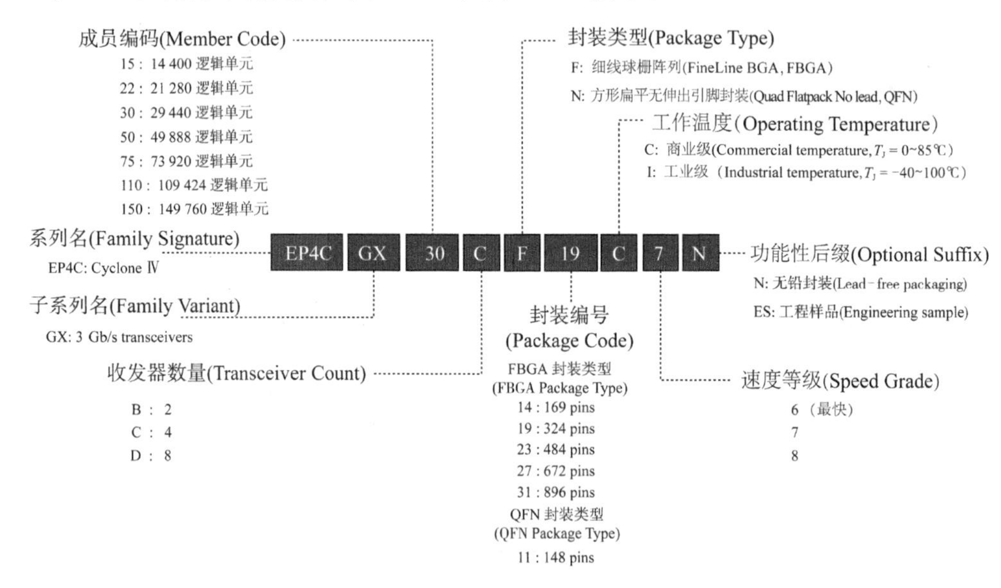

图 2－21 Cyclone Ⅳ GX 系列器件的命名规则

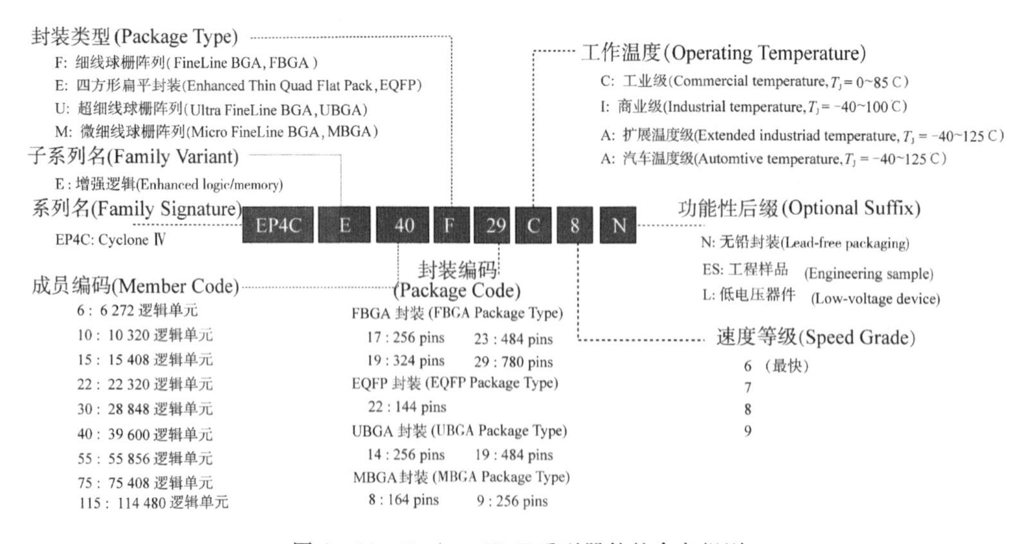

图 2－22 Cyclone Ⅳ E 系列器件的命名规则

2.3.6.1　Cyclone Ⅳ E 系列资源概述

Cyclone Ⅳ E 器件的资源如表 2-8 所示，EP4C15 含有 15408 个逻辑单元(LE)、504 bit 的存储空间、56 个 18×18 嵌入式乘法器、4 个通用锁相环(PLL)、20 个全局时钟网络、8 个用户 I/O bank。最大可用的 I/O 数目为 343 个。编号 EP4CE15F17C8N 的器件是 FBGA 封装，共 256 个管脚(见图 2-22)。由表 2-9 可知 EP4CE15F17C8N 有 165 个用户 IO。

表 2-8　Cyclone Ⅳ E 器件资源列表

资源	EP4CE6	EP4CE10	EP4CE15	EP4CE22	EP4CE30	EP4CE40	EP4CE55	EP4CE75	EP4CE115
逻辑单元(LE)	6272	10320	15408	22320	28848	39600	55856	75408	114480
嵌入式存储器(Kbit)	270	414	504	594	594	1134	2340	2745	3888
嵌入式乘法器(18×18)	15	23	56	66	66	116	154	200	266
通用 PLL	2	2	4	4	4	4	4	4	4
全局时钟网络	10	10	20	20	20	20	20	20	20
用户 IO bank	8	8	8	8	8	8	8	8	8
最大用户 IO	179	179	343	153	532	532	374	426	528

表 2-9　Cyclone Ⅳ E 器件系列的用户 IO 数目

封装	尺寸/(mm×mm)	器件								
		EP4CE6	EP4CE10	EP4CE15	EP4CE22	EP4CE30	EP4CE40	EP4CE55	EP4CE75	EP4CE115
E144	22×22	91	91	81	79	—	—	—	—	—
M164	8×8	—	—	89	—	—	—	—	—	—
U256	14×14	179	179	165	153	—	—	—	—	—
F256	17×17	179	179	165	153	—	—	—	—	—
U484	19×19	—	—	—	—	—	328	324	292	—
F484	23×23	—	—	343	—	328	328	324	292	280
F780	29×29	—	—	—	—	532	532	374	426	528

对比表2-5和表2-8发现,Cyclone Ⅳ系列FPGA和MAX Ⅴ系列CPLD的核心逻辑单元都是LE,但Cyclone Ⅳ系列FPGA中的LE数目明显比MAX Ⅴ系列CPLD中的多。除了LE外,FPGA含有嵌入式存储器、乘法器、DSP模块以及锁相环PLL,资源种类丰富、设计更加灵活。

FPGA中的存储器是基于SRAM架构的、掉电丢失的,CPLD中的存储单元是基于flash结构的、掉电不丢失的。CPLD中用于配置的信息存放在flash中,CPLD器件配置好后掉电不丢失,原因在于内部的flash每次上电后自动配置了器件的内部逻辑。而FPGA内部没有flash,需要在片外搭配一块不易失的存储器(flash或EPROM),将配置信息烧写到该存储器中,每次上电后,由这块存储器自动配置FPGA芯片。

在Quartus开发工具中,用于片上在线调试的工具称为Signal Tap,可以实时获取器件内部的信号值。Signal Tap捕获信号值是靠器件内部的嵌入式存储器块来存储的,由于MAX Ⅴ系列CPLD中没有嵌入式存储器块,所以不能运行Signal Tap。

2.3.6.2 Cyclone Ⅳ内部结构

Cyclone Ⅳ中的LE和LAB结构与MAX Ⅴ相同,只是Cyclone Ⅳ中的每一个LAB包含16个LE,MAX Ⅴ中的LAB包含10个LE。

Cyclone Ⅳ中的LE结构如图2-23所示,对比图2-19,可见两个LE结构几乎完全一样。同样的,Cyclone Ⅳ器件中的LE可工作于正常模式和算术模式,具体请参阅*Cyclone Ⅳ Device Handbook*。

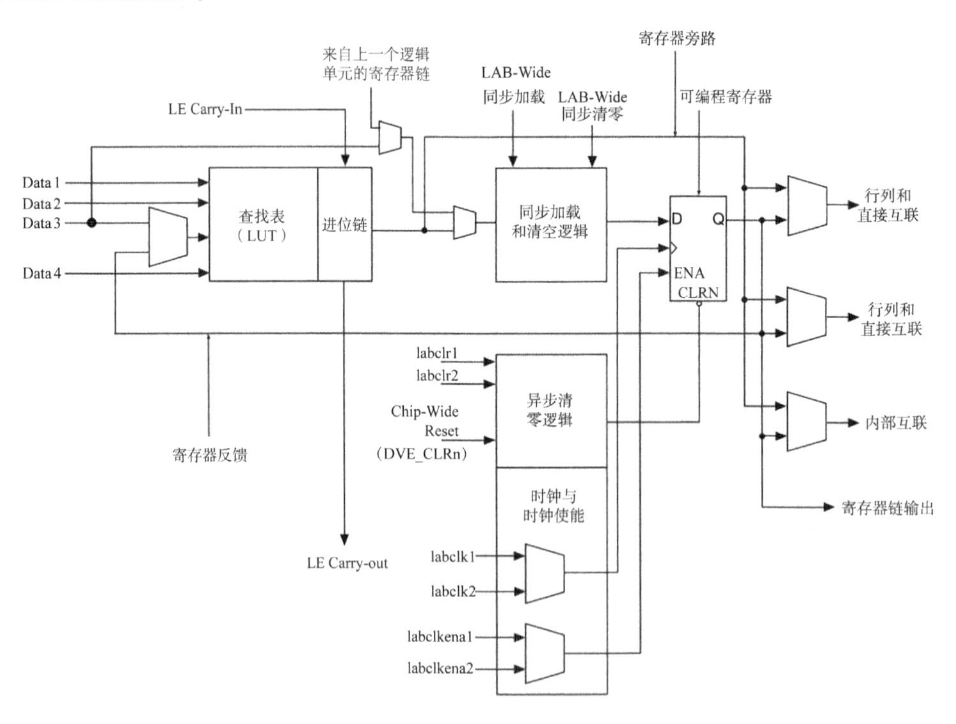

图2-23 Cyclone Ⅳ器件中的LE内部结构

Cyclone Ⅳ中的逻辑阵列块LAB结构如图2-24所示,与图2-18类似,这里的LAB

包含 16 个 LE、LAB 控制信号、LE 进位链、寄存器链、内部互联。

内部互联在同一个 LAB 的 LE 之间传输信号。寄存器链连接把一个 LE 寄存器的输出传输到 LAB 中相邻的 LE 寄存器上。Quartus 开发工具(将在本书第 3 章介绍)会处理 LAB 中或相邻 LAB 间的互联逻辑,以保证性能和面积上的最优。

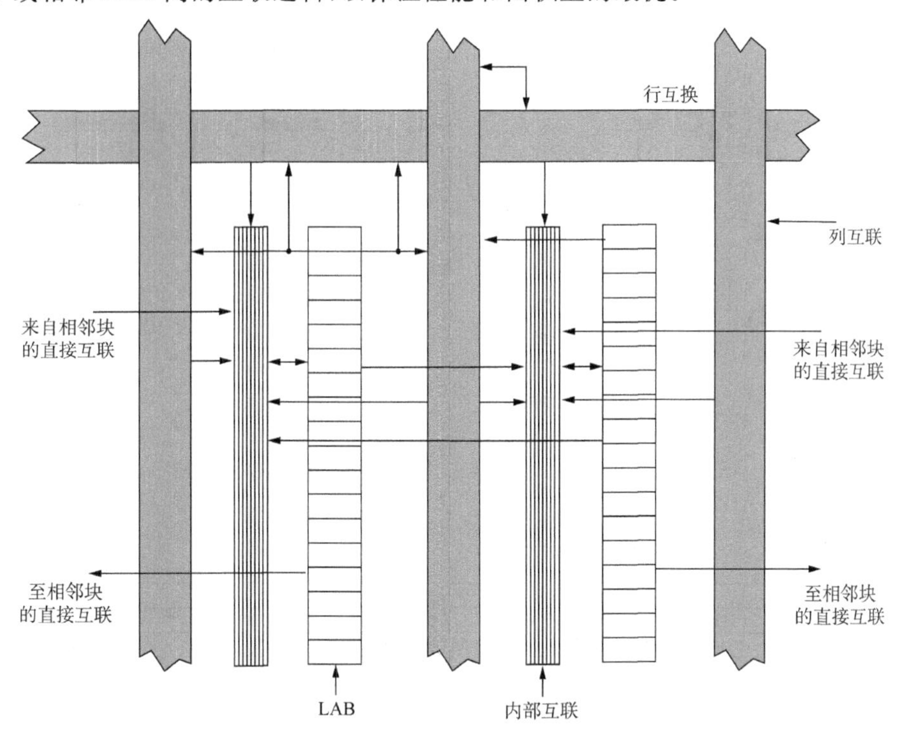

图 2-24　Cyclone Ⅳ器件中的 LAB 内部结构

除了 LAB 外,FPGA 中还有嵌入式乘法器、锁相环、存储器,读者如想进一步了解这些嵌入式模块的内部结构可参阅 *Cyclone Ⅳ Device Handbook*。

2.3.6.3　Cyclone Ⅳ管脚

图 2-25　EP4CE15F17C8N 实物图

EP4CE15F17C8N 是 FBGA(细线球栅阵列)封装,图 2-25 展示了该芯片的正面和反面。反面有 16×16(16 行、16 列)的球形焊盘,是管脚。它和图 2-20 中的 EQFP 封装的 5M160ZE64 管脚编序方式不同。图 2-26显示了 EP4CE15F17C8N 的管脚排序,对应 16 行分别编号 A、B、C、D、E、F、G、H、J、K、L、M、N、P、R、T,对应每一列用数字编号。如位于第一行第一列交叉处的管脚序号为 A1、位于第 16 行 8 列的管脚序号为 T8。管脚分 8 个 bank 管理,图中用不同灰度区分,每一个 bank 中的管脚电气特性相同。管脚中有电源管脚、JTAG 编程管脚、专用时钟输入管脚、通用输入输出管脚。器件所有管脚的名称、含义及具体的连接设计可参阅器件的 pin-out 文件。通用输入输出管脚的配置及电平标准可参阅 *Cyclone Ⅳ Device Handbook* 中的 IO 特性章节。

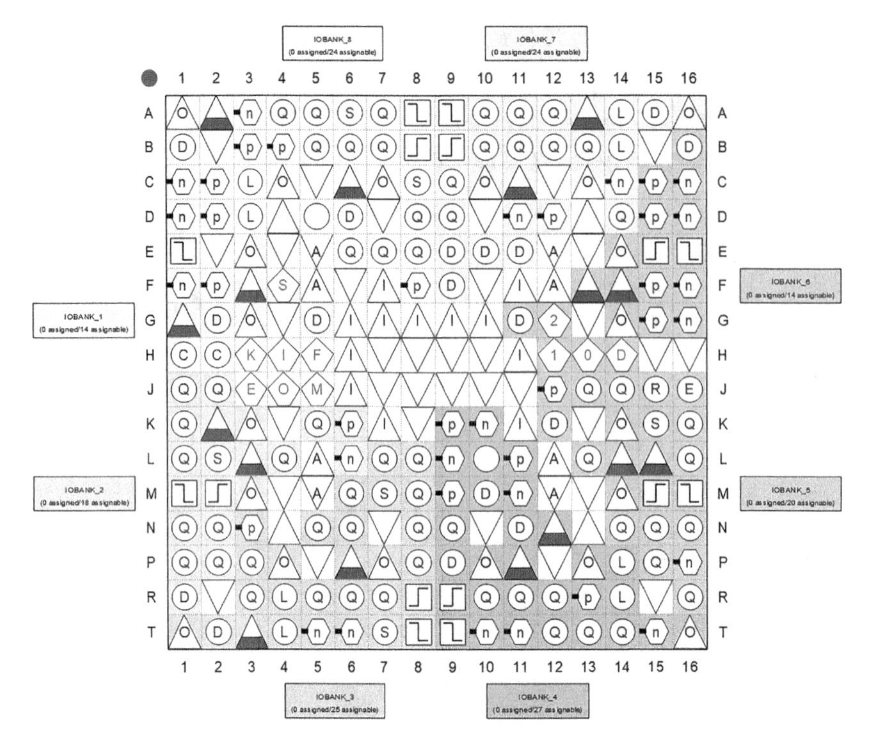

bank 编号	包含的管脚
bank 1	B1,C1-C2,D1-D2,E1-E3,F1-F4,G1-G3,G5,H1-H5,J3-J5
bank 2	J1-J2 , k1-K3,K5-K6,L1-L4,L6,M1-M3,N1-N2,P1-P2,R1
bank 3	L7-L8,M6-M8,N3,N5-N6,N8,P3-P4 , P6-P8 , R3-R8 , T1-T8
bank 4	K9-K10 , L9-L11 , M9-M11 , N9 , N11-N12 , P9-P11 , P13-P14 , R9-R14 , T9-T16
bank 5	J12-J16 , K12 , K14-K16 , L13-L16 , M14-M16 , N14-N16 , P15-P16 , R16
bank 6	B16 , C15-C16 , D15-D16 , E14-E16 , F13-F16 , G11-G12 , G14-G16 , H12-H14
bank 7	A9-A16 , B9-B14 , C9-C11 , C13-C14 , D9 , D11-D12 , D14 , E9-E11 , F9
bank 8	A1-A8 , B2-B8,C3-C4 , C6-C8 , D3 , D5-D6 , D8 , E6-E8 , F8

每个芯片的bank划分是不同的，在Quarus开发工具中，pin_ planner 中有颜色区分。

图 2-26　EP4CE15F17C8N 管脚及 bank 分布

2.4　实验箱

本节介绍的实验箱是为数字电路实验教学所设计的，以培养学生数字电路入门为首要目标，希望帮助学生建立正确的数字电路设计的逻辑思维方式和掌握正确的电路设计方法。

2.4.1　实验箱设计方案

现代电子系统大多数是基于 CPLD/FPGA 可编程逻辑器件进行数字电路及数字系统的设计，这种实现方式是目前及以后较长时期内的数字电路设计的主要方法。所以实验箱的设计，首先确定了以可编程逻辑器件为核心的思路。

为了使学生理解整个数字电路的发展脉络，同时兼顾现有的数字系统中还需要中小规模器件或分立元件的实际需求，所以实验箱保留了手工电路设计部分。

实验箱需要便携、易用、安全、性能稳定，方便学生借出实验室使用，因此体积不能太大。实验箱需要提供尽可能多的功能，既能设计小规模数字电路，也能满足部分复杂的数字系统的设计需求，还能实现模数混合，让学生有更宽广的能力提升空间。因此设计方案选用了兼顾便携性和功能丰富性、同时包含手工电路设计的“化整为零”的思路方法。设计基于CPLD 器件的基础主控板（以下简称为基础板），满足中小规模电路设计需求；设计基于 FPGA 器件的提高主控板（以下简称提高板），满足较大规模的电路设计需求；设计底板，可以将基础板或提高板和其他外围器件插接到其上，组成更复杂的数字系统或数模系统，同时底板上保留手工电路设计的功能。

基础板和提高板设计成便携式，可借出。因可编程逻辑器件的设计和初步验证都是在CPLD/FPGA 开发软件上进行的，硬件设计软件化、电路设计语言化，整个设计流程的前半部分都是在软件上的操作，软件上初步验证设计的正确性后，将程序烧写到硬件板卡上运行调试，整个设计流程是安全的。

底板上主要有：电源供给、面包板（可完成中规模数字器件的电路设计及验证，模数混合系统的扩展设计）、基础外设、各类插接口。

2.4.2 实验箱总体结构

实验箱采用“底板＋基础板＋提高板”的设计。FPGA 提高板和 CPLD 基础板自成系统，可独立完成数字电路的设计，也可以插接到底板上与其他外设一起组成更丰富的电路系统。CPLD 基础板主要满足所有学生基础逻辑电路设计的需求，FPGA 提高板满足学有余力的学生高速复杂电路设计的需求。

底板上主要有电源模块、通用输入（包括按键和拨位开关）和通用输出（包括 LED 灯和数码管），同时设计了可插接主控板和外设板的接口，再搭配一块用于手工电路设计的面包板，构成了一个完善的实验系统，如图 2－27 所示。

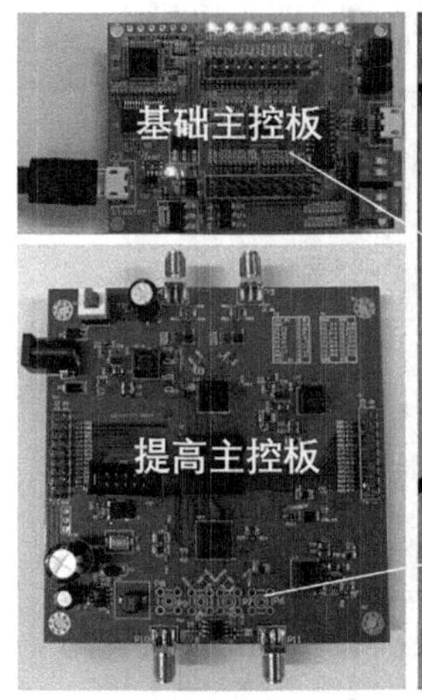

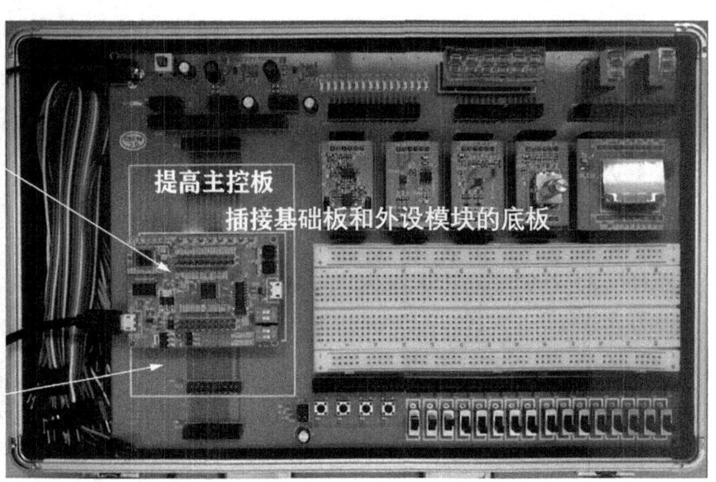

图 2－27 实验箱实物图

2.4.3 底板

2.4.3.1 底板结构

底板上含有电源模块、外设模块(LED 灯、数码管、按键、拨位开关)、面包板及插接接口。底板结构图如图 2-28 所示,实物图如图 2-29 所示,底板上部件描述见表 2-10。

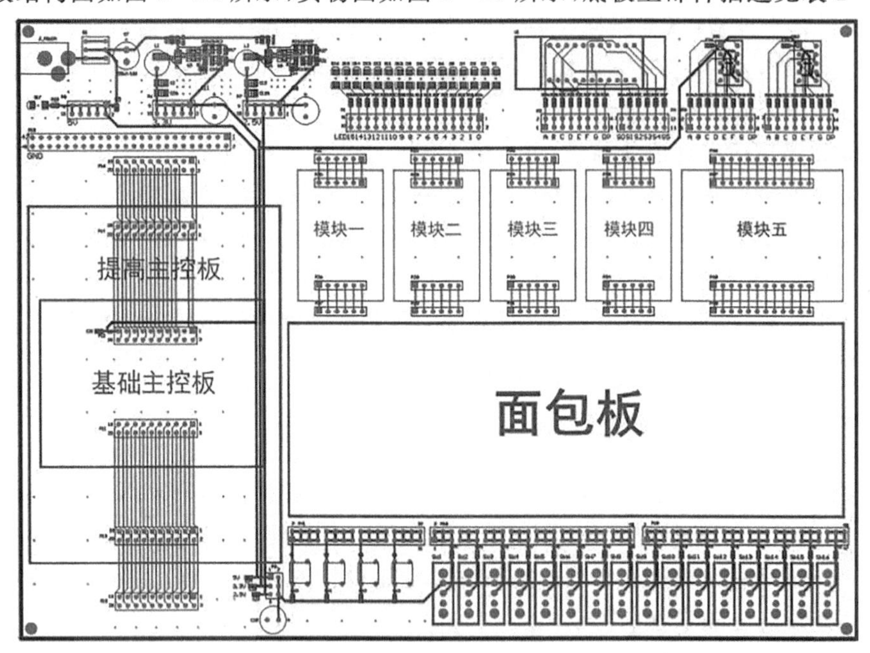

图 2-28 底板结构图

图 2-29 底板实物图

表 2-10 底板上部件明细表

部件编号	部件名称	说明
1	底板供电输入接口、电源开关、电源指示灯	底板使用 5 V 电源适配器供电，蓝色电源开关按下，底板通电，指示灯亮。再次按下开关，开关弹起，底板断电，指示灯灭
2	5 V 电源输出接口	对输入的 5 V 电源滤波后输出，为底板提供 5 V 供电
3	3.3 V 电源输出接口	5 V 经过 DC/DC 变换后输出，为底板提供 3.3 V 供电
4	2.5 V 电源输出接口	5 V 经过 DC/DC 变换后输出，为底板提供 2.5 V 供电
5	GND 电源接口	GND 信号
6	LED 灯及其信号连接接口	16 个 LED 灯，每个 LED 灯对应连接接口上的一列(两个)接口。提供高电平到接口上可点亮对应的 LED 灯
7	6 位动态扫描数码管(共阴极)及其连接接口	6 个位选信号和 7 个段选信号，每一个信号均提供两个连通的插接口
8	2 位七段数码管(共阳极)及其连接接口	14 个位选信号和 6 个段选信号，每一个信号均提供两个连通的插接口
9	跳线	用于配置按键和拨位开关的 IO 电平标准，共三挡可选：5 V、3.3 V、2.5 V
10	4 个按键及其连接接口	按下按键输出为低，松开按键输出为高。每一个按键的输出均提供 6 个连通的接口
11	16 个拨位开关及其插孔	向上拨输出为高、向下拨输出为低。每一个拨位开关的输出均提供 6 个连通的接口
12	面包板	预留用作分立器件搭建电路，面包板电气连接特性详见 2.4.3.2 节
13	外设模块插接接口	提供 5 个外设模块的插接接口
14、15	基础板插接接口 P11\P12	CPLD 基础板通过此插接到底板上
16、17	提高板插接接口 P13\P14	FPGA 提高板通过此插接到底板上
18	主控板的 IO 连接接口 P15	与 14、16 对应位置针脚连通，从此处连接基础板或提高板的 IO 到底板上
19	主控板的 IO 连接接口 P16	与 15、17 对应位置针脚连通，从此处连接基础板或提高板的 IO 到底板上

注：部件编号(纯数字)是人为编制的，板子上没有对应标识，编号 P+数字(如 P11～P16)是板子上插接接口的元件编号，在板子上有字符标记。

注意:基础板和提高板同时只能有一块板子插接到底板上。编号 14、16、18 的插接部件相同位置的针脚是连通的,如 14 的左上第一个针脚、16 的左上第一个针脚、18 的左上第一个针脚,3 个针脚是电气连通的。其他位置针脚类同。

2.4.3.2 面包板

电路面包板通常是指免焊面包板,不需要焊接的电路制作和测试工具。面包板实物如图 2-30(a)所示,内部连接如图 2-30(b)所示。

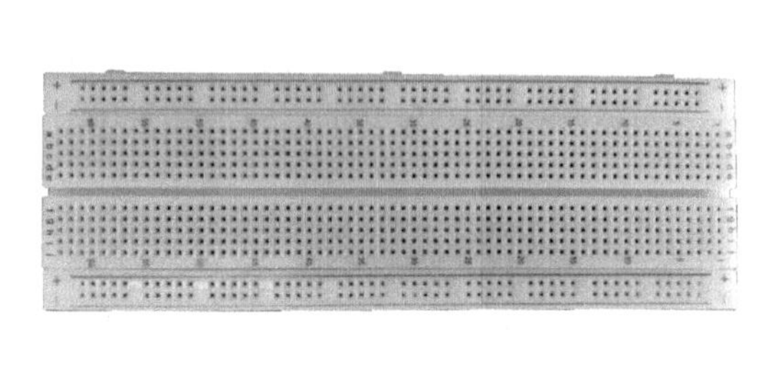

(a)面包板实物

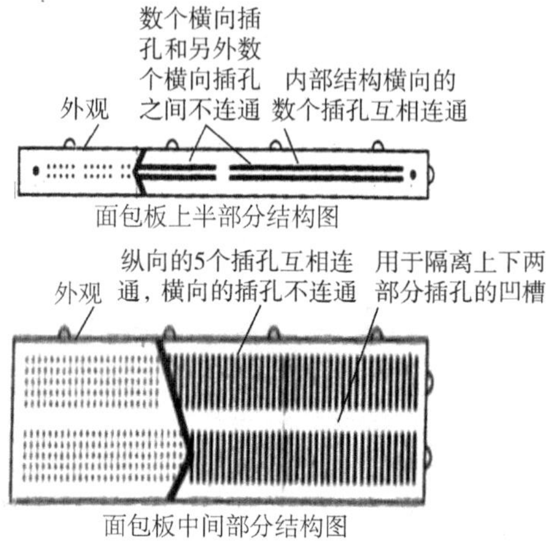

(b)面包板内部连接

图 2-30 面包板

由图可以看到,面包板的中间部分纵向的 5 个插孔是连通的,上面和下面的部分分别在横向一行上一分为二,左边 5×5=25 个插孔是连通的,右边 25 个插孔是连通的。也有的面包板的上面和下面部分每一行的 50 个插孔都是连通的。在使用面包板的时候最好能用万用表先测量一下左右两边的通断情况。

一般在面包板上搭建电路时,上下部分常用于电源的接入。中间部分用于分立元器件的插接。搭建电路时,尽量遵循横平竖直的接法。

下面举例说明面包板上电路的搭建。图 2-31 是用与非门搭建的 SR 锁存器。锁存器由两个与非门构成,实际搭建中要注意以下问题:

· 选用 CMOS 器件 74HC00,输入端加 5.1 kΩ 限流电阻;

· 74HC00 未用的两个与非门的输入端建议不要悬空,此处均接地;

· 器件供电的一对信号,V_{CC}(5 V)和 GND 间加一大一小两个滤波电容,此处为 100 μF 和 0.1 μF 电容并联给电源滤波;

· 直插式封装的 74 系列器件刚好可以插接到面包板的中间部分,一般其他插接式的器件也建议插此位置(如图 2-31 所示)。

面包板搭建电路的原则:

(1)确保电路连接的正确性;

(2)电路连接易读易看;

(3)避免容易短路的连接。

面包板搭建电路的习惯性规范如下：

(1)电源信号一般布置在上面或下面两行；

(2)连线尽量横平竖直；

(3)器件的电源接入考虑就近原则，滤波电容靠近器件的电源管脚放置。

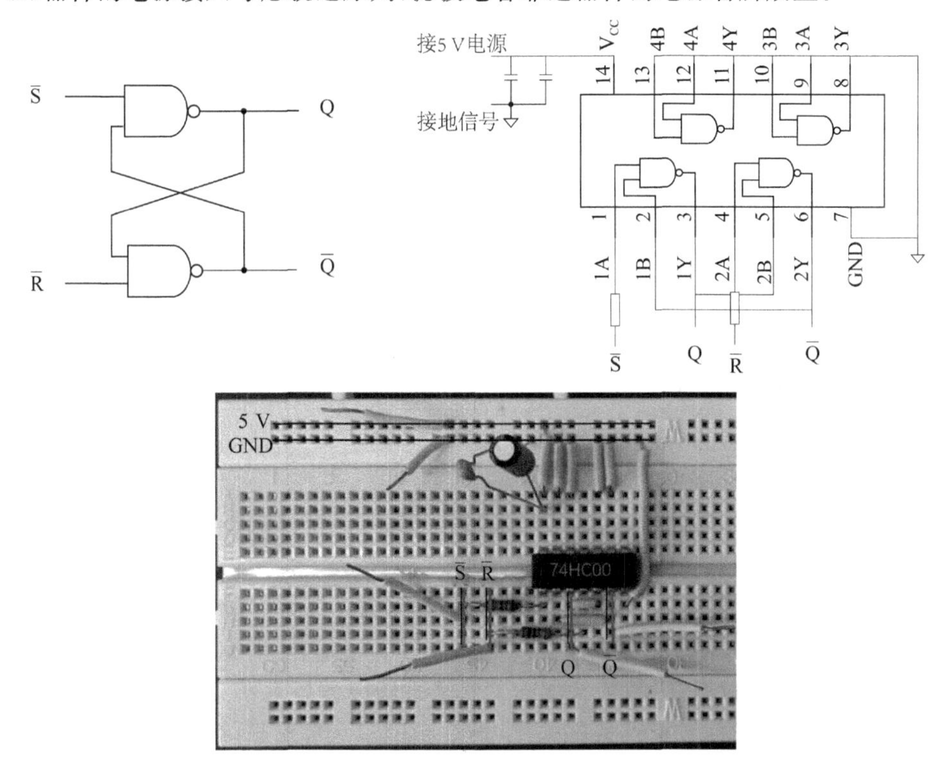

图 2 - 31　面包板上搭建电路

2.4.3.3　七段数码管

七段数码管的实物图如图 2 - 32 所示，可显示数字和部分英文字符。其内部是由八段发光二极管组成，各个发光段以顺时针序命名为 a、b、c、d、e、f、g、dp，以每一段的亮灭状态来显示不同的字符。例如：b、c 段亮则显示数字 1，a、b、c 段亮则显示数字 7，a、b、c、d、e、f 段亮时显示 0。

七段数码管分为共阴极和共阳极两种。

共阳极数码管是指数码管的八段发光二极管的阳极（正极）都连在一起，而阴极对应的各段可分别控制，如图 2 - 33(b)所示，此时控制各段的信号为低电平时该段点亮；

例：$abcdefg$＝b0000001，显示 0。依此不难推出共阳极七段数码管显示其他数字的段控制信号。

共阴极数码管是指数码管的八段发光二极管的阴极（负极）都连在一起，而阳极对应的各段可分别控制，如图 2 - 33(c)所示，此时控制各段的信号为高电平时该段点亮。

例：$abcdefg$＝b1111110，显示 0。依此不难推出共阴极七段数码管显示其他数字的段控制信号。共阴极和共阳极的段控制信号刚好是相反的。

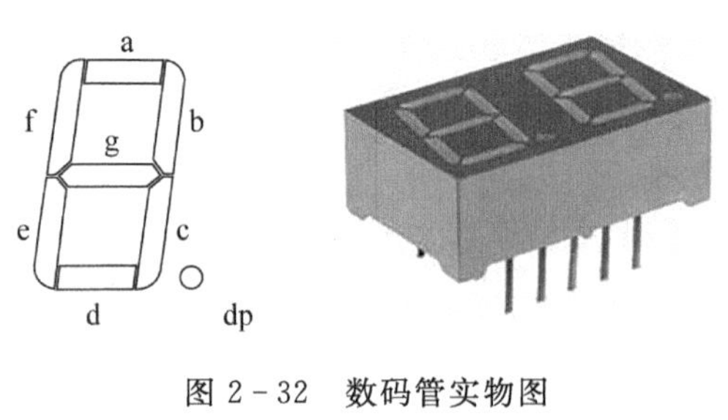

图 2-32　数码管实物图

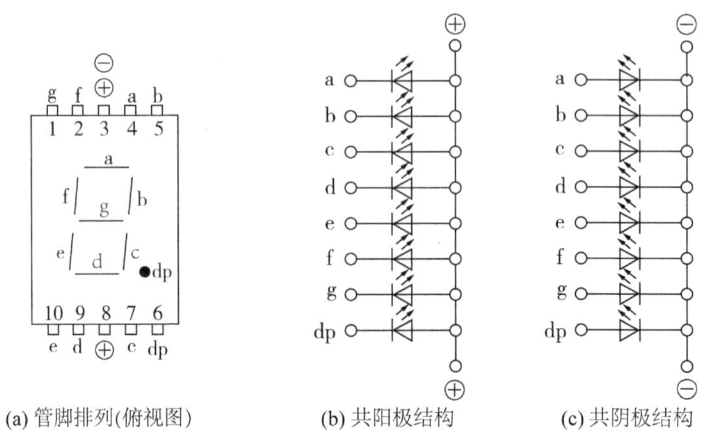

(a) 管脚排列(俯视图)　(b) 共阳极结构　(c) 共阴极结构

图 2-33　七段数码管共阳极和共阴极接法

2.4.3.4　动态扫描数码管

一个数码管显示一位数字，若要实现一个数字钟的时分秒显示，则需要 6 个数码管，对应的需要 6×7=42 个段信号来控制显示，即需要 42 个 IO 来控制，这对于中小规模的逻辑器件来说，都是一个不小的数量。例如，本实验箱中的基础板仅有 38 个 IO 引出。

动态扫描数码管采用多个数码管共用 7 个段信号，通过分时复用的方式来控制每个数码管的显示。由于人眼的视觉暂留现象，多个数码管以一个较高的速度(大于 50 帧/秒)轮流分时显示，看上去跟一直点亮没有区别。

本实验箱上有一个 6 位的动态扫描数码管，可以显示 6 位数字。这 6 位数码管，使用 7 个段信号和 6 个位信号来控制。这个动态扫描数码管采用共阴极接法，即发光二极管的阴极接到一起，如图 2-34 中所示的管脚 22、3、4、16、13、12，分别是 6 个数码管的段信号的阴极连通点，与 2.4.3.3 节中讲的数码管不同，这里的共阴极的连通点不接到 GND 信号上，而是作为位选信号使用，分别将其命名为 DG1、DG2、DG3、DG4、DG5、DG6。当需要点亮数码管 1 时，将 DG1 置低，其他位选信号置高，此时只有 DG1 控制的 7 个发光二极管有可能导通而发光，其他数码管因为二极管的阴极置高，无论发光二极管的阳极是高还是低，二极管都无法导通。所以此时段选信号 ABCDEFG 只能控制数码管 1 的数字显示。同理，将数码管 2 的位选信号 DG2 置低，其他位选信号置高，段选信号 ABCDEFG 仅控制数码管 2 的数字显示。依此类推，轮流依次地将 6 个位选信号置高，同时其他位选信号置低，在每一个位选信号置高期间，段选信号输送对应的数码管需要显示的数字驱动信号即可。如图2-35 所示的时序图，对应 6 位数码管上显示 123456。

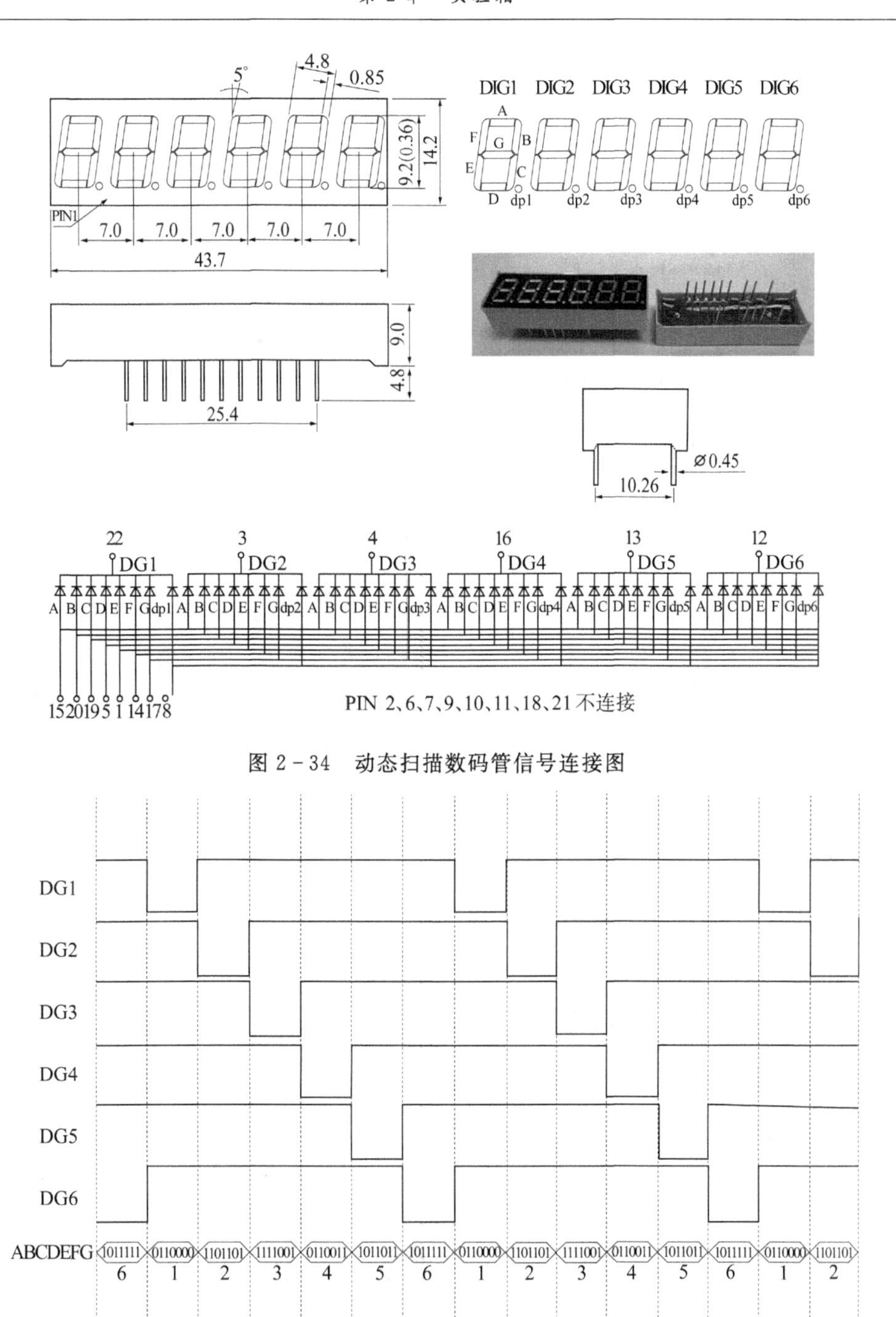

图 2-34 动态扫描数码管信号连接图

图 2-35 动态扫描数码管信号时序图

2.4.4 CPLD 基础板

CPLD 基础板实物如图 2-36 所示。设计初衷是为了便携易用，针对中小规模电路设计。实物比公交卡稍小，如图 2-37 所示。

选用 MAX V 中的 5M160E64C8N CPLD 器件，外围添加 LED 灯、按键、拨位开关、串口，并留出38个通用IO接口用于与其他电路器件互联。基础板左半部分设计了板载USB Blaster，通过USB接口线与PC连接，可实现程序下载和器件编程。电气连接图(结构图)如图2-38所示。板上的外设如图2-39中标识，和CPLD器件的管脚连接如表2-11所示。

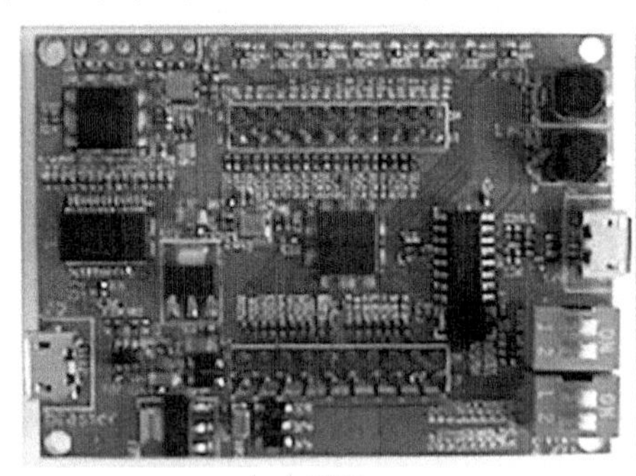

(a)正面

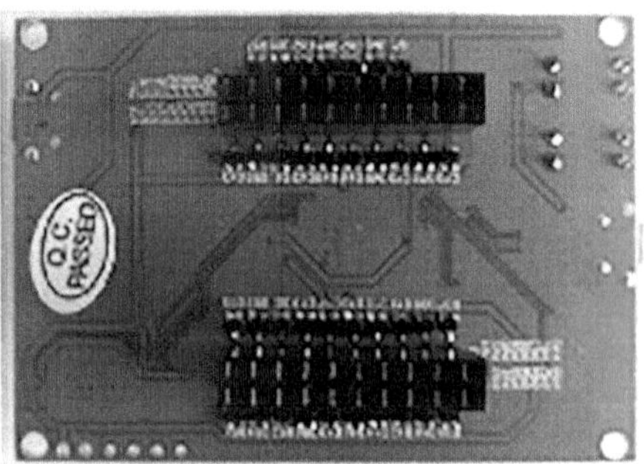

(b)背面

图2-36　基础板实物图

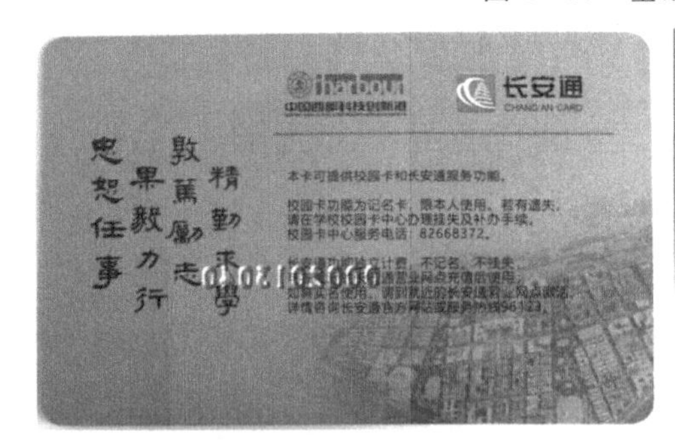

图2-37　基础板与公交卡对比

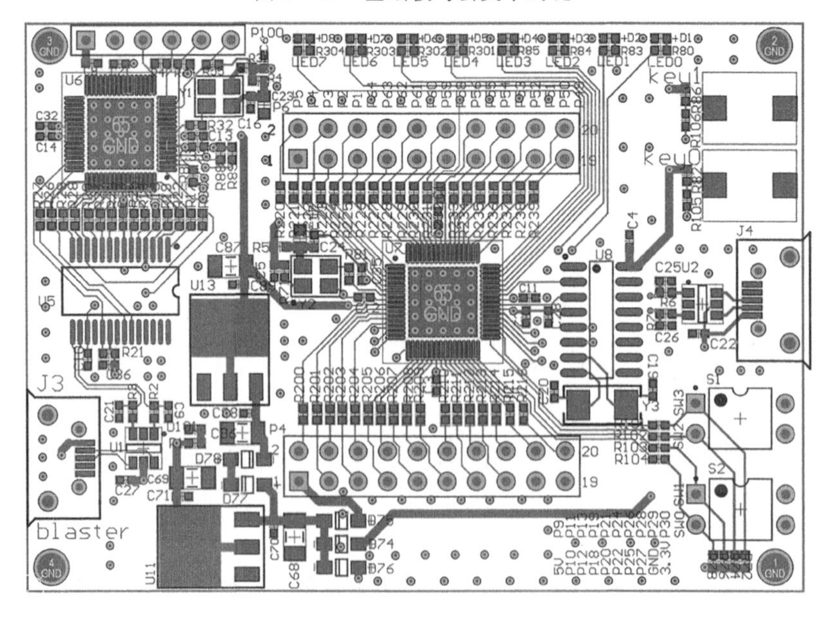

图2-38　基础板电气连接图

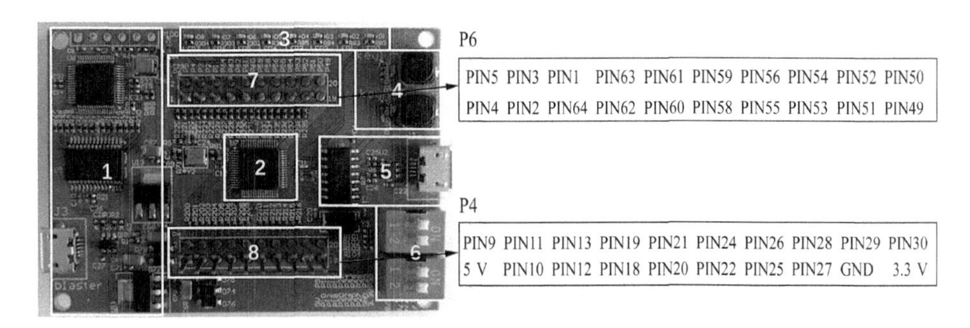

图 2-39　基础板外设标识

表 2-11　基础板外设和 CPLD 器件的管脚连接

编号	名称	和 5M160E64C8N 的管脚连接	说明
1	USB Blaster	TMS：PIN 14 TDI：PIN 15 TCK：PIN 16 TDO：PIN 17	板载 USB Blaster 编程器，通过 JTAG 管脚和 CPLD 器件相连，通过 JTAG 协议配置 CPLD 器件
2	5M160E64C8N		CPLD 器件
3	8 个 LED 灯	LED7：PIN 48 LED6：PIN 47 LED5：PIN 46 LED4：PIN 45 LED3：PIN 44 LED2：PIN 43 LED1：PIN 38 LED0：PIN 37	3.3 V 电平标准 控制信号为高时点亮
4	2 个按键	Key0：PIN 35，Key1：PIN 36	3.3 V 电平标准 按下时输出低电平，松开时输出高电平
5	USB-UART 串口	RXD：PIN 42，TXD：PIN 40	3.3 V 电平标准 RXD：信号输入到基础板 TXD：信号从基础板输出
6	4 位拨位开关	SW0：PIN 31 SW1：PIN 32 SW2：PIN 33 SW3：PIN 34	3.3 V 电平标准 拨向左输出为高电平拨向右输出为低电平
7	P6：通用 IO 引出	如图 2-39 所示	3.3 V 电平标准
8	P4：通用 IO 引出	如图 2-39 所示	3.3V 电平标准

注意：基础板的 IO 均是 3.3 V 的电平标准，在使用中不可将超过 3.3 V 的信号加到 IO 管脚上，以免损坏器件。虽然基础板上及器件内部均有 IO 保护，但是在使用过程中依然要注意。

基础板是一个独立完整的电路系统，可独立使用。仅用一根 USB 数据线连接 PC（由 PC 通过 USB 接口供电），配合 CPLD 开发软件就可以进行电路设计和器件编程（通过 USB 数据线进行基础板上的 CPLD 器件的编程配置，具体操作见本书第 3 章），借助板上的外设可进行电路的验证。

基础板也可插接到底板上使用，插接口为 P6 和 P4(图 2 - 39 中的标号 7 和 8)，基础板的 P4 插接到底板的 P11 上，基础板的 P6 插接到底板的 P12 上。插接到底板上后，可由底板通过 P4 上的 5 V 接口给基础板供电。可将基础板 P4、P6 上的 IO 通过杜邦线引出到底板上，与底板上的外设构成更复杂的电路系统。图 2 - 40 是基础板插接到底板上的实物图。

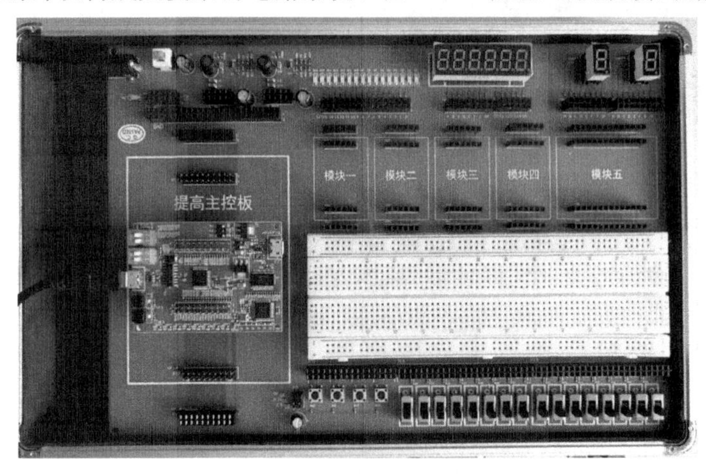

图 2 - 40　基础板与底板连接图

2.4.5　FPGA 提高板

提高板以 Cyclone Ⅳ系列的 EP4CE15F17C8N 器件为核心，外围配置高速 ADC 链路(12 位\125M 采样率\双通道)、高速 DAC 链路(12 位\250M 采样率\双通道)，主要面向中大规模的电路设计及高速数据处理的应用。板上引出了 4 列共 40 个信号，含正负 5 V 电源、GND 信号以及 31 个通用 IO。实物图及外设分布如图 2 - 41 所示。外设和 FPGA 的管脚连接如表 2 - 12，表 2 - 13 和表 2 - 14 所示。

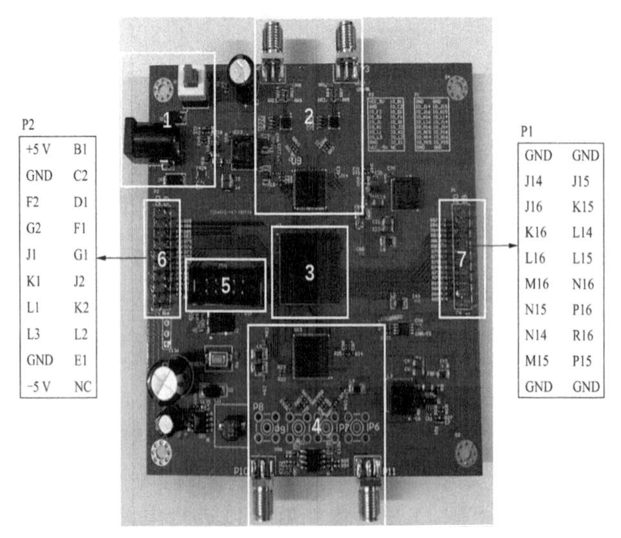

图 2 - 41　提高板外设标识

表 2-12　提高板外设和 FPGA 器件的管脚连接

编号	名称	管脚连接	说明
1	电源接入和电源开关		由 5 V 适配器供电，按下开关，电源指示灯亮，提高板通电
2	ADC 信号输入链路	见表 2-13	两路独立的模拟信号输入链路
3	EP4CE15F17C8N		FPGA 器件
4	DAC 信号输出链路	见表 2-14	输出独立的两路信号，电压为 5 V
5	JTAG10 针接口		USB Blaster 编程器的连接接口
6	P2：通用 IO 引出	见图 2-41	3.3 V 电平标准
7	P1：通用 IO 引出	见图 2-41	3.3 V 电平标准

表 2-13　ADC 器件与 FPGA 器件的管脚连接

信号名称	与 FPGA 连接的 IO 编号	说明
D[11..0]A	A15,C14,B14,A14,B13,B12,A12,B11,A11,B10,A10,C9	通道 A 的 12 位数据信号
D[11..0]B	A7,B7,A6,B6,D6,A5,B5,A4,B4,A3,B3,C3	通道 B 的 12 位数据信号
DCOA,DCOB	A9,A8	通道 A,B 的数据时钟输出
ORA ,ORB	B16,C8	通道 A,B 的超量程输出
AD_CLK	D3	FPGA 供给 ADC 的时钟信号
CSB,SCLK,SDIO	D16,C15,C16	FPGA 配置 ADC 的 SPI 接口

表 2-14　DAC 芯片与 FPGA 器件的管脚连接

信号名称	与 FPGA 连接的 IO 编号	说明
P1D[11..0]	T15,T14,R13,T13,R12,T12,R11,T11,R10,T10,N9,P9	通道 1 的 12 位数据信号
P2D[11..0]	T7,R7,T6,R6,N6,T5,R5,T4,R4,R3,P3,T2	通道 2 的 12 位数据信号
DCO	T8	DAC 的数据时钟输出
CLK+/CLK-	P14,R14	FPGA 供给 DAC 的差分时钟
CSB,SCLK,SDIO,SDO	N2,P1,P2,R1	FPGA 配置 DAC 的 SPI 接口

注意，ADC 链路使用 AD9628 芯片，DAC 链路使用 AD9745 芯片，表 2-13 和表2-14 均沿用了 AD9628 和 AD9745 的数据手册中的信号名称，故 AD9628 的双通道命名为通道 A 和通道 B，而 AD9745 中的双通道命名为通道 1 和通道 2。具体使用时可参考 AD9628 和 AD9745 的数据手册。

在使用时，要注意引出的 IO 均是 3.3 V 电平标准，不可将超过 3.3 V 的信号接到引脚上，以免损坏电路板。虽然 FPGA 器件内部及板上均设有 IO 保护电路，但是在使用过程中依然要注意。

提高板是一个独立完整的系统，可独立使用，也可插接到底板上使用。独立使用时，将 5 V 电源适配器插接到图 2-41 中标记 1 处的 DC5.0 接头上，为其供电。

插接到底板上时，提高板的 P1 插接到底板上的 P14，提高板的 P2 插接到底板上的

P13。此时由底板上的+5 V 电源经 P2 给提高板供电。提高板插接到底板上的实物图如图 2-42所示。

无论是插接到底板上还是独立使用，提高板均需要一个额外的 USB Blaster 进行器件编程，这点与基础板不同。

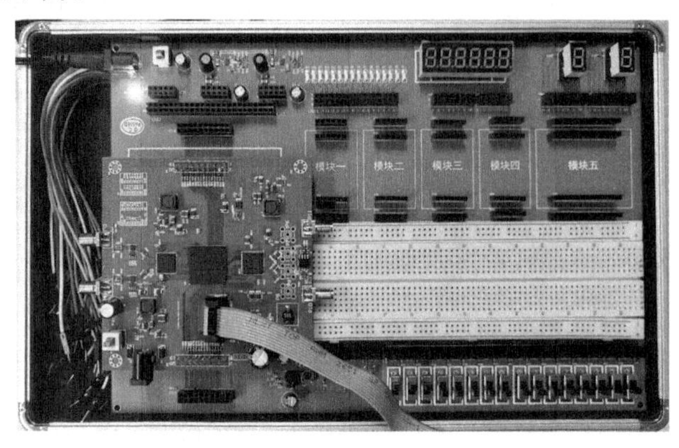

图 2-42　提高板与底板连接图

实验箱基本介绍

参考文献

[1]　Texas Instruments. SNx400，SNx4LS00，and SNx4S00 Quadruple 2-Input Positive-NAND Gates datasheet (Rev. D). [EB/OL]. [2019 -[1]http://www. ti. com/cn/lit/ds/symlink/sn74ls00. pdf.

[2]　Anon. TTL 与非门电路的工作原理[EB/OL]. (2019-04-18)[2019-12-1]. https://www. cnblogs. com/kevinnote/p/10729536. html.

[3]　佚名. TTL 非门电路、结构及工作原理. [EB/OL]. (2016-08-17)[2019-12-1]. http://www. 360doc. com/content/16/0817/17/152409_583895417. shtml.

[4]　Anon. TTL 与非门电路分析[EB/OL]. (2019-03-26)[2019-12-1]. https://www. cnblogs. com/kensporger/p/10585872. html.

[5]　电工学习网. 二极管或门电路结构及逻辑符号[EB/OL]. (2015-05-04)[2019-12-1]. https://www. diangon. com/wenku/rd/dianzi/201505/00023522. html.

[6]　电工学习网. 二极管与门电路结构及逻辑符号[EB/OL]. (2015-05-04)[2019-12-1]. https://www. diangon. com/wenku/rd/dianzi/201505/00023521. html.

[7]　电工学习网. 晶体管非门电路结构及逻辑符号[EB/OL]. (2015-05-04)[2019-12-1]. https://www. diangon. com/wenku/rd/dianzi/201505/00023523. html.

[8]　电工学习网. 分立元件复合门电路[EB/OL]. (2015-05-04)[2019-12-1]. https://

www. diangon. com/wenku/rd/dianzi/201505/00023524. html.
[9]　杨栓科. 模拟电子技术基础[M]. 北京:高等教育出版社,2003.
[10]　深圳市可易亚半导体科技有限公司. CMOS 的栅极双极型晶体管 P 沟道 MOSFET [EB/OL]. (2017 - 06 - 02)[2019 - 12 - 1]. http://www. kiaic. com/article/detail/237.
[11]　深圳市可易亚半导体科技有限公司. 什么是 MOS 和 CMOS 集成门电路? [EB/OL]. (2017 - 07 - 11)[2019 - 12 - 1]. http://www. kiaic. com/article/detail/309.
[12]　深圳市可易亚半导体科技有限公司. CMOS 电平与 TTL 电平存在的差异及 CMOS 使用注意事项:KIA MOS 管[EB/OL]. (2018 - 09 - 26)[2019 - 12 - 1]. http://www. kiaic. com/article/detail/1149. html.
[13]　WAKERLY J F. 数字设计:原理与实践[M]. 4 版. 林生,葛红,金京林,等译. 北京:机械工业出版社,2010.
[14]　Texas Instruments. 74 系列器件的数据手册[EB/OL]. [2019 - 12 - 1]. http://www. ti. com. cn.
[15]　Altera Corporation. MAX Ⅴ Device Handbook[EB/OL]. [2019 - 12 - 1]. https://www. intel. com/ content/dam/www/programmable/us/en/pdfs/literature/hb/max - v/max5_handbook. pdf.
[16]　Intel. Cyclone Ⅳ Device Handbook[EB/OL]. [2019 - 12 - 1]. https://www. intel. com/ content/ dam/ www/programmable/us/en/pdfs/literature/hb/cyclone - iv/cyclone4 - handbook. pdf.
[17]　王毓银. 脉冲与数字电路[M]. 2 版. 北京:高等教育出版社,1992.

第 3 章 Quartus Prime 18.1 软件使用

数字电路是处理逻辑信号的电子电路，这些电子电路以数字门或逻辑器件描述逻辑关系，逻辑关系通常可用文字、真值表、逻辑函数表达式、逻辑电路图、时序图、状态图、状态表和硬件描述语言等多种形式描述。其中逻辑电路图使用图形化方式直观描述电路逻辑，其特点是简单明了、易学易用、元器件库资源丰富，且对应的硬件电路非常容易实现；但是在设计大型电路时，这种方法的可维护性差，不利于模块的构造和复用，尤其是当所用的芯片更新换代后，使用原理图设计的电路也需要进行相应修改。所以在进行大型电路设计时通常选择更灵活的方式，即选择使用符合硬件描述语言语法规定的语句来描述电路结构、行为和功能。使用硬件描述语言进行电路设计方法灵活、支持广泛、语言标准规范、易于共享和复用，是进行大规模电路设计的必然选择。

无论是使用原理图或硬件描述语言或其他方式进行电路设计，最终都需要通过 EDA (Electronic Design Automation，电子设计自动化）工具将其转变为可以适配于硬件（FPGA/CPLD)电路的形式。Quartus Prime 系列软件是 Intel-Altera 公司开发的一款支持多平台设计环境的 EDA 软件，该软件支持以逻辑图和硬件描述语言等方式来实现逻辑电路。电路设计完成后，Quartus Prime 软件提供“综合”方法将模块化、层次化设计的多个文件合并为一个网表，使设计层次平面化，并提供“映射”方式将所完成的电路设计通过“布局”放到器件内部逻辑资源的具体位置，并利用“布线”资源完成功能块之间的连接，布局布线完成后生成可供器件编程使用的文件。

在 Quartus Prime 软件中使用下载器可将生成的数据文件通过编程线缆下载到器件中，在实际硬件环境中进行验证。此外，为了保证电路设计的准确性，Quartus Prime 软件提供了电路仿真功能，电路设计完成后可先通过仿真从理论上验证电路逻辑功能的正确性，再通过下载器连接硬件设备进行器件上的验证。

本章将介绍 Quartus Prime 软件的使用，首先介绍 Quartus Prime 软件的设计流程，然后以设计实例为引导讲解 Quartus Prime 软件的详细使用。

3.1 Quartus Prime 设计流程

Quartus Prime 的设计流程遵循典型的 FPGA 设计流程，主要包括新建工程、设计输入、分析综合、布局布线、仿真验证、器件编程，其通用流程如图 3-1 所示，更详细的流程图请参考 Quartus Prime 用户手册。

1. 新建工程

使用 Quartus Prime 软件进行电路设计时首先要新建一个工程。Quartus Prime 软件以工程为依托完成电路设计的组织和管理，工程中包含了电路设计的层级结构、库、约束和相应设置的所有信息。

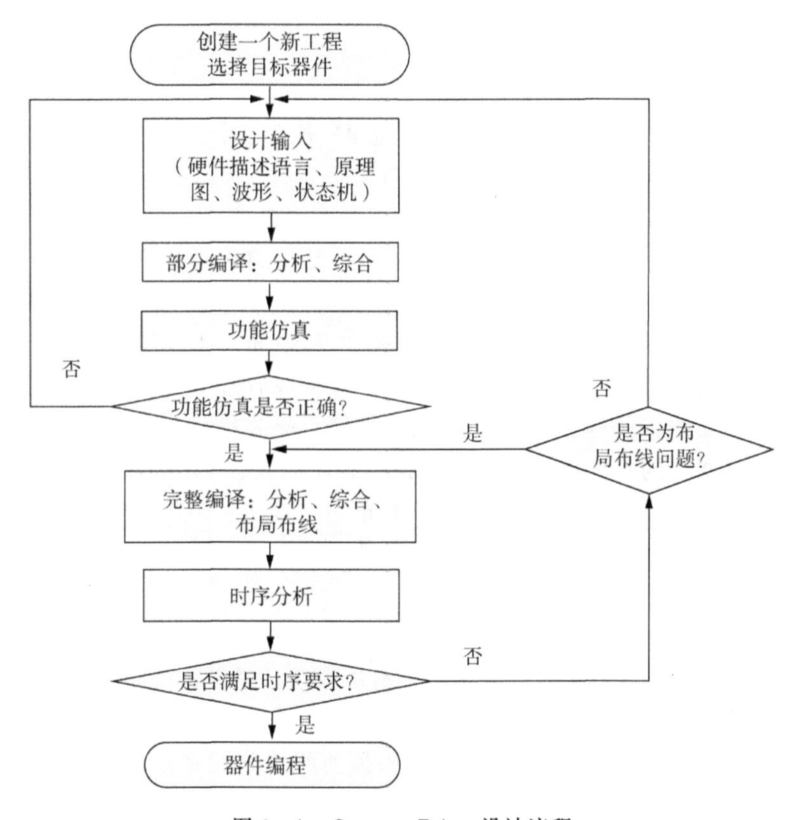

图 3－1　Quartus Prime 设计流程

在 Quartus Prime 图形界面中，利用创建工程向导(New Project Wizard)创建新工程。在创建工程向导中需指定工作路径、工程名及顶层文件名，同时可以指定工程中用到的设计文件或其他源文件等，在创建工程的过程中同时需指定目标器件，选择 EDA 工具。

新的工程创建完成后，工程路径下有创建工程产生的文件，包括一个名为 db 的文件夹和两个文件，其中 *.qpf 文件是工程文件，它以建立工程时设置的工程名命名，*.qsf 文件是工程设置文件，存储工程的设置信息，同样以工程名命名。

2. 设计输入

设计输入是指通过一定的描述方式将电路系统输入到计算机中，Quartus Prime 支持原理图、硬件描述语言、状态机和 IP 核等多种设计输入方式，操作简单，使用方便。

原理图输入的优点在于设计者不必具有诸如编译技术、硬件描述语言等新知识就能迅速入门，完成较大规模的电路系统设计，而且直观、易于理解，适合于初学者使用。

在大规模专用集成电路开发与研制的背景下，为了提高开发效率，增加已有成果的可继承性，硬件描述语言诞生了，其具有设计技术齐全、方法灵活、支持广泛的特点，且对系统硬件的描述能力强，语言标准、规范，易于共享和复用。

原理图设计比硬件描述语言更加直观，但是不如硬件描述语言方便，所以在设计较复杂电路时，硬件描述语言是首选。

3. 编译

Quartus Prime 支持全编译和部分编译，全编译时执行所有编译中的步骤，部分编译就只执行其中的一部分。全编译包括分析综合、适配、汇编、时序分析、EDA 网表写入 5 个部分。

分析综合是产生逻辑电路的过程。首先分析检查设计输入的语法是否正确，如果是图形输入，软件会将其变换为 HDL 语言再进行分析。然后将设计输入综合为目标芯片基本电路结构可实现的电路逻辑关系。产生的逻辑电路使用目标芯片的逻辑元件实现，并根据约束条件进行电路优化，生成逻辑电路、输出网表文件，供布局布线使用。对于综合来说，满足要求的方案可能有多个，综合工具将产生一个最优的或者近似最优的结果。

适配又称布局布线，是将生成的逻辑电路适配到目标芯片上分配的精确位置，使综合产生的网表文件针对指定的目标器件执行包括底层器件配置、逻辑分割、逻辑优化、逻辑布局布线等逻辑映射操作，完成目标系统在器件上的布局布线之后由汇编器产生 *.sof、*.pof 等格式的编程下载文件。此外，适配的过程产生具有精确延时信息的仿真文件，用于后续的时序分析和仿真验证。

汇编即在布局布线之后产生可以下载到硬件中的可编程下载文件。

时序分析主要分析所设计的电路是否满足时序要求。最基本的时序要求是所设计的电路在期望的时钟频率下运行时逻辑功能正确。

EDA 网表写入是产生网表文件的过程，即根据前面的分析综合、适配、时序分析的结果产生含有延时信息的最终网表文件。执行 Tools→Netlist Viewer→RTL Viewer 即可查看 RTL 视图。

4. 仿真验证

仿真是计算机根据一定的算法和仿真库对设计进行的验证，包括功能仿真和时序仿真。

功能仿真用于验证设计的逻辑功能，是指在设计输入完成后不考虑任何门延时或线延时情况下的理想仿真，只用来验证逻辑功能的正确性。

时序仿真是在选择了具体器件并完成布局布线之后进行的快速时序检验，可对设计性能做整体分析，因为包含了延时信息，能够较好地反应芯片的工作情况，更接近于电路的实际运行情况。但对 FPGA 芯片进行的时序仿真并不能完全反应电路的实际运行情况，仅可作为参考。

5. 编程下载

Quartus Prime 提供独立编程配置软件，将管脚锁定并重新适配后生成的下载文件通过编程线缆下载到 FPGA 或 CPLD 中，对设计进行硬件调试和验证。

3.2 Quartus Prime 初步

下面以一个简单的例子来串联使用 Quartus Prime 软件进行基本电路设计的步骤，初步介绍该软件的使用。本书中所有的例子都在 Quartus Prime 18.1 上实现并进行了验证，本章中所有图片均源自于 Quartus Prime 18.1Lite 版本。

在使用 Quartus Prime 进行电路设计之前，首先介绍 Quartus Prime 18.1 软件的安装，并对该软件进行简单介绍，以使学生对 Quartus Prime 软件的界面和菜单有一个感性认识。

对 Quartus Prime 软件有初步了解后，将通过设计一个包含与、或、非门的简单电路来巩固 Quartus Prime 软件从新建工程到下载验证的全部设计流程。

3.2.1　Quartus Prime 18.1 的下载及安装

从 Intel 官网(https://www.intel.cn)的 FPGA 下载中心(http://fpgasoftware.intel.com/)下载所需要的 Quartus Prime 软件版本，这里以 Quartus Prime 18.1Lite 版为例介绍安装过程。

(1)进入 Quartus Prime18.1Lite 软件存放路径(如：本地的存放路径为 D:\useful_software\Quartus-lite-18.1.0.625-windows)，如图 3-2 所示。

图 3-2　Quartus Prime 软件存放路径

(2)双击 setup.bat 文件，出现如图 3-3 所示的安装向导主界面，单击“Next”。

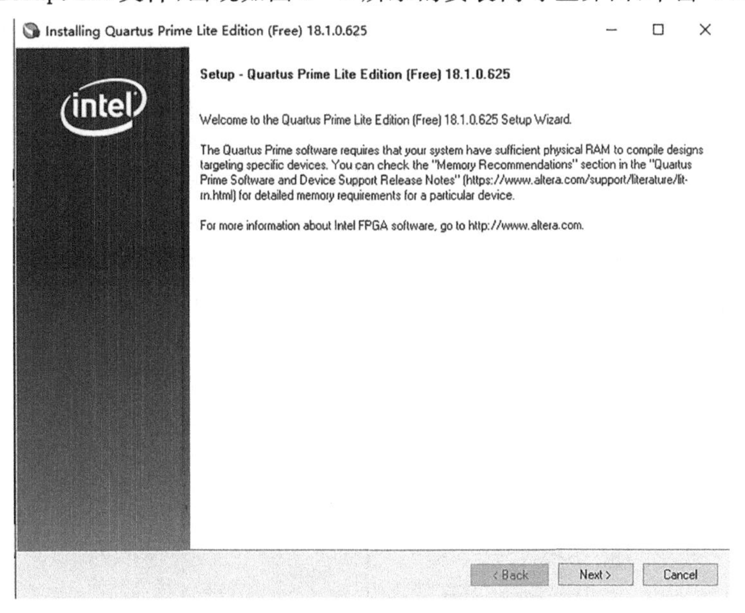

图 3-3　Quartus Prime 软件安装向导主界面

(3)出现如图 3-4 所示的 License Agreement 窗口，选择“I accept the agreement”，单击“Next”。

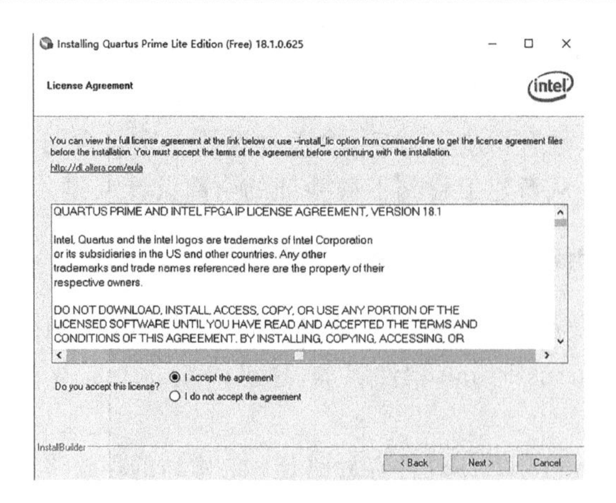

图 3－4　License Agreement 窗口

(4)出现如图 3－5 所示的 Installation directory 窗口,选择安装目录(如 D:\intelFPGA_lite\18.1),单击“Next”。

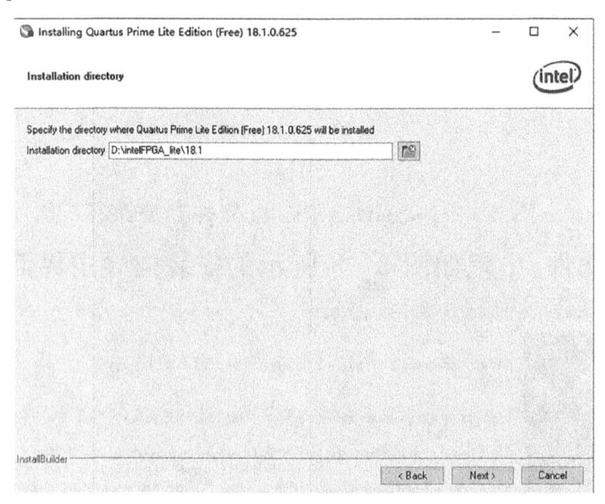

图 3－5　安装路径窗口

(5)选择安装组件,如图 3－6 所示,默认的 ModelSim 版本为 ModelSim-Intel FPGA Starter Edition(Free)(3988.8MB)[在 Quartus Ⅱ 13.0 中为 ModelSim-Altera Starter Edition(Free)],单击“Next”。

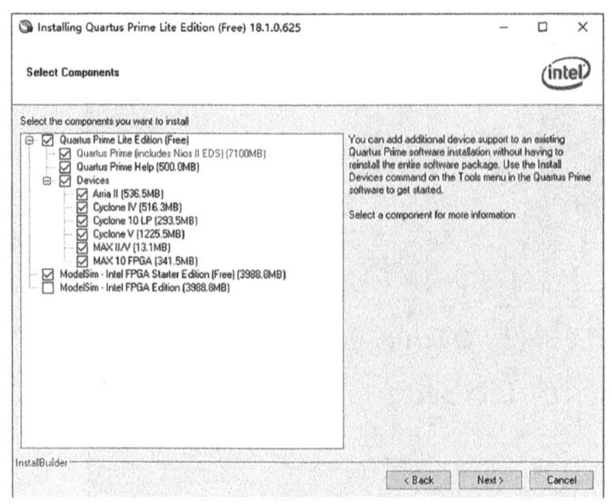

图 3－6　选择安装组件窗口

(6)检查安装路径及所需磁盘空间和可用磁盘空间，确保可用空间大于需求空间，单击“Next”，如图 3－7 所示。

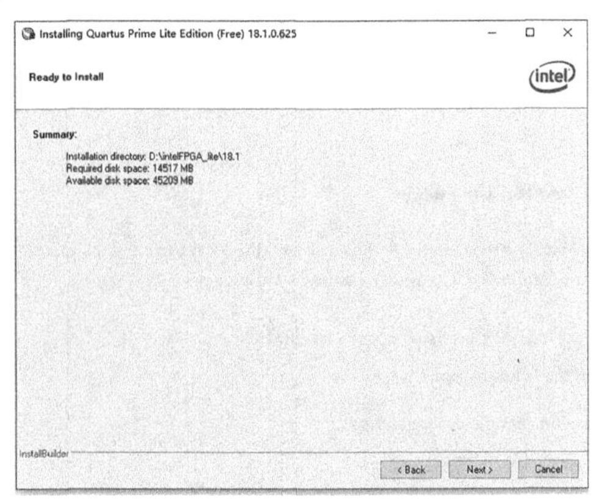

图 3－7　Ready to Install 窗口

(7)如图 3－8 所示，在安装过程中单击“Cancel”可以取消安装。此安装过程需要持续十几分钟。

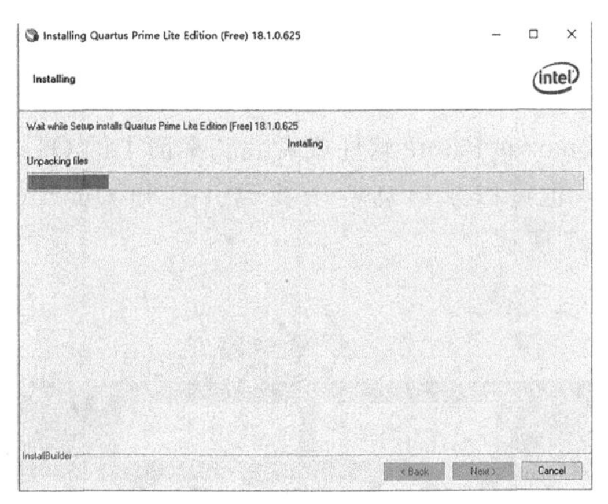

图 3－8　正在安装窗口

(8)安装完成后跳转至安装完成界面，如图 3－9 所示，单击“Finish”完成安装。

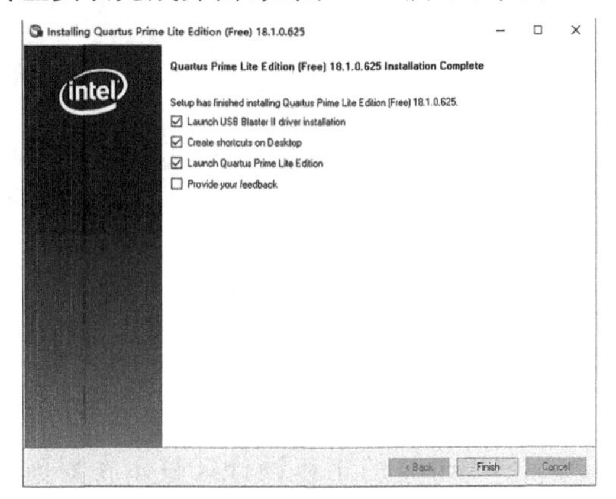

图 3－9　安装完成对话框

(9)首次启动 Quartus Prime 时会弹出如图 3-10 所示的 License Setup 对话框。选择第二项“Run the Quartus Prime software”,单击“OK”,就可以开始使用 Quartus Prime 软件了。Quartus Prime Lite 版本对于进行基本数字电路设计的初学者来说已经足够了,如果需要使用付费的 IP 核或其他需要付费的功能,到官网购买 license,然后重新选择第一个license选项即可。

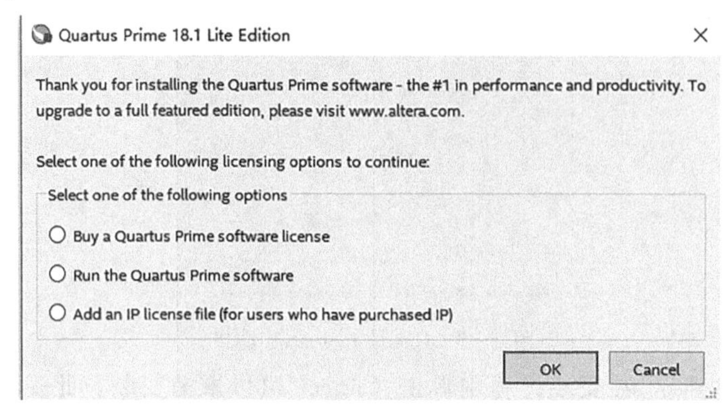

图 3-10 安装 License 窗口

3.2.2 初识 Quartus Prime 软件

从安装程序中找到 Quartus Prime 软件或者找到桌面上的 Quartus Prime 软件图标,双击可启动 Quartus Prime,也可以从启动栏中找到并打开 Quartus Prime 软件。Quartus Prime 启动界面如图 3-11 所示。

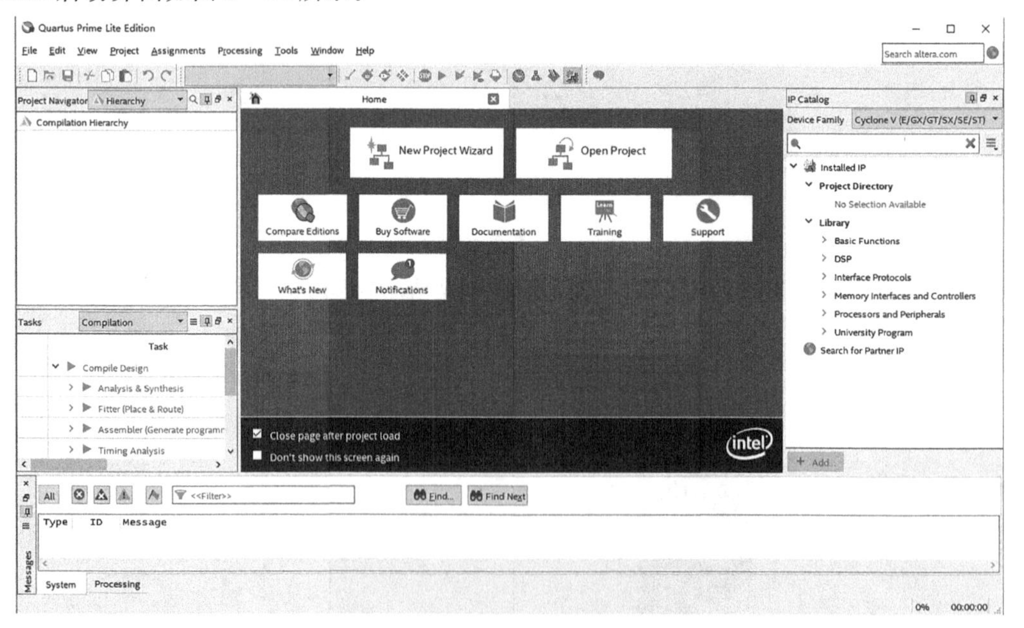

图 3-11 Quartus Prime 启动界面

关掉 Home 窗口后,Quartus Prime 的工程设计区显示在界面上,Quartus Prime 界面上的各个工作窗口如图 3-12 所示。

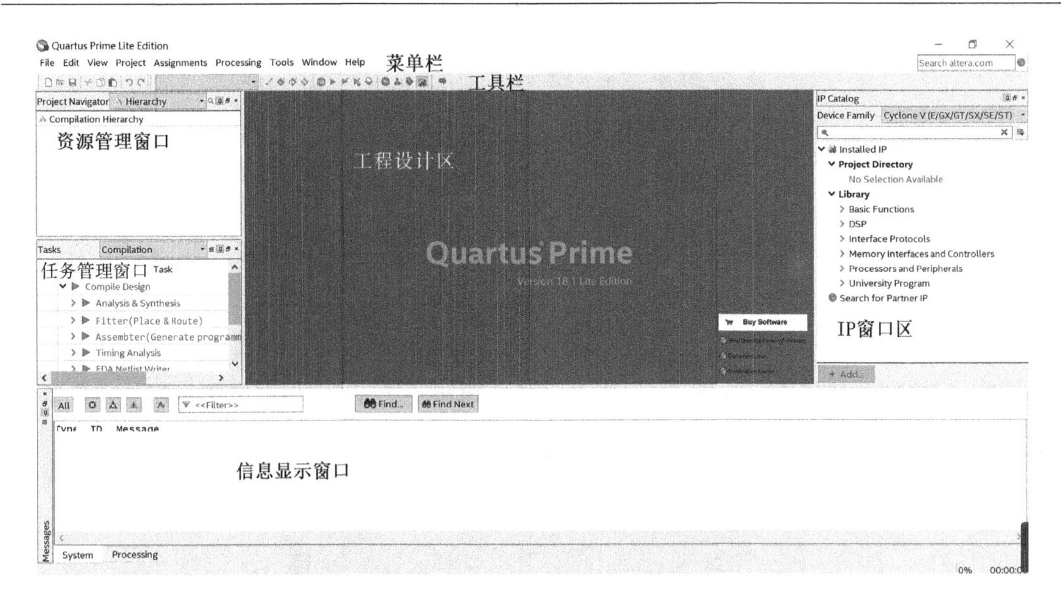

图 3－12　Quartus Prime 软件窗口介绍

Quartus Prime 菜单栏提供新建文件、工程、编译、仿真、下载等操作，包括“File”“Edit”“View”“Project”“Assignments”“Processing”“Tools”“Window”和“Help”共九个菜单。

“File”菜单如图 3－13 所示，主要完成有关文件、工程的打开、新建、保存等操作；

“Edit”菜单如图 3－14 所示，主要完成文件的修改、编辑等操作；

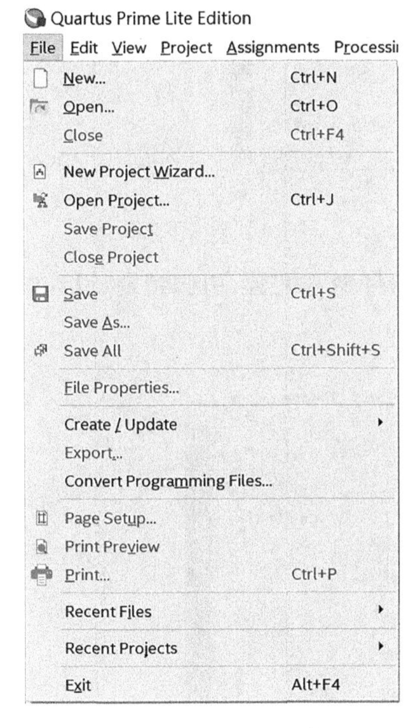

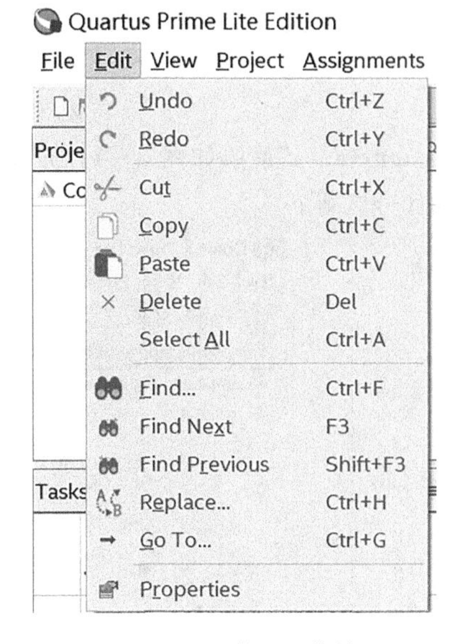

图 3－13　“File”菜单　　　　图 3－14　“Edit”菜单

“View”菜单如图 3－15 所示，控制 Quartus Prime 界面上各个窗口视图是否显示；

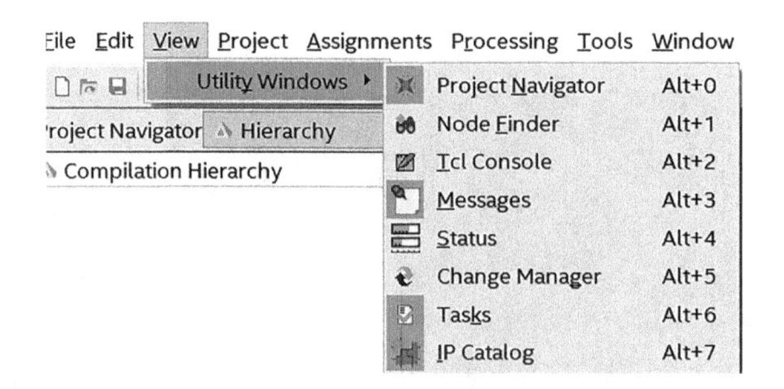

图 3-15 “View”菜单

“Project”菜单如图 3-16 所示，主要完成与工程相关的操作，如向工程中添加或删除文件等；

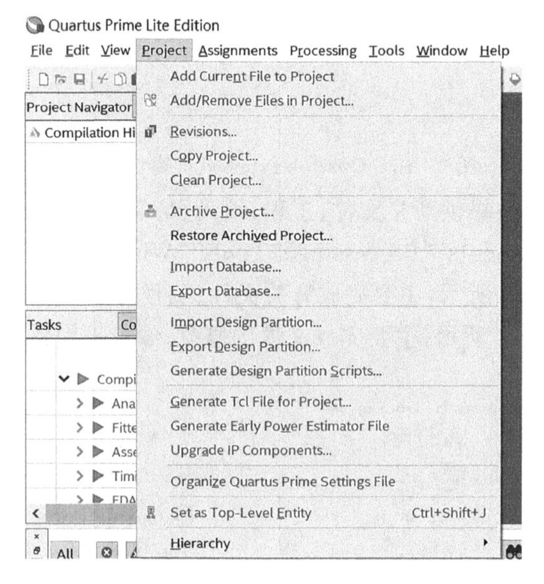

图 3-16 “Project”菜单

“Assignments”菜单如图 3-17 所示，主要用于器件型号配置、引脚锁定、设计约束、逻辑锁、设计分区等；

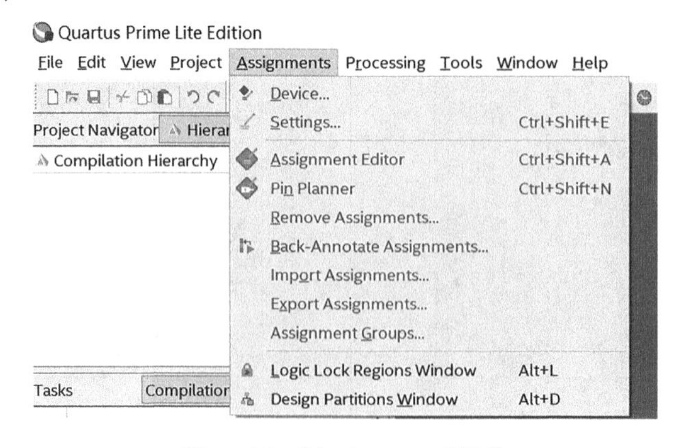

图 3-17 “Assignments”菜单

"Processing"菜单如图 3 - 18 所示，可以启动编译、仿真、功耗分析等操作；

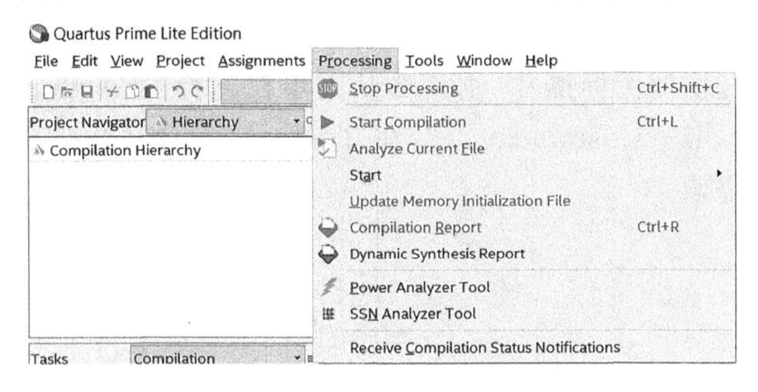

图 3 - 18　"Processing"菜单

"Tools"菜单如图 3 - 19 所示，用来打开相关的调试工具；

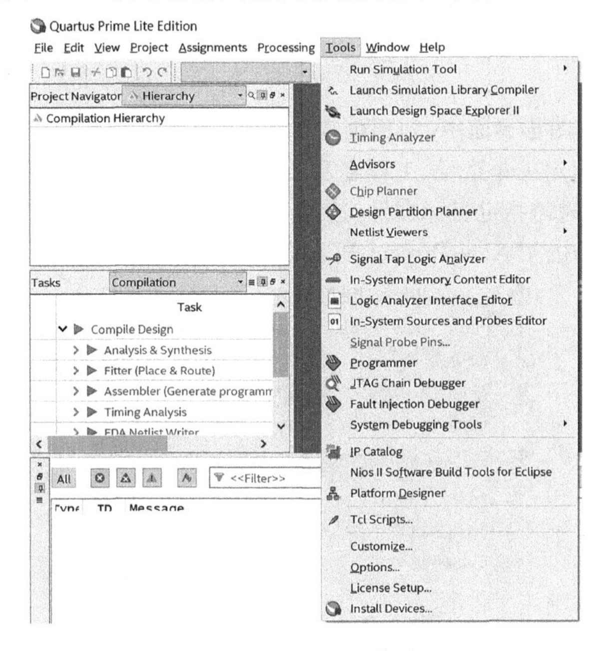

图 3 - 19　"Tool"菜单

"Window"菜单可以进行窗口的相关操作；

"Help"菜单如图 3 - 20 所示，可以进行各种帮助的查询等操作。

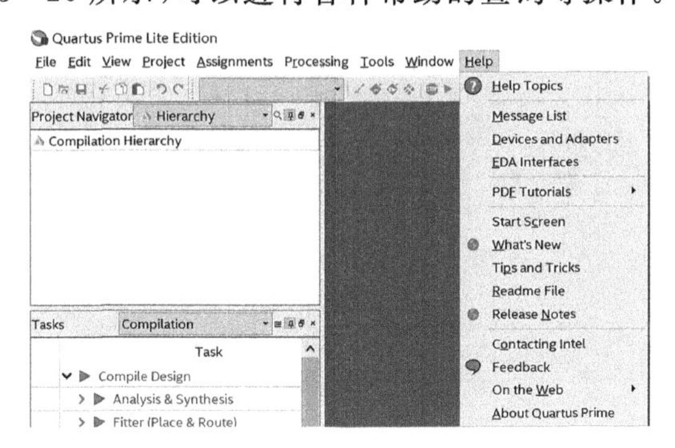

图 3 - 20　"Help"菜单

在 Quartus Prime 主窗口的工具栏中，有一些使用频率较高的功能图标，称之为快捷图标。单击快捷图标，可以直接进行相应操作。如单击工具栏中的“Setttings”图标，出现工程设置窗口。如果不通过快捷图标操作，则需要从菜单栏选择“Assignments→Settings”。可以通过菜单栏中的“Tools→Customize...”，在 Toolbars 标签页中勾选对应图标进行工具栏中相应快捷图标的增减。

软件介绍

3.2.3 创建新工程

通过 3.2.2 节认识了 Quartus Prime 软件后，可以正式进入电路设计的阶段，首先新建一个工程。

在 Quartus Prime 图形界面中，利用创建工程向导(New Project Wizard)创建新工程。在创建工程向导中需指定工作路径、工程名及顶层文件名，还可以指定工程中用到的设计文件或其他源文件等，同时需指定目标器件，选择 EDA 工具。

(1)选择 File 菜单中的“New Project Wizard...”，创建新工程，如图 3-21 所示。

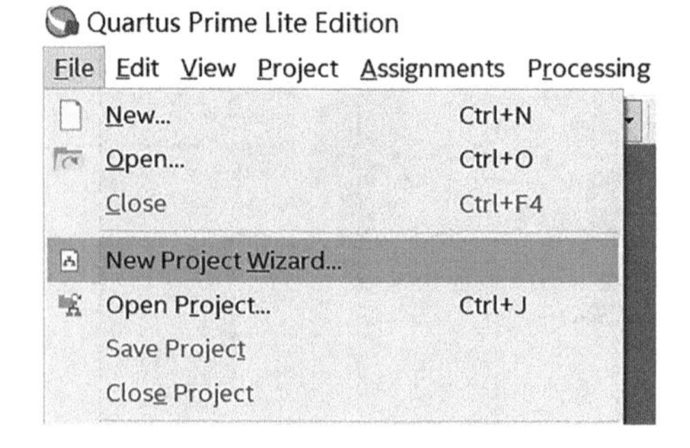

图 3-21 创建新工程(1)

(2)查看 Introduction 内容，如图 3-22 所示，单击“Next”。

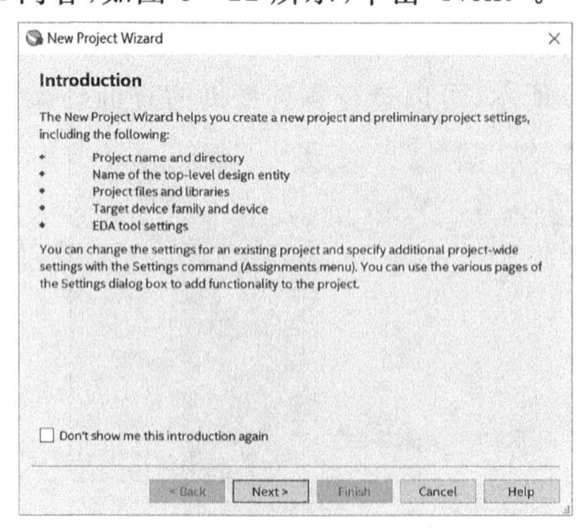

图 3-22 创建新工程(2)

(3)在出现的工程路径和工程名称设置框中输入工程存放路径、工程名和顶层文件名，建议不要放在安装路径下，便于工程文件与安装文件的区分，也有助于工程的统一管理。工程名应便于区分，如存放路径为 F:/project/DL20180000/lab2，其中 DL 为数字逻辑英文 Digital Logic 的首字母；20180000 为学号，以后该同学的工程都存放在 DL20180000 文件夹中；lab2 是本次实验的工程目录，如图 3－23 所示，单击“Next”。注意：工程名可根据个人喜好设置，但需以字母开头，无特殊符号。

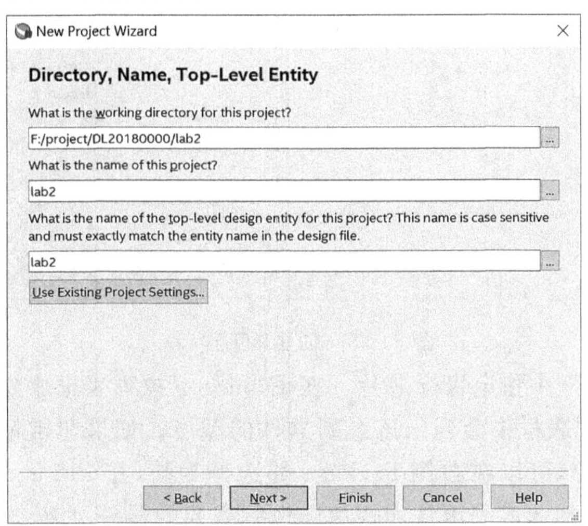

图 3－23　创建新工程(3)

(4)第一次新建工程时因为没有工程模板，所以选择“Empty project”，如图 3－24 所示，随后会弹出指定工程文件、目标器件、EDA 工具等的选项。如果有适合的工程模板，则可以在此步选择“Project template”。

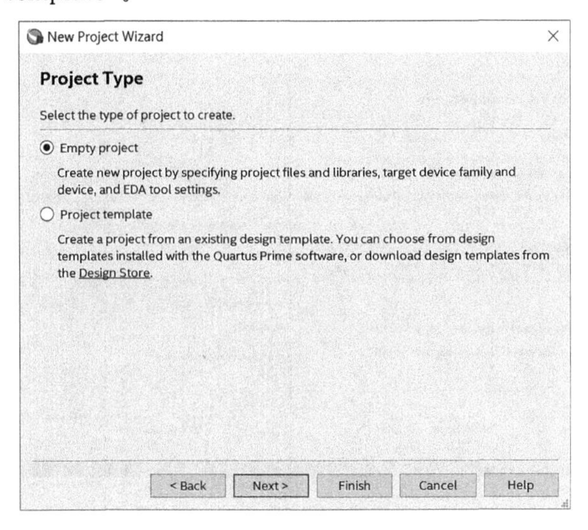

图 3－24　创建新工程(4)

(5)在弹出的对话框中将已经设计好的文件添加到工程中，这些文件可以为 Verilog、VHDL 源文件、利用 Quartus Prime 设计的图形文件或第三方综合工具综合后的网表文件，然后单击“Next”。如本次暂时无需添加文件，则直接单击“Next”，如图 3-25 所示。

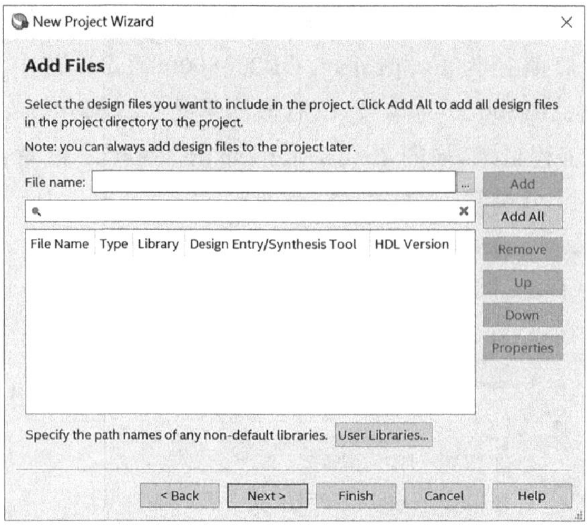

图 3-25　创建新工程(5)

(6)在弹出的对话框中指定目标芯片。在 Family 下拉列表框中选择器件系列，相应地在 Available devices 列表框中会列出该系列器件的型号。如果非常清楚器件的特征，如封装、引脚数、速度等级等，可以在右侧 Package 处选择封装，在 Pin count 处选择引脚数，在 Core speed grade 处选择速度等级从而快速定位所需要的器件型号。如图 3-26 中选择的是 MAX Ⅴ系列，芯片型号为 5M160ZE64C5(本书配套实验箱基础板上的 CPLD 器件)。从型号名可看出该芯片属于 Intel FPGA 的 MAX Ⅴ系列，具有 160 个逻辑单元，为方形扁平封装，有 64 个管脚，工作温度等级为商业级，速度等级为 5。请读者注意，Intel FPGA 的芯片速度等级数字越大速度越低，Xilinx 的芯片速度等级数字越大速度越高。单击“Next”进行下一步设置。

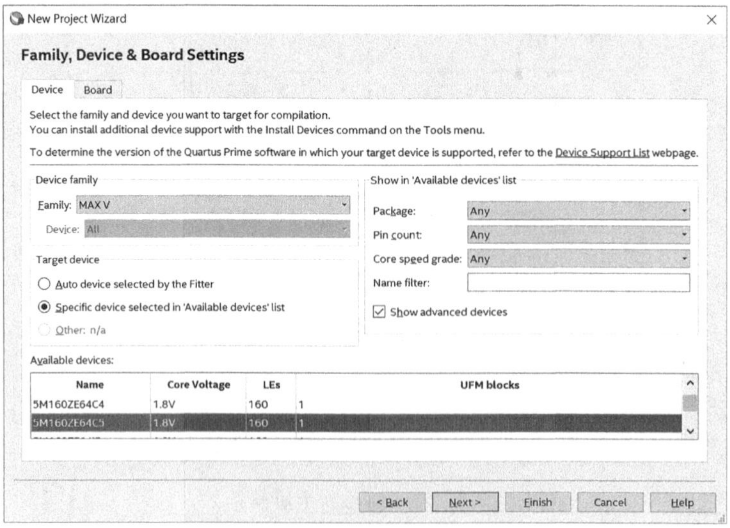

图 3-26　创建新工程(6)

(7)在弹出的 EDA 工具设置界面中,可以指定第三方 EDA 综合、仿真与时序分析工具,在 Design Entry/Synthesis 中指定第三方综合工具,在 Simulation 中指定仿真工具。如选择使用 Quartus Prime 自带的综合、仿真与时序分析工具,则选择“ModelSim-Altera”,单击“Next”,如图 3-27 所示。

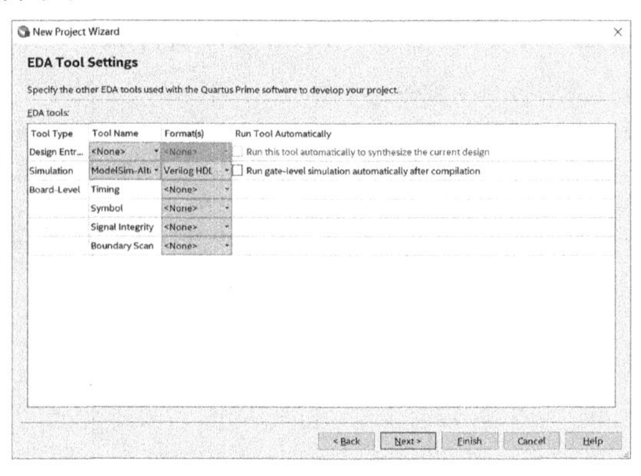

图 3-27　创建新工程(7)

(8)在弹出的对话框中列出了工程设置信息,依次为工程路径、工程名、顶层实体名、加入文件数、添加的库数、选择的器件信息、EDA 工具信息及器件操作条件信息,如图 3-28 所示,单击“Finish”完成工程创建。

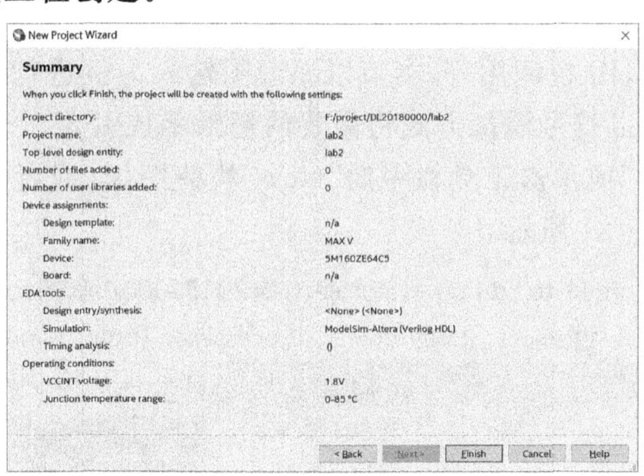

图 3-28　创建新工程(8)

(9)工程创建后 Quartus Prime 主界面如图 3-29 所示,芯片型号显示在工程导航栏(Project Navigator)的分层结构(Hierarchy)处,顶层实体文件名称 lab2 显示在器件名称下方。

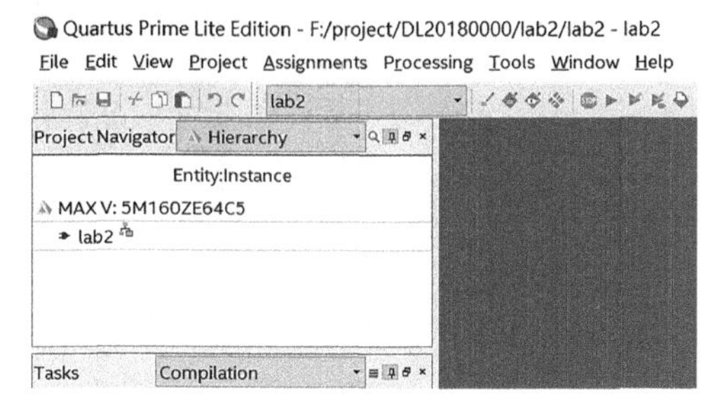

图 3-29　创建新工程(9)

(10)工程创建后,存放路径 F:\project\DL20180000\lab2 下出现创建工程生成的文件,包括一个名为 db 的文件夹和两个文件,其中 lab2. qpf 是工程文件,它以建立工程时设置的工程名 lab2 为名(如图 3-30 所示)、以 qpf 为后缀。一个工程对应一个 qpf 文件,如果在操作过程中误关了工程,可以进入工程存放路径双击 qpf 文件重新打开该工程。qsf 是工程设置文件。此时的工程是一个空工程,没有任何设计文件。

图 3-30 创建新工程(10)

新建工程

3.2.4 设计输入

新建工程完成后,就可以进行电路设计了。Quartus Prime 提供了多种设计输入方式,如原理图、硬件描述语言、IP 核调用等,本节以原理图输入为例进行介绍。原理图设计输入是一种传统的设计方法,以符号添加方式将需要的逻辑函数引入。

选择"File→New..."或单击工具栏中的"New"快捷图标,或者使用快捷键 Ctrl+N 开始新建输入文件,如图 3-31 所示。

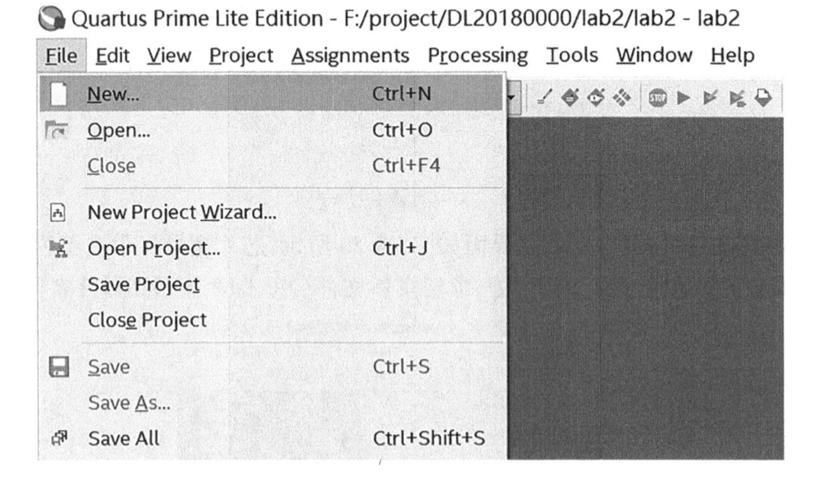

图 3-31 建立输入入口

在新建对话框中选择 Design Files 下的"Block Diagram/Schematic File",如图 3-32 所示。

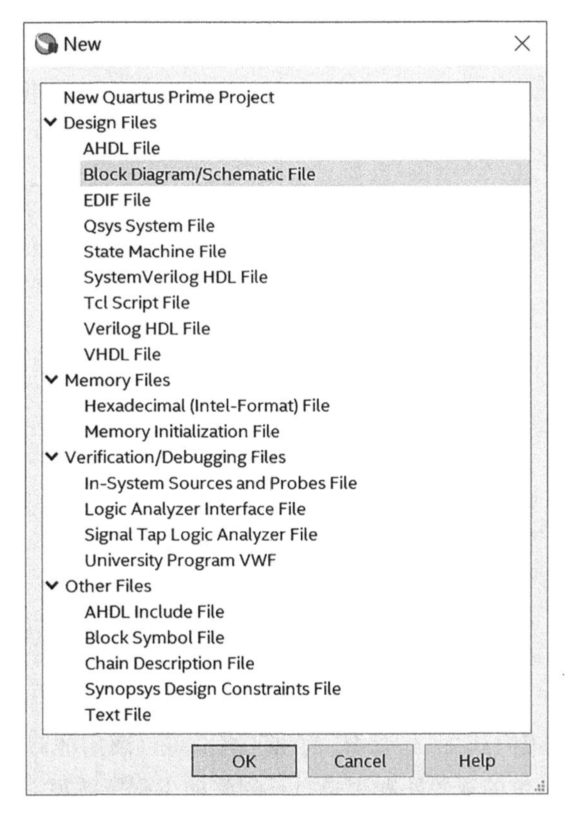

图 3-32　新建对话框

选中“Block Diagram/Schematic File”后单击“OK”按钮，出现如图 3-33 所示的原理图编辑窗口。图形编辑窗口上侧为绘图工具栏。

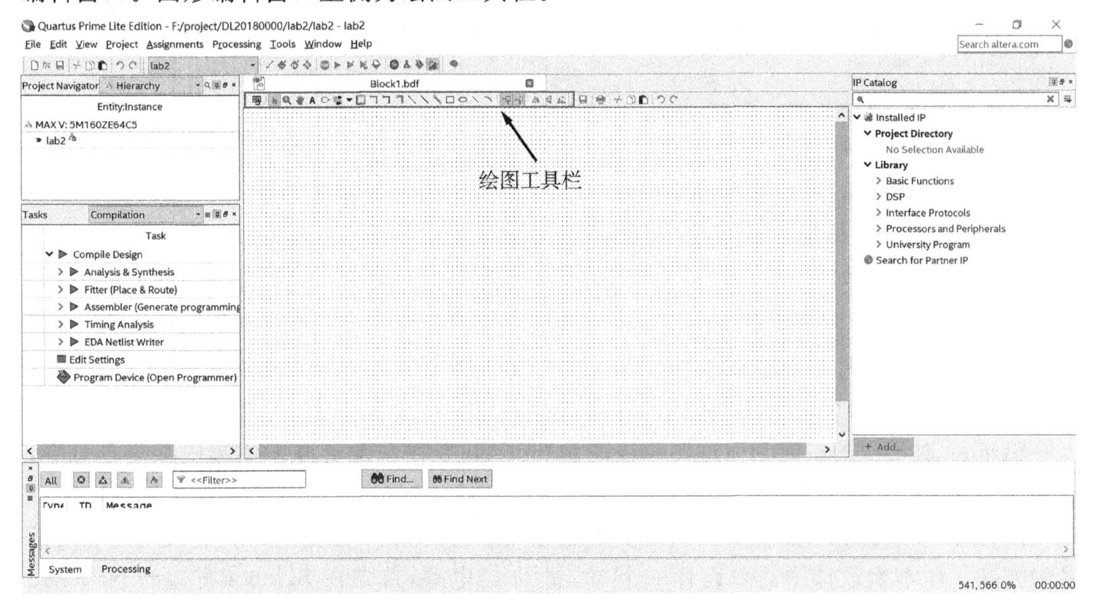

图 3-33　原理图编辑窗口

进行原理图绘制时首先要添加原理图符号，单击绘图工具栏中的 Symbol Tool 图标或者在原理图编辑窗口中双击鼠标左键，打开 Symbol 对话框，如图 3-34 所示。

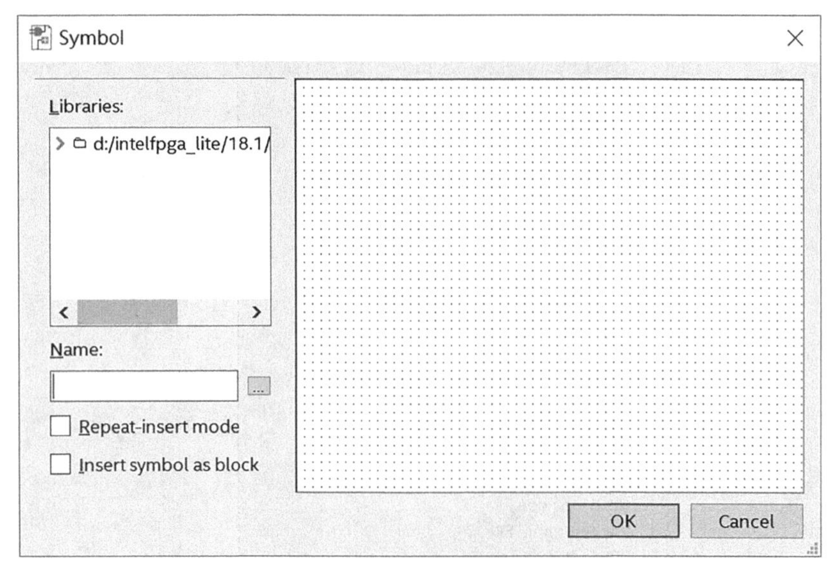

图 3-34　原理图符号选择窗口

Symbol 对话框左上侧 Libraries 部分，列出了当前可以调用的库资源，库资源包含安装 Quartus Prime 软件时自带的资源库和用户自己创建的工程资源库，图 3-34 中只显示了安装时自带的资源库，如果用户创建了自己的工程资源库，则会显示在自带资源库的下方。

Quartus Prime 软件自带的资源库文件分为 3 大类，分别为 megafunctions、others 和 primitives。

megafunctions 是宏功能模块库，主要提供参量化模型，包括 IO、arithmetic、gates 和 storage 共 4 小类。

others 是通用模块库，包括 maxplus2 和 opencore_plus 两类。maxplus2 库文件是 MAX＋PLUS Ⅱ软件中的元件库，Quaruts Prime 继承了这些元件库。maxplus2 文件夹提供了 406 种逻辑器件，其中大部分器件都是 74 系列，使用非常方便。

primitives 是基本模块库，包括 buffer、logic、other、pin、storage 共 5 个小类。buffer 文件夹提供了多种缓冲器符号；logic 文件夹提供了与或门、与非门、或非门、异或门等多种门电路符号；other 文件夹提供了 vcc、gnd 等 6 种常用符号；pin 文件夹提供了输入引脚、输出引脚和双向 IO 引脚，工具栏中 pin tool 为其快捷图标；storage 文件夹提供了 D 触发器、JK 触发器、RS 触发器等 12 种触发器符号。

Symbol 对话框的右侧为原理图符号的预览区域，如在左侧资源库中选中某个符号后，右侧会出现该符号的预览图。Symbol 对话框左侧中间的 Name 栏可以输入名称快速定位原理图符号，在设计者对所需要的目标资源名称熟悉的情况下，这是一个快速查找原理图符号的方法。如本次设计中需要设计一个与、或、非门电路，首先在 Symbol 窗口的 Name 处输入 and2，二输入与门的符号就出现在预览区域中，如图 3-35 所示。

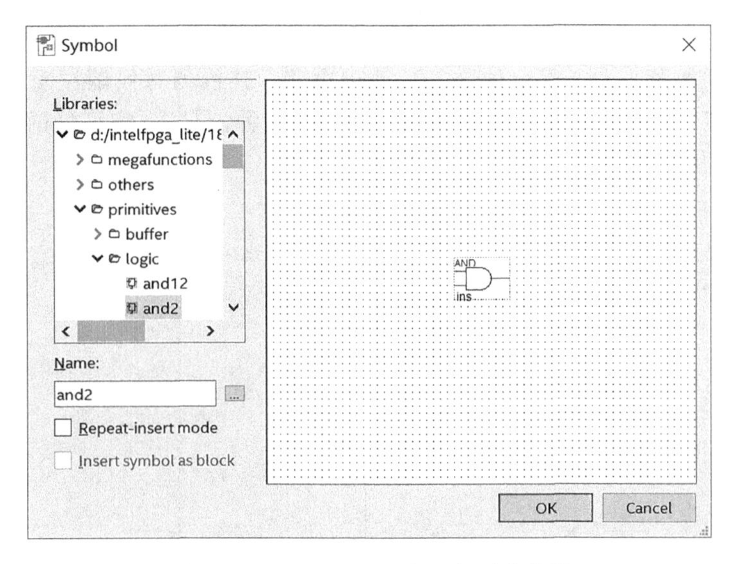

图 3-35　Symbol 对话框右侧预览符号

在选中需要的原理图符号后，单击 Symbol 窗口中的“OK”按钮或者直接按回车键，Symbol 窗口消失，返回到原理图编辑窗口，选中的原理图符号会随光标移动，在原理图编辑窗口选择合适的位置单击鼠标左键即可将该符号放到原理图编辑窗口，如图 3-36 所示。

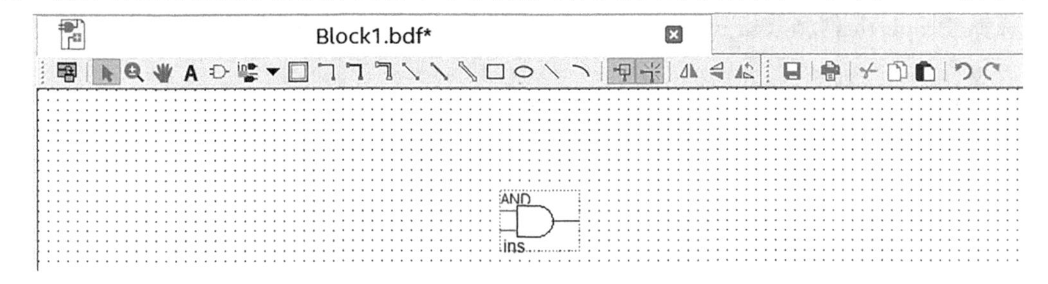

图 3-36　在原理图文件中添加原理图符号

重复刚才添加二输入与门的步骤，将本次实验中所需的原理图符号二输入与门、二输入或门、非门、输入端口、输出端口都添加到原理图窗口中，如图 3-37 所示。

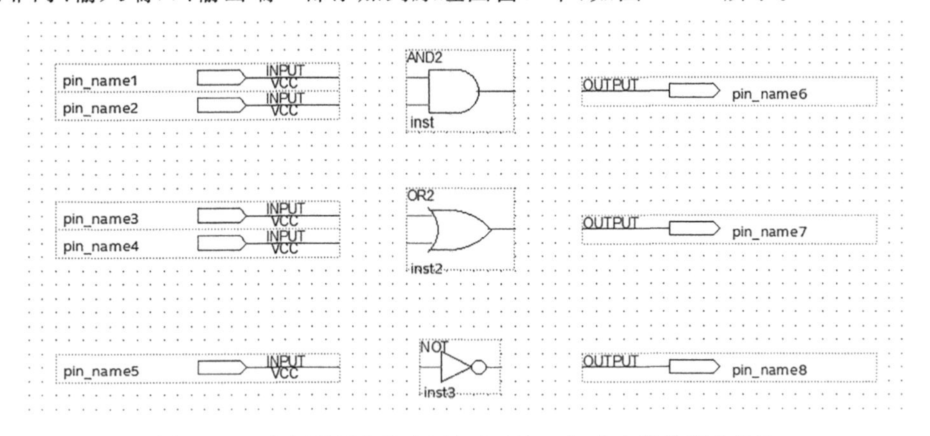

图 3-37　在原理图文件中添加实现与、或、非电路的所有符号

使用绘图工具栏中的连线工具将输入端口接入对应门的输入端，输出端口与对应门的输出端相连，得到如图3-38所示的与、或、非门电路。连线的时候请注意线不能乱连、错连，如果连线位置不正确，则会出现红色的╳符号，在这种情况下，将该处的连线删除，重新连接，直到所有的线都正确连接。

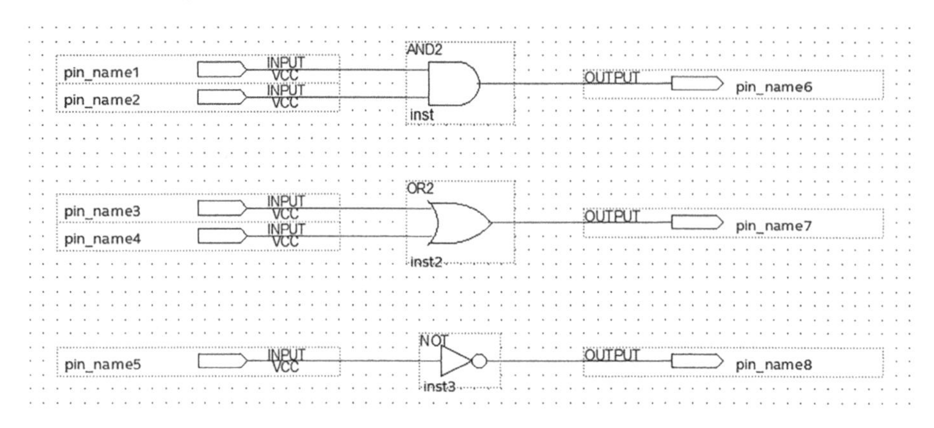

图3-38　在原理图文件中实现的与、或、非电路

从原理图添加的输入输出端口均有一个默认的pin name，为了使这些输入输出的名字看起来更直观，需要为这些端口重命名，重命名的方法为，选中需要被重命名的端口，单击右键，选择“Properties”，在Pin name(s)处输入合适的端口名，单击“OK”，如图3-39所示。

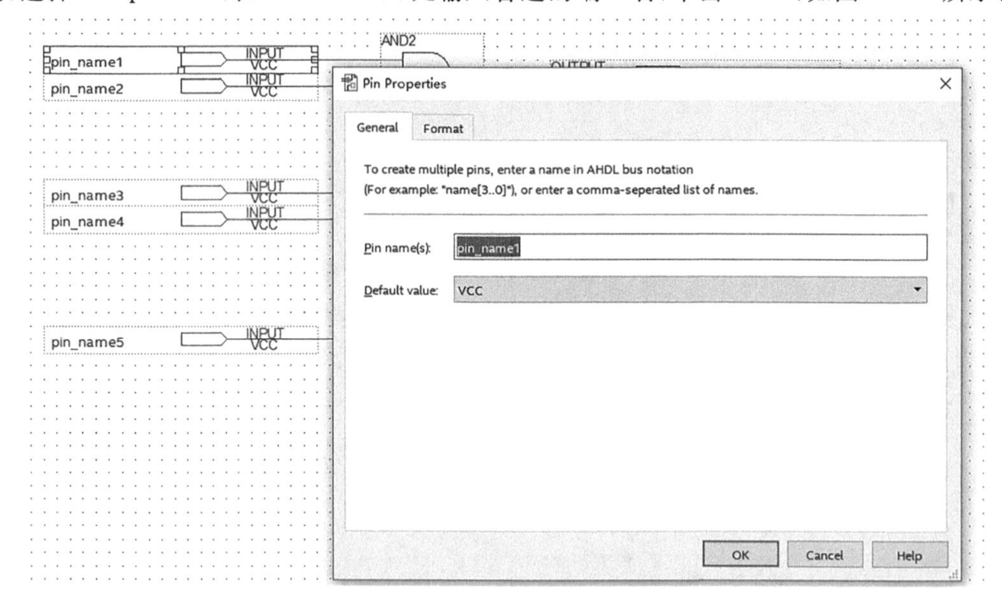

图3-39　修改端口名

本例中要求实现二输入与门、二输入或门和非门电路，二输入与门的输入输出分别为A、B、O1，二输入或门的输入输出分别为C、D、O2，非门的输入输出分别为E和O3，所以将5个输入端口依次重命名为A、B、C、D、E，将输出端口依次重命名为O1、O2、O3，如图3-40所示。

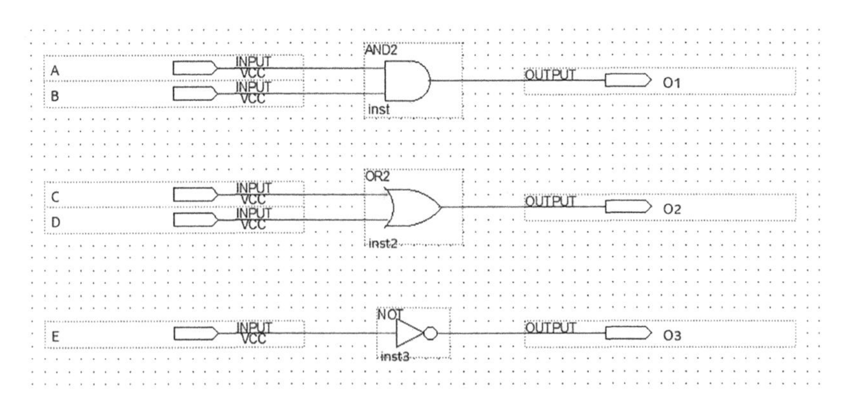

图 3-40　重命名端口后的电路图

单击保存按钮，保存原理图文件并为设计的原理图文件命名(如 lab2test)。注意，保存的文件名可以由用户自定义，但是应以字母或下划线开头，且不能包含特殊字符。如果保存的文件名 lab2test 和新建工程时设置的顶层实体名称 lab2 不一致，需要重新设置顶层文件，方法为在工程导航窗口中将工程导航选项从下拉菜单中由树形(Hierarchy)切换到文件(Files)，选中需要被设为顶层的文件，单击右键，选择“Set as Top-Level Entity”。

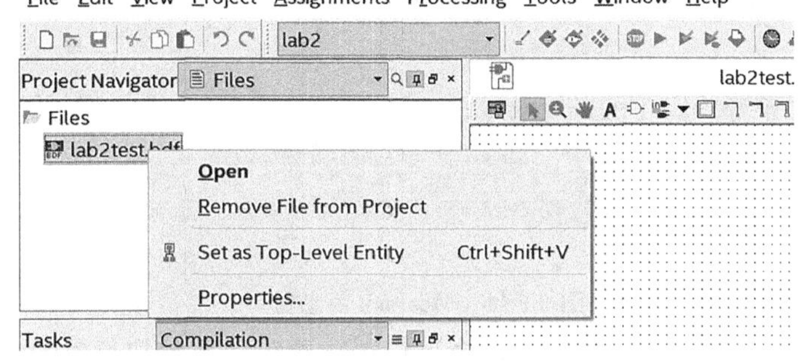

图 3-41　设置顶层文件

设置顶层文件后，重新切换至工程导航栏的树形结构处，将看到顶层实体名已经变为被设置为顶层实体的文件名，如图 3-42 所示。

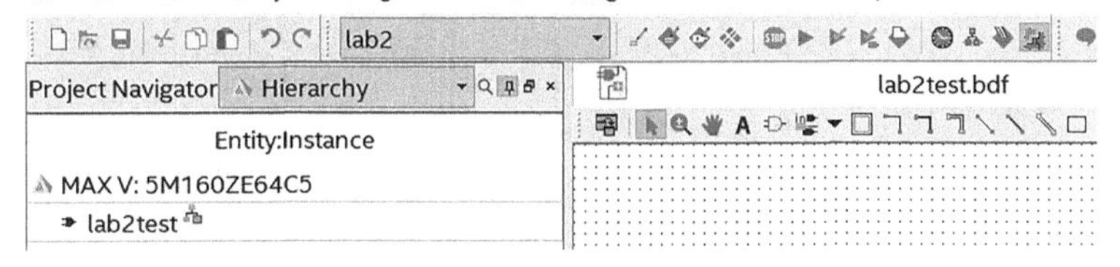

图 3-42　重置顶层实体后的树形结构图

原理图输入

3.2.5 编译

用户输入设计完成后，软件通过编译过程将其变换为芯片内部的电路结构。Quartus Prime 编译器提供了多个独立的功能模块，包括设计检查、逻辑综合、硬件适配、产生输出文件等，用户可以选择性地使用其中某个模块或者进行全编译，这些可以通过 Processing 菜单中 Start 子菜单里的命令来完成。

单击“Processing→Start Compilation”或者单击快捷菜单键中的编译按钮 ▶ 进行全编译。全编译包括语法检查、逻辑综合、布局布线、生成编程配置文件、EDA 网表写入等，全编译开始后，Task 任务栏中的每一个小步骤依次执行，并显示编译到哪一个具体的步骤，如图 3 - 43 所示。同时在 Messages 信息栏中显示相关编译信息，如图 3 - 44 所示。全编译完成后会产生编译报告，根据当前执行的编译命令显示当前工程的信息和占用的资源情况。若编译不成功，信息栏中将以红色字体呈现错误信息提示，可根据提示修改设计文件后重新编译，直到编译成功。全编译成功后在工程目录下将产生一个名为 output_files 的文件夹，该文件夹中存放用于下载到目标器件中的配置文件。

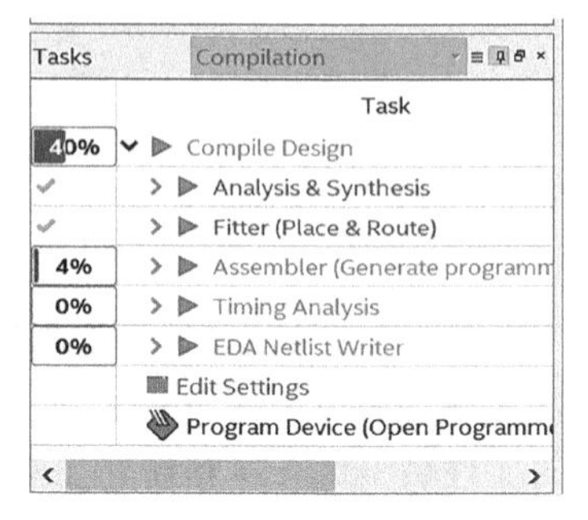

图 3 - 43　执行全编译时 Task 任务栏过程显示

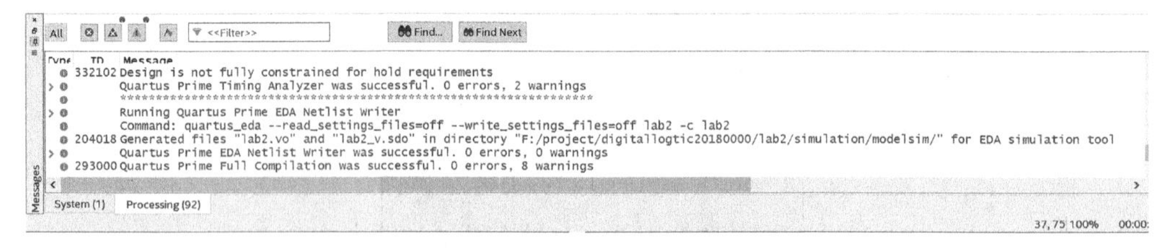

图 3 - 44　Message 信息窗口

全编译中的各个步骤可以全部执行，也可以单独执行。单独执行时，在 Task 任务栏对应的小步骤上单击右键选择“Start”开始执行，如图 3 - 45 所示。

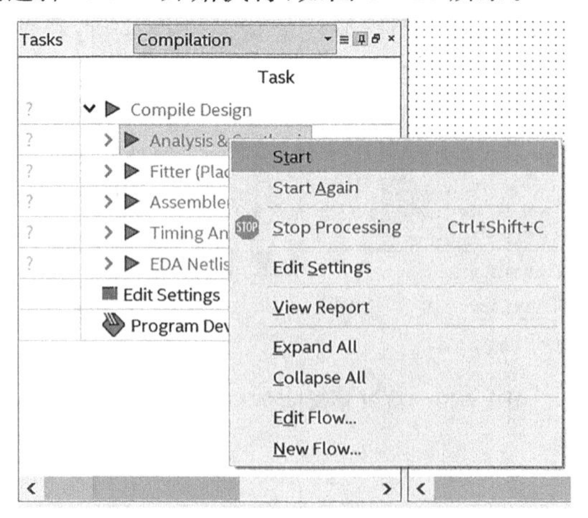

图 3 - 45　单独执行 Analysis&Synthesis

下面分别介绍全编译中的几个子命令选项。

1. Analysis & Synthesis

该命令可以通过在 Task 任务栏中右键单击“Analysis & Synthesis”并选中“Start”开始执行，也可以从“Processing→Start→Start Analysis & Synthesis”运行。该命令的作用是检查语法错误、创建工程数据库、将设计文件进行逻辑综合、完成设计逻辑到器件资源的映射、生成对应网表文件。命令运行完成后，可以通过 Tools→Netlist Viewers→RTL Viewer 查看电路综合结果，如图 3－46 所示。在 Task 任务窗口中，可以看到 Analysis &Synthesis 左侧出现对勾，如图 3－47 所示。

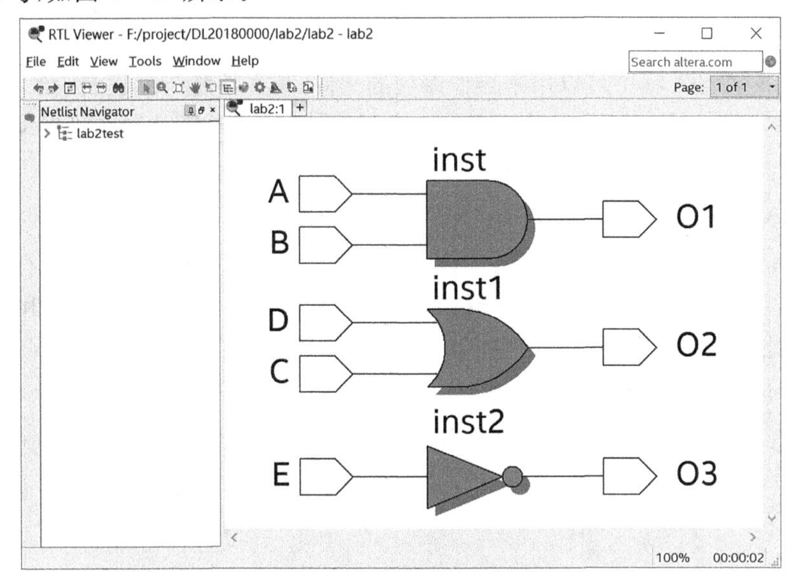

图 3－46　通过 RTL Viewer 查看电路综合结果

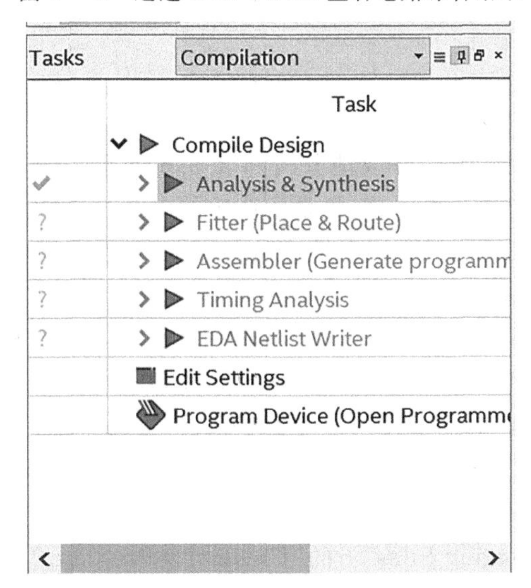

图 3－47　单独执行 Analysis&Synthesis 后的 Task 栏状态

2. Fitter

Fitter 处于全编译的第二步，在执行完 Analysis&Synthesis 后，综合出了逻辑电路网表文件，如果电路仿真正确就可以执行 Fitter。Fitter 是使用由 Analysis & Synthesis 建立的网表数据库，将工程逻辑和时序要求与器件可用资源相匹配。将完成的逻辑功能在器件中进行布局布线，并选定适当的内部互连路径、引脚分配及逻辑单元分配，如果适配不成功，Fitter 将终止编译，并给出错误信息。

3. Assembler (Generate programming files)

Fitter 完成后，通过 Assembler 命令就可以将适配于具体器件的电路生成可下载的文件，如 Programmer Object File (. pof)、SRAM Object File(. sof)文件。该步骤中产生的可供编程下载的文件是工程中可以用来器件编程的文件，其文件名与工程名一致，与顶层实体没有任何关系，顶层实体的变化将影响到产生电路的变化，但是不会影响可供编程下载的文件名称。

4. Time Analysis

Time Analysis 位于全编译的第四步，在 Analysis&Synthesis 和 Fitter 执行成功后才可以运行，主要功能为完成设计的时序分析和逻辑的实现约束，计算给定设计和器件上的延时，并将延时注释在网表文件中。

5. EDA Netlist Writer

该步骤位于全编译的最后，用于产生可供第三方 EDA 工具使用的网表文件及其他输出文件。

编译

3.2.6 仿真

在设计过程中，完成设计输入并成功分析综合(Analysis & Synthesis)后，说明设计符合一定的语法规范，可以产生逻辑电路，但是所产生的电路是否能够满足设计者的功能需求呢？这就需要通过仿真对设计进行验证，即在软件环境下验证电路的性能是否符合预期。

仿真主要分为功能仿真和时序仿真，功能仿真是在设计输入后还没有进行逻辑综合和布局布线前的仿真，因此也称为前仿真，同时功能仿真也是不考虑任何时延的仿真，只验证电路逻辑的正确性。时序仿真是考虑布局布线后器件和连线的延时信息的情况下进行的一种仿真，因此也称为后仿真，时序仿真因为考虑了时延，所以更接近电路运行的真实情况。

Quartus Prime 集成了可以进行功能仿真和时序仿真的仿真器，在进行仿真前首先要建立矢量波形文件。单击“File→New”，或者单击工具栏中的“New”图标，在新建窗口中选择位于“Verification/Debugging Files”下的“University Program VWF”文件，如图 3-48 所示，单击“OK”按钮，出现矢量波形文件窗口，该窗口包含工具栏、信号栏和波形栏三部分，如图3-49所示。

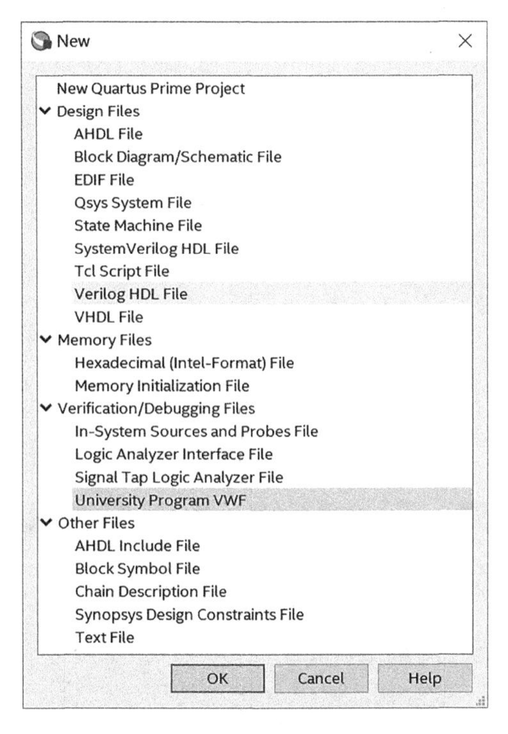

图 3 - 48　新建矢量波形文件窗口

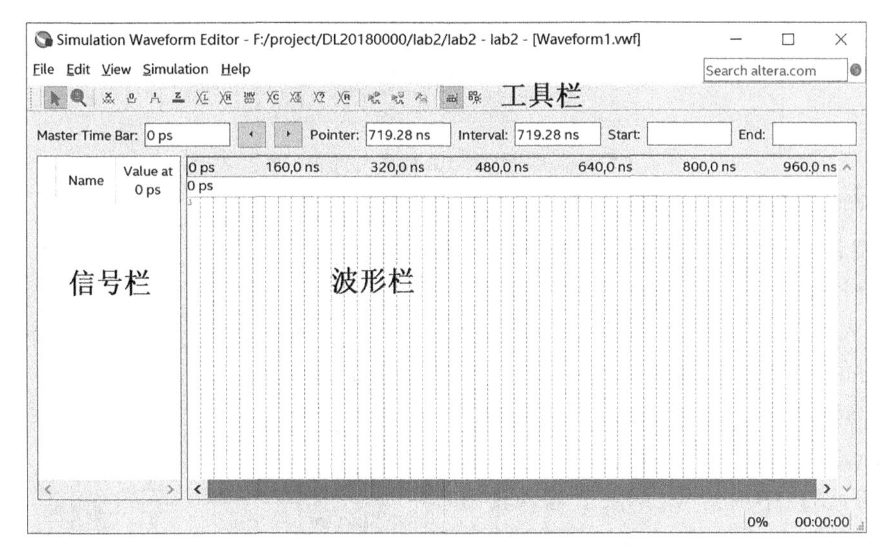

图 3 - 49　波形编辑窗口概览

波形编辑器默认的仿真时间为 1 μs，如果仿真时间长度不能满足用户要求，则可以自行设置仿真时间，单击如图 3 - 50 所示 Edit 菜单下的“Set End Time”选项，将弹出设置结束时间窗口，如图 3 - 51 所示，在 End Time 后输入用户所需的结束时间数字，并在数字窗口后面选择时间单位（μs 或者 ns）。

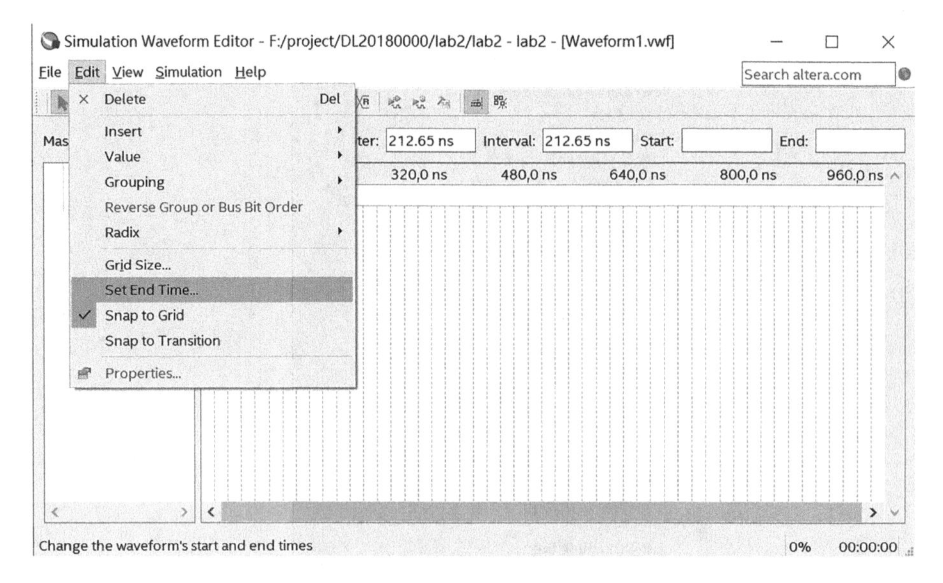

图 3－50　设置仿真结束时间菜单图

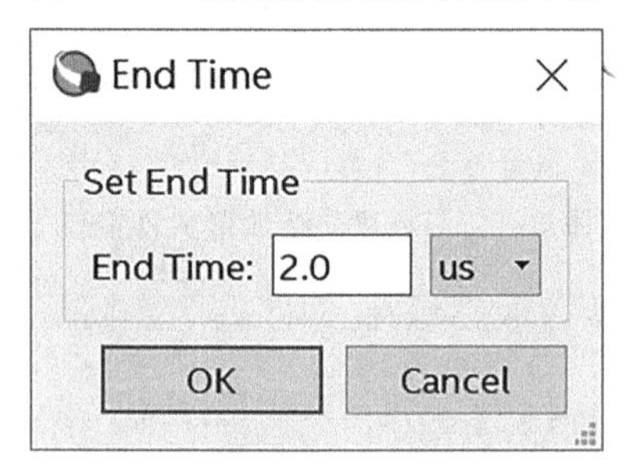

图 3－51　设置仿真结束时间窗口

仿真前要添加需要被仿真的信号。在信号栏空白处双击鼠标左键或者在 Edit 菜单栏下选择“Insert→Insert Node or Bus”，弹出如图 3－52 所示的插入节点或总线对话框，单击右侧的“Node Finder...”按钮，弹出 Node Finder 对话框，在该对话框中将右上侧 Filter 处选择为“Design Entry (all names)”，单击 Filter 下方的“List”按钮，设计中的信号(不限于输入输出信号)都将在 Nodes Found 栏中显示出来，如图 3－53所示，选择所需要仿真的信号(如本例中选择输入结点 A、B、C、D、E 和输出结点 O1、O2、O3)单击“>”添加到右侧Selected Nodes 栏中，如图 3－54所示。如果要选中所有列出节点，则直接单击“>>”按钮即可将所有节点添加到 Selected Nodes 栏中。完成选择后单击“OK”返回“Insert Node or Bus”窗口，再单击“OK”即可将信号添加到矢量波形编辑窗口，如图 3－55 所示，此时所有的输入信号均默认为 0。

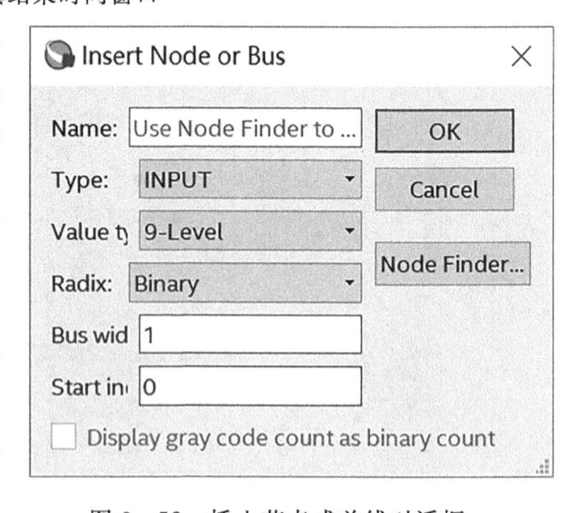

图 3－52　插入节点或总线对话框

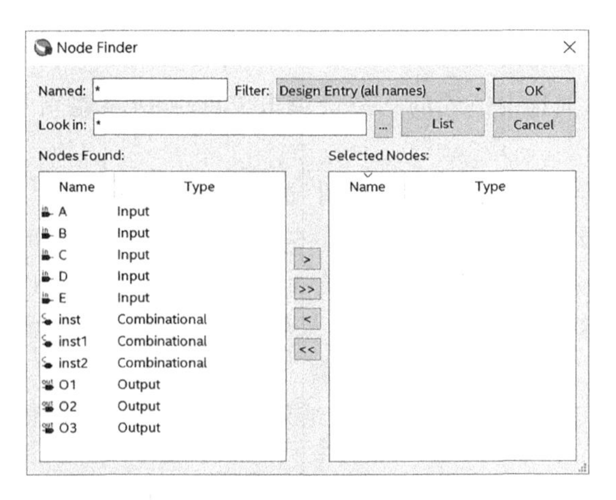

图 3-53　Nodes Finder 窗口

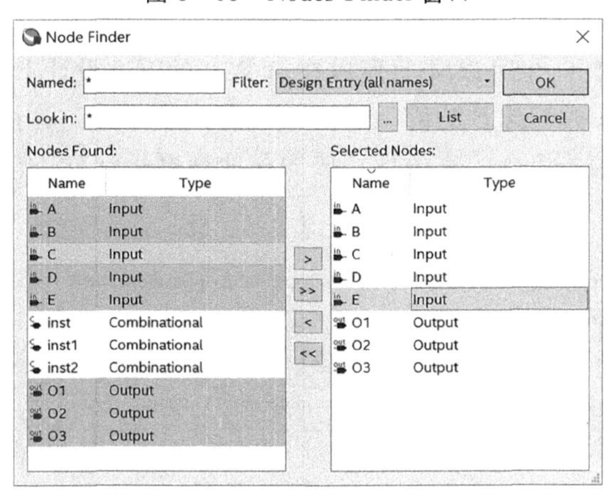

图 3-54　添加所需仿真的节点

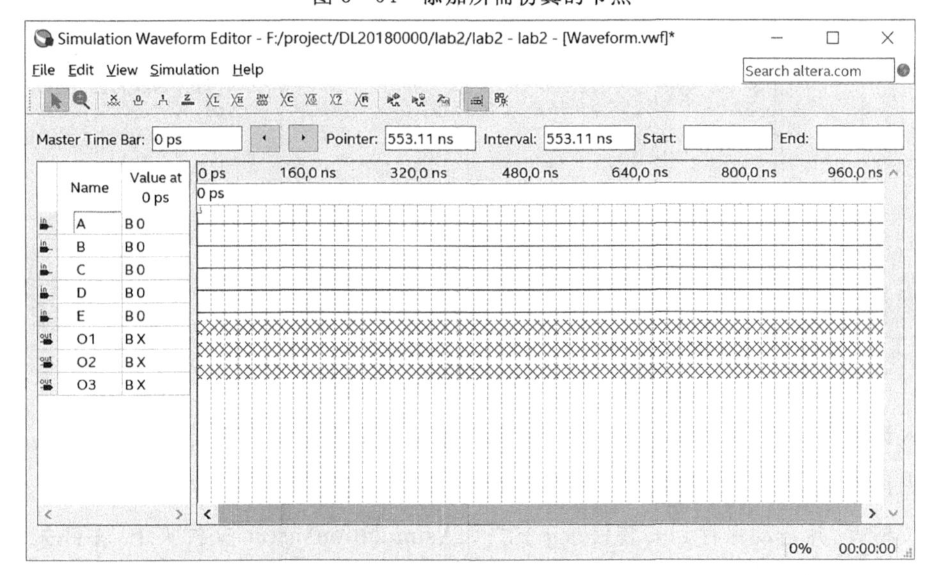

图 3-55　添加信号后的矢量波形编辑窗口

在波形编辑窗口中，选中信号栏中的某个输入信号，通过工具栏或者 Edit 菜单栏下 Value 子菜单来编辑输入信号，如选中信号的某一段单击工具栏中将信号强制设为 0，单击将信号强制设为 1。

注意：在对输入信号进行激励波形设置时，激励应遍历输入的所有情况，这样才能使仿真的结果完备，体现出设计结果的正确性。如本例中，输入信号 A 和 B，通过二输入与门得到信号 O1，输入信号 A 有两种情况 0 和 1，输入信号 B 有两种情况 0 和 1，所以 A、B 有四种组合，在 00、01、10、11 这四种输入情况下，如果输出 O1 符合与门的运算规则，就能够明确说明 O1 是 A 和 B 相与的结果，若输入只覆盖了三种情况 00、01、11，那么就出现了无关项 10，通过结果就无法证实输出是 A、B 相与的结果，因为单从结果看也可以认为是 A 直接输出的结果。

如何保证信号组合的完备性呢？以本例为例，首先保证一个信号的完备性，如输入信号 A 将其设计为一部分为 0，另一部分为 1。然后再设计另一个信号 B 的完备性，在 A 为 0 的时候，信号 B 的值可以取 0，也可以取 1，所以在 A 取 0 的下方设计 B 的值一部分为 0，另一部分为 1，同样在 A 为 1 时设计 B 的值一部分为 0，另一部分为 1，这样就可以保证信号的各种组合都被遍历，保证信号组合的完备性。按同样的规则设计输入信号 C、D 和 E，输入设计完成的波形如图 3－56 所示。

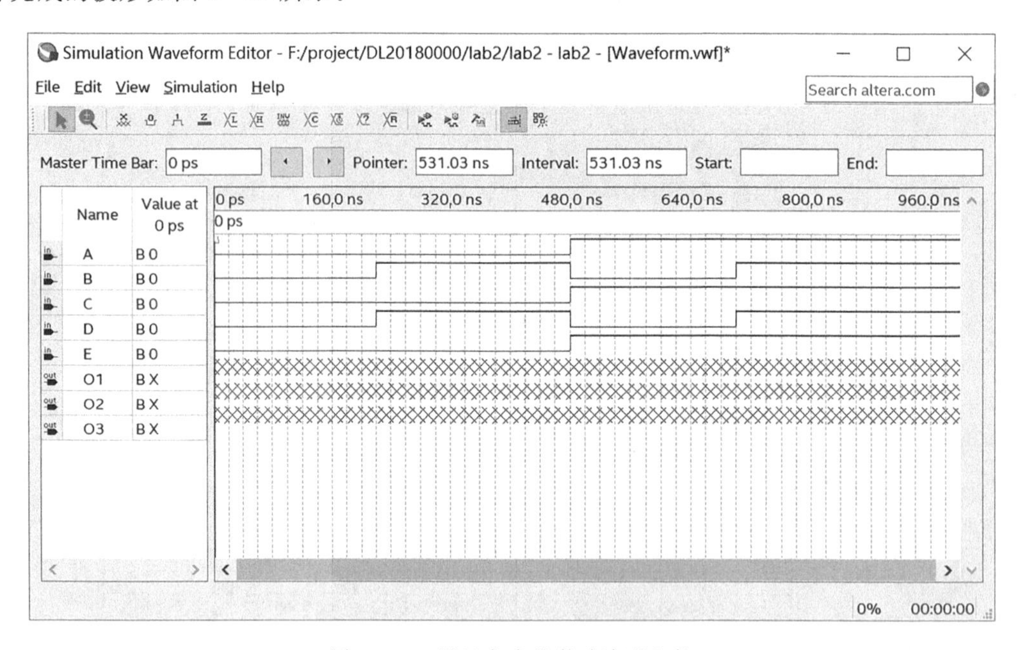

图 3－56　设置完成的激励波形文件

输入设计完成后，单击“File→Save”保存设置好的激励波形文件，然后单击工具栏上的功能仿真按钮，进行功能仿真。仿真结束后，弹出图 3－57 所示的仿真结果图。仿真结果为只读模式，并自动保存到安装目录下的“...\simulation\qsim”文件夹下，文件关闭后可通过“File→Open”重新打开仿真结果文件。

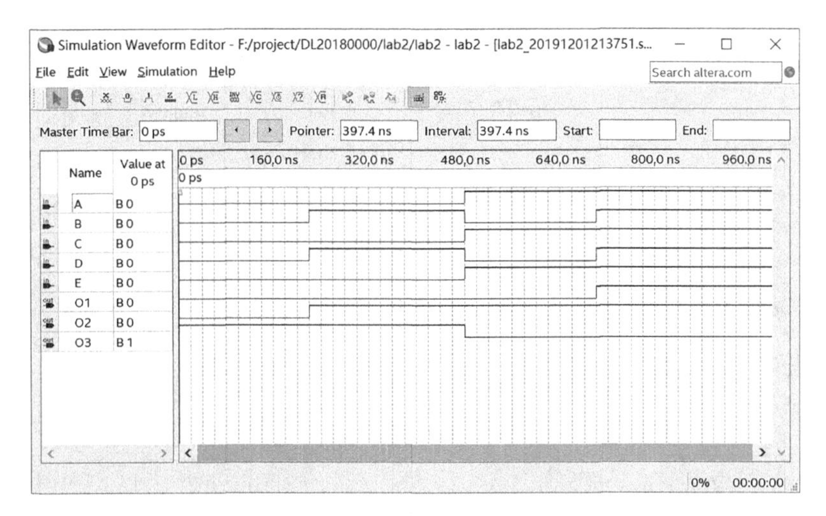

图 3－57　运行后的仿真结果图

仿真结果出现后，应根据仿真结果图判断所设计电路逻辑是否正确，这里要注意，波形图中的信号位置是可以进行拖动的，方法为：单击鼠标左键选中待移动的信号，然后拖拽至合适的位置，如本例中 A、B 通过二输入与门得到输出信号 O1，可以将 O1 拖拽至信号 B 的下方，方便观察结果是否正确。同理，将 O2 拖拽至信号 D 的下方，拖动之后的运行结果图如图 3－58 所示。

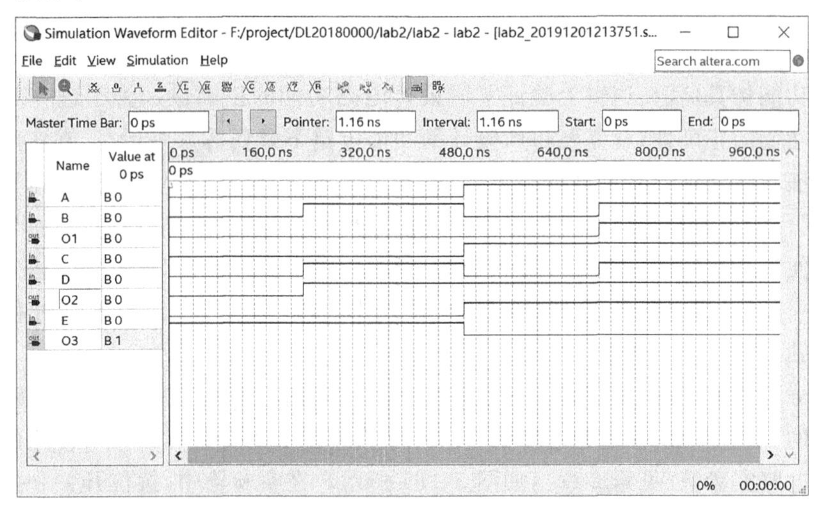

图 3－58　拖动输出信号位置后的仿真结果图

在设置激励信号时，除了常用的设置为 0 电平、1 电平外，还有几个非常方便的用来对信号进行设置的方式。如编辑时钟信号时单击工具栏中的 图标，弹出如图 3－59 所示的时钟信号设置窗口，在该窗口中可以指定时钟的周期、相位和占空比。编辑总线信号时使用工具栏中的 图标，单击该图标弹出如图 3－60 所示的计数器设置窗口，输入计数器的初始值及步长后，单击“OK”按钮即可将总线设置为计数器输入，也可以单击工具栏中的 图标进行任意值设置。

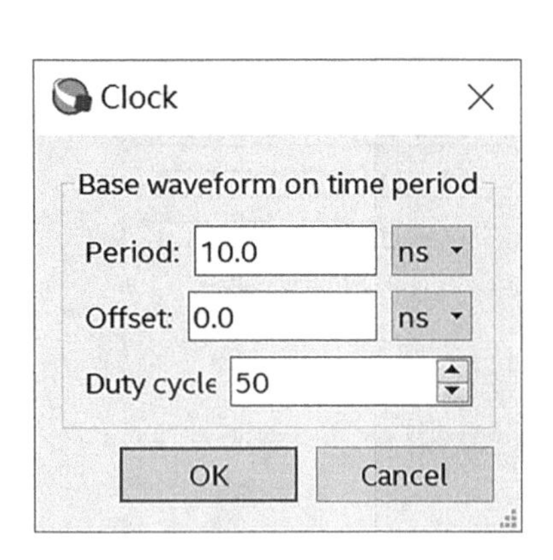

图 3-59　时钟信号设置窗口图

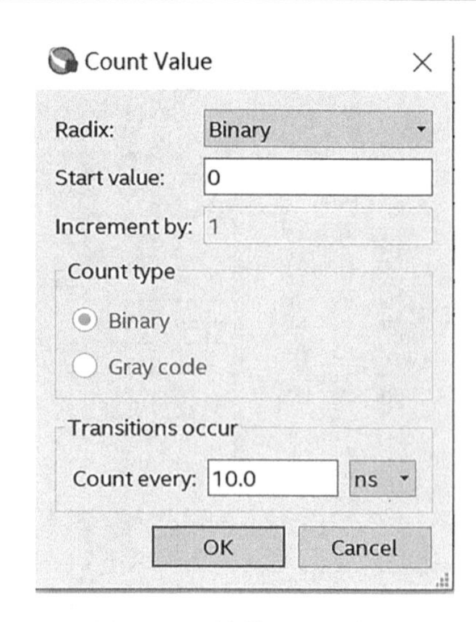

图 3-60　计数器设置窗口

波形仿真

3.2.7　管脚分配

完成了功能仿真，就在逻辑上验证了所设计电路功能的正确性。为了进一步验证电路运行过程中功能的正确性，就需要将所设计的功能电路下载到芯片中运行，在实际的硬件设备上进行验证。在硬件设备上进行验证时，需要为输入管脚提供实际的高、低电平作为信号输入，电路运行结束后产生的输出信号需要通过输出管脚连接外设以便指示输出电平的高、低。为了方便地为将实际电平信号接入管脚，同时将输出信号引出，就需要为输入输出管脚指定器件的引脚号，将电路的管脚与 FPGA 或 CPLD 芯片的管脚绑定，这一过程称作管脚分配或管脚锁定。

在管脚分配之前，要确定管脚的分配方案，即输入输出管脚的适配方案，这跟使用的实验箱是相关的。本例中所使用的芯片为 MAX Ⅴ系列的 5M160ZE64C5，所使用的实验箱是自制的数字电路实验箱(见第 2 章)，如图 3-61 所示。在实验箱中，拨位开关和按键开关位于下侧，用于提供输入；LED 灯和七段数码管位于实验箱上侧，用于指示输出。从芯片引出的管脚分别位于实验箱上侧两排和实验箱下侧两排，所以为了避免线的交叉，在分配管脚时，应尽可能地将输入管脚分配至距开关近的下面两排管脚处，将输出管脚分配至距 LED 灯近的上面两排管脚处。

本例中实现的二输入与门、二输入或门、非门一共有 5 个输入管脚，3 个输出管脚。将输入管脚选择为实验箱下侧的引脚，将拨位开关拨至上方(处于开的状态)可提供高电平输入，将拨位开关拨至下方(处于关的状态)可提供低电平输入；将输出管脚选择为实验箱上侧的引脚，用 LED 灯的状态亮表示输出电平为高，用 LED 灯的状态灭表示输出电平为低。

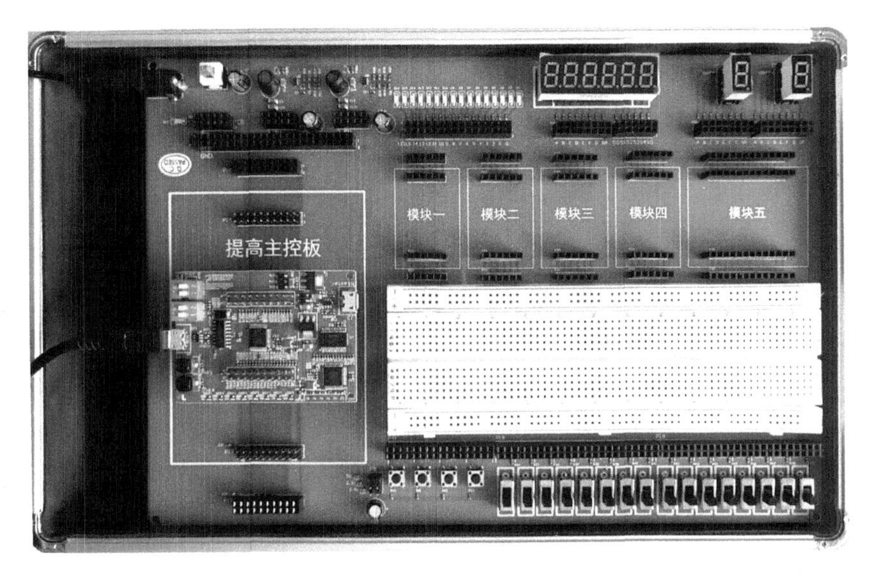

图 3-61　数字电路实验箱

管脚分配需要通过 Pin Planner 实现。选择“Assignments→Pin Planner”或者单击“Pin Planner”图标，得到如图 3-62 所示的用户界面，默认显示 All Pins 窗口、Tasks 窗口、Report 窗口、Pin Legend 窗口和器件封装视图。

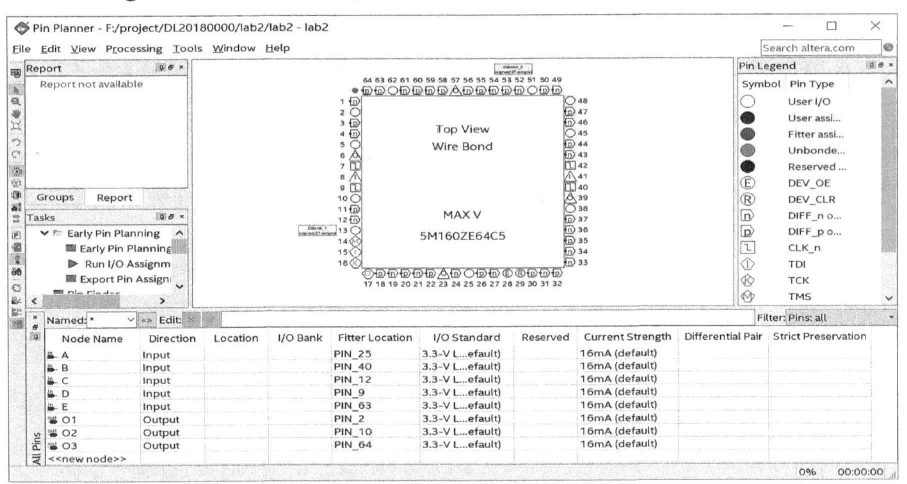

图 3-62　Pin Planner 用户界面

如果在没有约束的情况下直接全编译工程，Quartus Prime 会自动分配管脚，自动分配后将在工程路径下的 output_files 文件夹中产生一个 lab2. pin 文件，将此文件打开可以看到所有管脚的使用和分配情况。另外一种方式是在编译报告中查看，位置为 Compilation Report→Fitter→Resource Section→Input Pins, Output Pins or Bidir Pins。在 Pin Planner 界面中，全编译后自动分配的管脚显示在 Fitter Location 列。若用户不使用自动分配的管脚位置，可以拖拽 All Pins 窗口中的管脚至封装图对应的位置，也可以双击管脚所在行对应 Location 列的空白处，从出现的下拉菜单中选择对应的管脚编号。此外，可以借助如图3-63所示 All Pins 窗口中的 Filter 栏，选择其中一个符合用户期望的选项进行显示，快速定位管脚。

Named: * Edit: Filter: Pins: all

Node Name	Direction	Location	I/O Bank	Fitter Location	I/O Standard	Reserved	Current Strength	Differential Pair
A	Input			PIN_25	3.3-V L...efault)		16mA (default)	
B	Input			PIN_40	3.3-V L...efault)		16mA (default)	
C	Input			PIN_12	3.3-V L...efault)		16mA (default)	
D	Input			PIN_9	3.3-V L...efault)		16mA (default)	
E	Input			PIN_63	3.3-V L...efault)		16mA (default)	
O1	Output			PIN_2	3.3-V L...efault)		16mA (default)	
O2	Output			PIN_10	3.3-V L...efault)		16mA (default)	
O3	Output			PIN_64	3.3-V L...efault)		16mA (default)	
<<new node>>								

Pins: assigned
Pins: unassigned
Pins: input
Pins: output
Pins: bidirectional
Pins: all
Assignable pins
Device pins
<<customize>>

图 3－63　All Pins 窗口 Filter 栏

根据前面所述的管脚分配方案，将输入管脚分配至距拨位开关近的位置，输出管脚分配至距 LED 灯近的位置，由于实验箱上的芯片与其他电路结构的连接关系已经确定，所以实际分配管脚应按照电路原理图的连接关系进行分配。分配完成后的管脚图如图 3－64 所示。

Named: * Edit: Filter: Pins: all

Node Name	Direction	Location	I/O Bank	Fitter Location	I/O Standard	Reserved	Current Strengt
A	Input	PIN_9	1	PIN_25	3.3-V LVTTL (default)		16mA (default)
B	Input	PIN_11	1	PIN_40	3.3-V LVTTL (default)		16mA (default)
C	Input	PIN_13	1	PIN_12	3.3-V LVTTL (default)		16mA (default)
D	Input	PIN_19	1	PIN_9	3.3-V LVTTL (default)		16mA (default)
E	Input	PIN_21	1	PIN_63	3.3-V LVTTL (default)		16mA (default)
O1	Output	PIN_5	1	PIN_2	3.3-V LVTTL (default)		16mA (default)
O2	Output	PIN_3	1	PIN_10	3.3-V LVTTL (default)		16mA (default)
O3	Output	PIN_1	1	PIN_64	3.3-V LVTTL (default)		16mA (default)
<<new node>>							

图 3－64　分配管脚后的 All Pins 界面

管脚分配完成后，运“Tasks→Run I/O Assignment Analysis”或单击“Processing→Start I/O Assignment Analysis”进行管脚分配分析，分析结果在编译报告中查看，如果分析不通过则需要修改管脚分配直至分析通过。分析通过后对工程重新编译，编译过程中适配环节将按照所指定的管脚进行适配，并产生按照锁定管脚适配后的待下载文件，编译完成后 Pin Planner 中 Fitter Location 列与 Location 列数值相同，如图 3－65 所示，为了进一步确保适配的管脚就是指定的管脚，可以查看工程路径下 output_files 文件夹中产生的 lab2. pin 文件。

Named: * Edit: Filter: Pins: all

Node Name	Direction	Location	I/O Bank	tter Locatic	'O Standar	Reserved	rent Stren	fferential P	:t Preserva
A	Input	PIN_9	1	PIN_9	3.3-...VTTL		16mA...ult)		
B	Input	PIN_11	1	PIN_11	3.3-...VTTL		16mA...ult)		
C	Input	PIN_13	1	PIN_13	3.3-...VTTL		16mA...ult)		
D	Input	PIN_19	1	PIN_19	3.3-...VTTL		16mA...ult)		
E	Input	PIN_21	1	PIN_21	3.3-...VTTL		16mA...ult)		
O1	Output	PIN_5	1	PIN_5	3.3-...VTTL		16mA...ult)		
O2	Output	PIN_3	1	PIN_3	3.3-...VTTL		16mA...ult)		
O3	Output	PIN_1	1	PIN_1	3.3-...VTTL		16mA...ult)		
<<new node>>									

图 3－65　编译后的管脚分配示例图

分配管脚

3.2.8　器件编程

分配管脚完成并重新编译生成编程文件后，根据管脚分配方案将拨位开关与输入管脚相连，使用拨位开关的开、关提供高、低电平，将输出管脚与 LED 灯相连，通过 LED 灯的亮、灭指示输出电平的高、低。

选择“Tools→Programmer”或者单击“Programmer”图标，弹出图 3－66 所示的 Programmer界面。从界面左上角 Hardware Setup 右侧的文本框中若看到 No Hardware 字样，说明 Programmer 还未指定编程线缆。

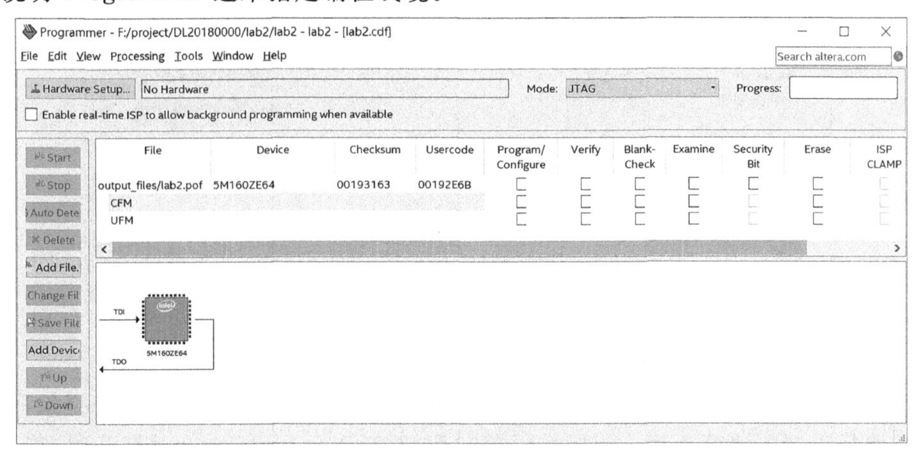

图 3－66　Programmer 界面

将编程线缆（本例为 USB Blaster）与计算机和目标板卡连接，确保已经正确安装了 USB Blaster 的驱动程序后（若初次接上 USB Blaster 编程线缆，则需要为设备安装驱动程序，驱动程序位于 Quartus 安装目录下的 drivers 文件夹中），单击“Hardware Setup”按钮，弹出如图 3－67 所示的对话框，在 Currently selected hardware 右侧的下拉菜单中列出了当前可用的编程线缆，选择“USB-Blaster”，如图 3－68 所示，然后单击“Close”关闭对话框，在 Programmer 界面中 Hardware Setup 按钮后将出现选择的编程线缆，此时硬件设置完成。

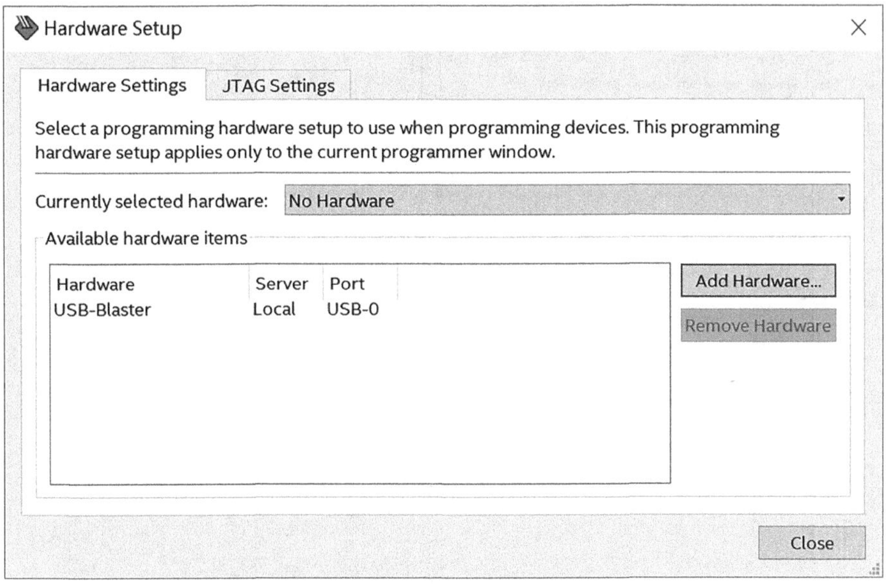

图 3－67　Hardware Setup 界面

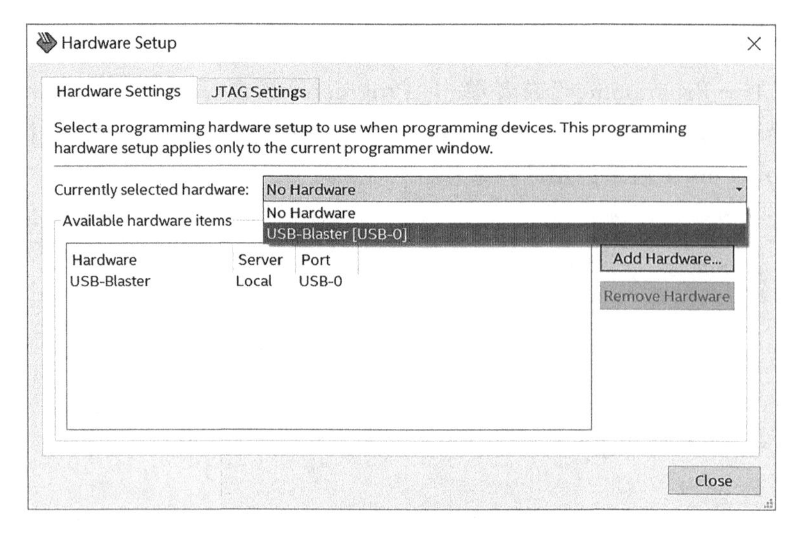

图 3-68　选中编程器件 USB Blaster

硬件设置完成后，在 Mode 栏下选择对应的编程方式如 JTAG。接着选择待编程文件，如果工程路径设置的清楚合理、文件关系清晰，那么在 Programmer 界面打开时，待下载文件会自动关联进待下载界面，如图 3-66 所示。如果待下载文件没有被关联进下载界面，如图 3-69 所示，则单击左侧的“Add File...”按钮添加待编程文件。注意：工程编译成功后将产生唯一一个名称与工程名相同的 *.pof 文件用于下载。如果错加了待编程文件，单击“Delete ”后可以删除已添加的文件，单击“Change File”可以更改选中的文件。待编程文件添加完成后，勾选“Program/Configure”选项，单击左侧的“Start”按钮，开始下载。在 Progress进度条中显示编程进度，编程完成后 Progress 的进度显示为 100%（Successful），如图 3-70 所示，此时可以在目标板卡上进行程序验证。至此，就完成了使用 Quartus Prime 进行电路设计的完整流程。

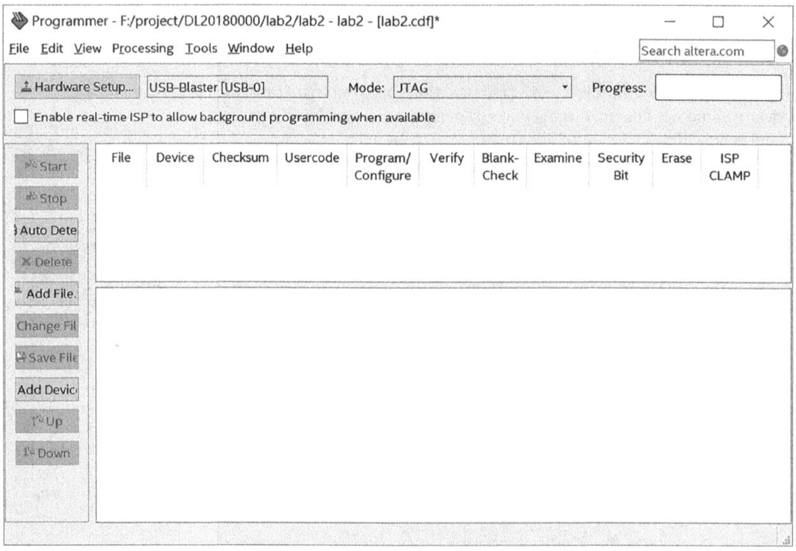

图 3-69　未关联待下载文件的下载界面

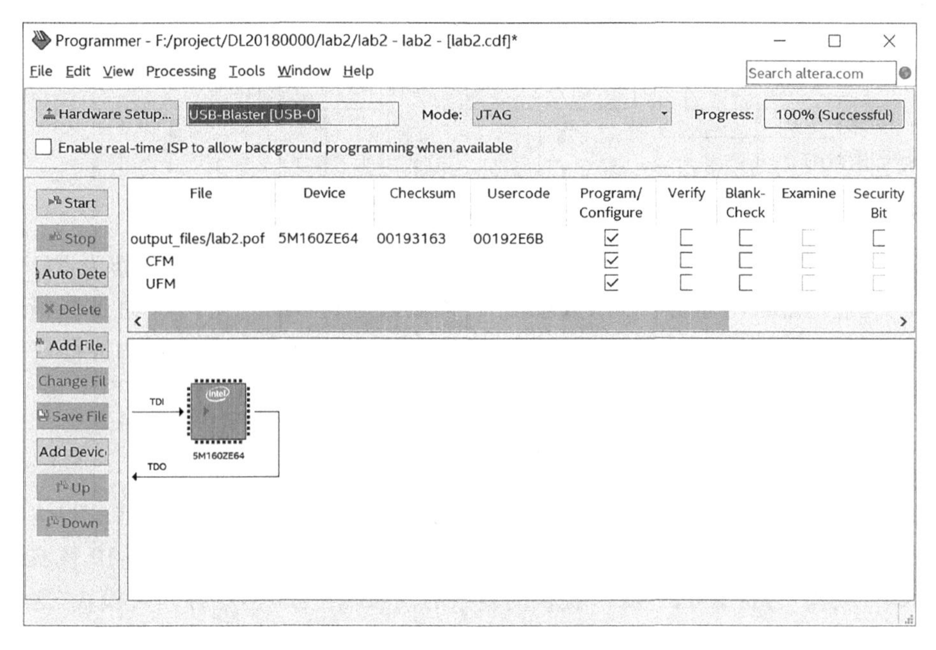

图 3-70 器件编程完成界面

3.3 Quartus Prime 进阶

除了 3.2 节设计示例中使用原理图进行电路设计外，Quartus Prime 中还提供了其他的设计输入方法，如硬件描述语言（Hardware Description Language，HDL）和宏模块（MegaWizard Plug-In Manager）调用。在程序调试方面，除了根据仿真结果来检查之外，Quartus Prime 软件还集成了一个软件工具——嵌入式逻辑分析仪 Signal Tap。

本节将通过 DDS 任意波形发生器的具体示例，将宏模块调用、硬件描述语言和 Signal Tap 的使用串联起来，为进一步使用 Quartus Prime 软件的人员提供一个参考。

3.3.1 DDS 原理分析

直接数字式频率合成器（Direct Digital Synthesizer，DDS）的基本原理是通过控制相邻两次采样的相位变化量（相位变化量应小于 π）来控制离散序列的频率。基于该基本原理，以基准频率（如时钟频率）对相位进行等间隔采样，然后查找在波形数据储存器中储存的波形数值，通过数模转换器 DAC 转换为模拟信号并通过低通滤波器后输出。DDS 一般由相位累加器、波形数据存储器（ROM 查找表）、数模转换（DAC）和低通滤波（LPF）四部分构成，如图 3-71 所示。

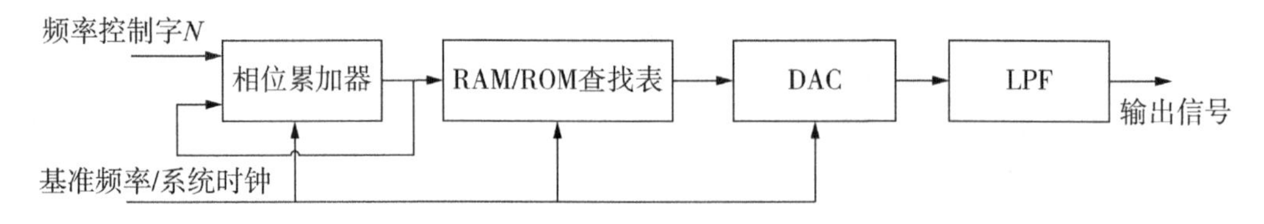

图 3-71　DDS 的原理框架

在每个时钟周期内，N 位相位累加器和其反馈值累加后结果的高 L 位作为 ROM 查找表的地址，通过地址从内存表中读取数据，并将该数值送到 DAC，由 DAC 将这些幅值转化为阶梯状的模拟信号，最后由 LPF 对其内插恢复，将阶梯状模拟信号平滑为光滑连续的正弦信号输出。

3.3.2　调用 ROM IP 核储存波形

根据 3.3.1 节中 DDS 的基本原理，在进行 DDS 设计时需要将正弦信号的相位与幅值对应储存到查找表中。在使用 Quartus Prime 进行设计时，查找表通过调用 IP 核实现。IP 核(即知识产权模块)是 Intel-Altera 提供的复杂的高级构建模块，也称为宏模块，这些宏功能模块经过严格的测试和优化，可以在 Intel 专用器件结构中发挥出最佳性能，同时能够减少设计和测试时间。ROM 就是 IP 核中的一种储存模块。下面说明如何调用 ROM IP 核。

使用 Quartus Prime 新建工程向导，创建一个名为 DDS 的新工程。由于基础板 CPLD 器件的资源受限且不能使用 Signal Tap 进行片上在线调试，所以本例选择的芯片是提高板中的 FPGA 芯片 Cyclone Ⅳ E 系列的 EP4CE15F17C8，使用该工程实现任意波形发生器的设计。首先调用 IP 核完成查找表的设计。

Quartus Prime 提供 IP Catalog 接口以调用宏功能模块，在 Quartus Prime 右侧的 IP Catalog 窗口中(注：如果 IP Catalog 窗口消失，可以通过单击“Tools→IP Catalog”调出)找到位于 Library→On Chip Memory 下的 ROM IP 核，如图 3-72 所示。

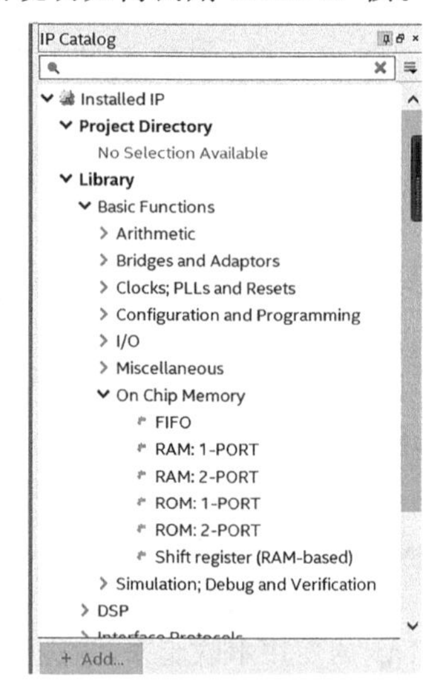

图 3-72　IP Catalog 中查找 RAM IP 核

双击“ROM:1-PORT”，弹出保存 IP 核的对话框，为调用的 IP 核命名，例如 SIN_ROM，并选择产生 IP 核对应的文件类型，这里选择的是 Verilog，如图 3-73 所示。

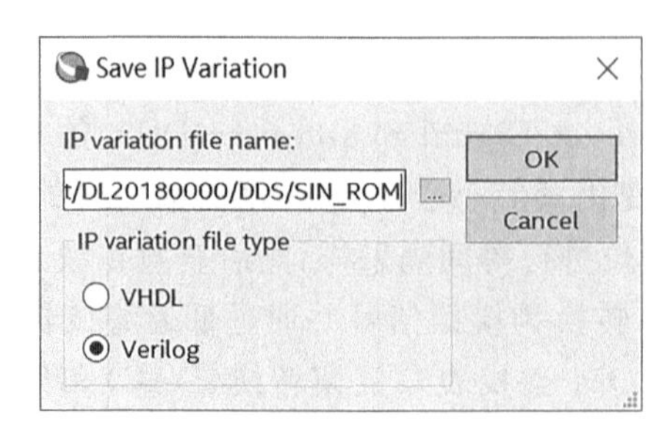

图 3-73　保存调用的 IP 核及文件类型

单击“OK”按钮后弹出 IP 核的设置向导。在设置向导(1)中确定 ROM 表中所储存数值的位宽，即输出 q 的变量宽度，本例为 12 位宽，所选择的变量位宽应与实际开发板中 FPGA 芯片所连接 DAC 的精度相匹配，这样才能获得最高的数据精度。另一个待设置的值为 ROM 表中可存储的数据大小，当然 ROM 表中存储的数据越多(即存储深度越深)，对波形的抽样数量越多，波形越精确。但是这个数值同时需要考虑 ROM 本身容量的大小，本例中选择的存储深度为 4096 words，所以对 ROM 的地址进行控制的变量位宽为 12，如图 3-74 所示。

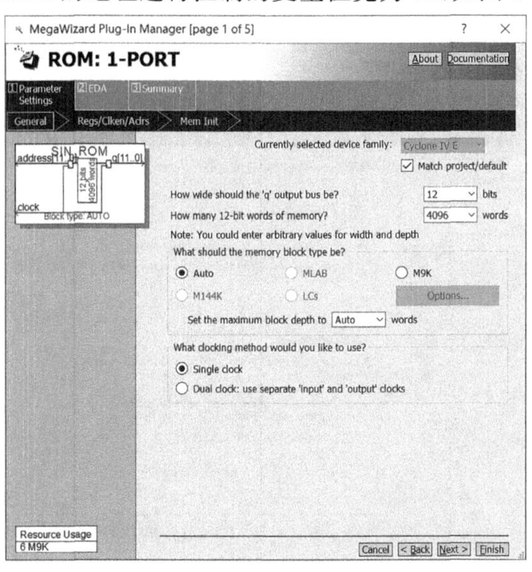

图 3-74　ROM IP 核设置向导(1)

设置完 ROM 存储深度和输出数值位宽之后，单击“Next”按钮进入到设置向导(2)，询问是否创建新的使能端、清零端。这里保持默认设置，即不添加使能、清零，输出端 q 为寄存器类型，如图 3-75 所示。

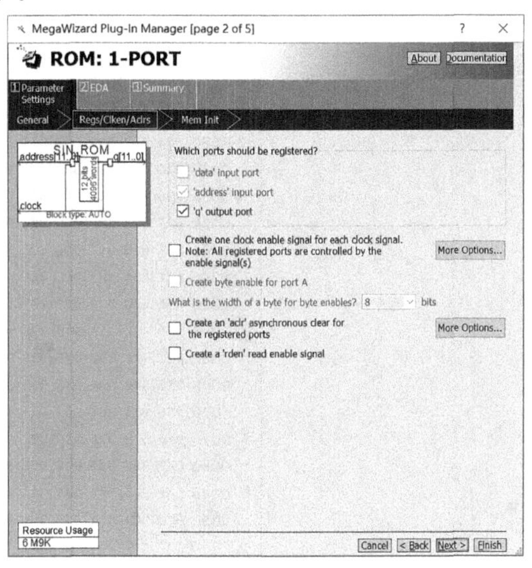

图 3-75　ROM IP 核设置向导(2)

单击“Next”按钮进入到 IP 核设置向导(3),询问是否指定 ROM 初始化数据文件并选择在系统的读写功能,如图 3-76 所示。这里将导入保存有 SIN 函数数值的存储器初始化文件 SIN. mif(注意:SIN. mif 文件可以由 MATLAB 等第三方软件产生)。SIN. mif 文件产生后可以使用记事本打开,也可以使用 Quartus Prime 软件打开。使用记事本打开 SIN. mif 文件部分截图如图 3-77 所示,使用 Quartus Prime 打开的 SIN. mif 文件部分截图如图 3-78 所示。

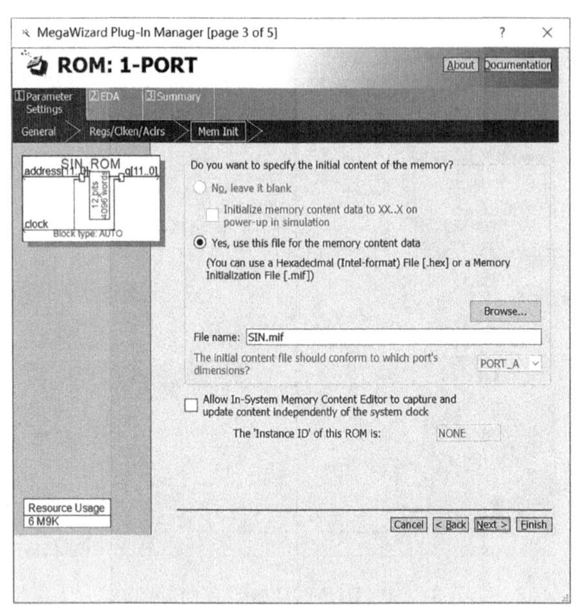

图 3-76　ROM IP 核设置向导(3)

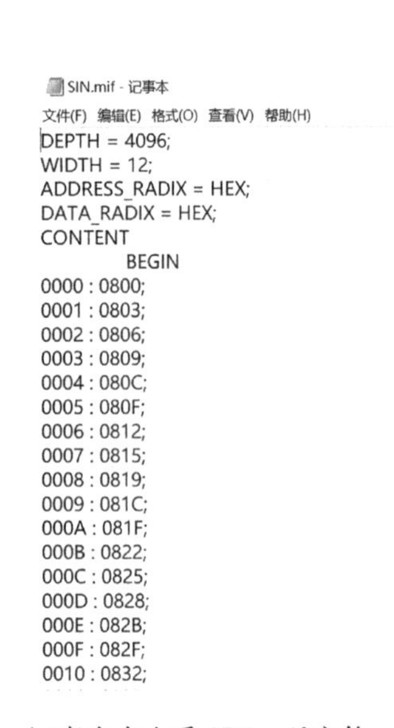
SIN.mif - 记事本

文件(F) 编辑(E) 格式(O) 查看(V) 帮助(H)

DEPTH = 4096;
WIDTH = 12;
ADDRESS_RADIX = HEX;
DATA_RADIX = HEX;
CONTENT
BEGIN
0000 : 0800;
0001 : 0803;
0002 : 0806;
0003 : 0809;
0004 : 080C;
0005 : 080F;
0006 : 0812;
0007 : 0815;
0008 : 0819;
0009 : 081C;
000A : 081F;
000B : 0822;
000C : 0825;
000D : 0828;
000E : 082B;
000F : 082F;
0010 : 0832;

图 3-77　记事本中查看 SIN. mif 文件

SIN.mif

Addr	+0	+1	+2	+3	+4	+5	+6	+7	ASCII
0000	800	803	806	809	80C	80F	812	815	....
0008	819	81C	81F	822	825	828	82B	82F	....
0010	832	835	838	83B	83E	841	845	848	....
0018	84B	84E	851	854	857	85B	85E	861	....
0020	864	867	86A	86D	871	874	877	87A	....
0028	87D	880	883	886	88A	88D	890	893	....
0030	896	899	89C	8A0	8A3	8A6	8A9	8AC	....
0038	8AF	8B2	8B5	8B9	8BC	8BF	8C2	8C5	....
0040	8C8	8CB	8CE	8D2	8D5	8D8	8DB	8DE	....
0048	8E1	8E4	8E7	8EB	8EE	8F1	8F4	8F7	....
0050	8FA	8FD	900	903	907	90A	90D	910	....
0058	913	916	919	91C	91F	923	926	929	....
0060	92C	92F	932	935	938	93B	93F	942	....
0068	945	948	94B	94E	951	954	957	95A	....
0070	95E	961	964	967	96A	96D	970	973	....
0078	976	979	97C	980	983	986	989	98C	....
0080	98F	992	995	998	99B	99E	9A1	9A4	....
0088	9A8	9AB	9AE	9B1	9B4	9B7	9BA	9BD	....
0090	9C0	9C3	9C6	9C9	9CC	9CF	9D2	9D6	....

图 3-78　Quartus Prime 软件中查看 SIN. mif 文件

单击“Next”按钮进入仿真库设置向导，如图 3-79 所示，保持默认单击“Next”，SIN_ROM 设计完成，选中对应要生成的文件，如图 3-80 所示，单击“Finish”完成设置并产生相应文件。在 Quartus Prime 软件中出现是否将生成的 IP 核文件添加到工程中的提示对话框，如图3-81所示。单击“Yes”按钮，IP 核文件就生成在当前工程中，如图 3-82 所示。至此，储存 SIN 函数波形的 ROM 存储表已经产生。

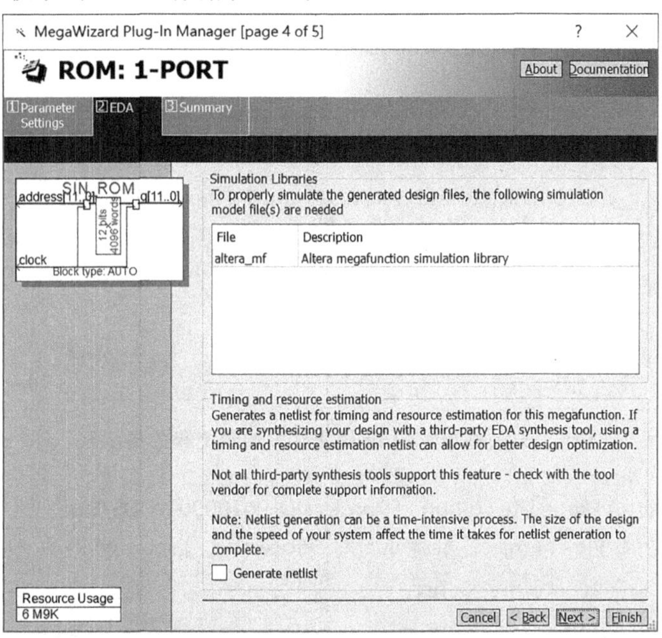

图 3-79　ROM IP 核设置向导(4)

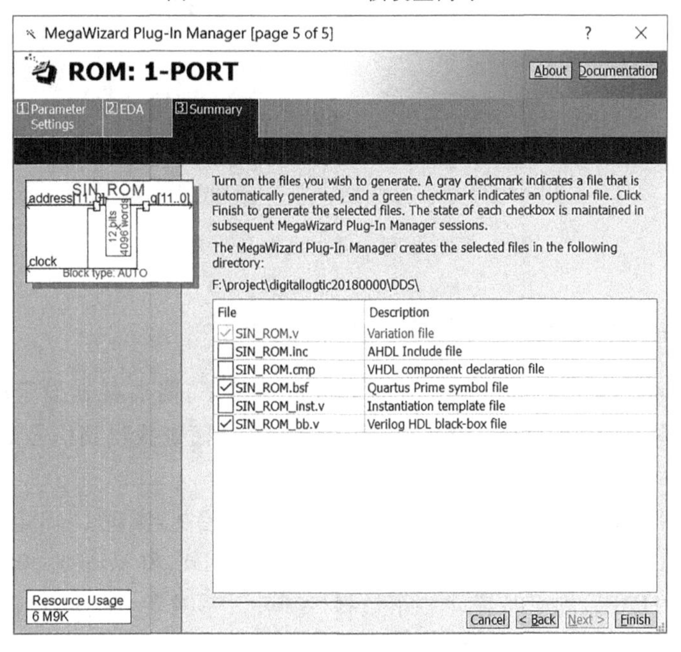

图 3-80　ROM IP 核设置向导(5)

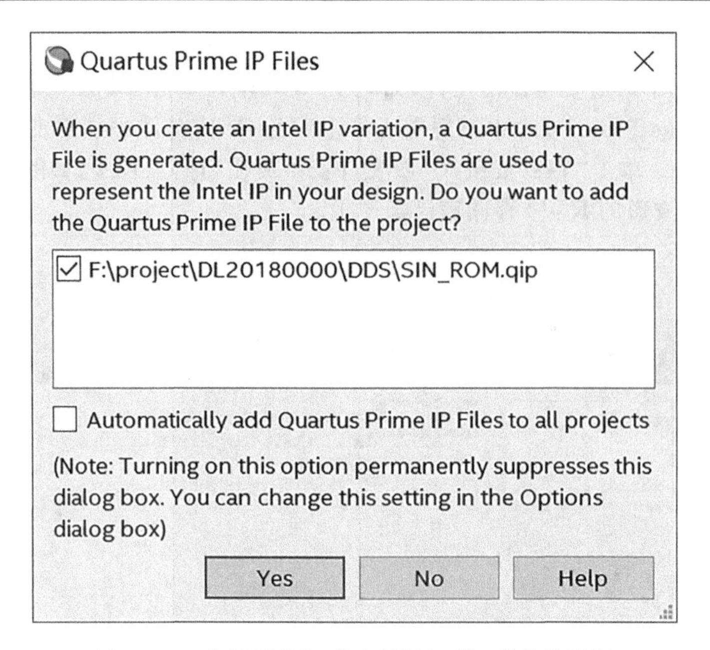

图 3-81　将设置的 IP 核文件添加到工程的提示框

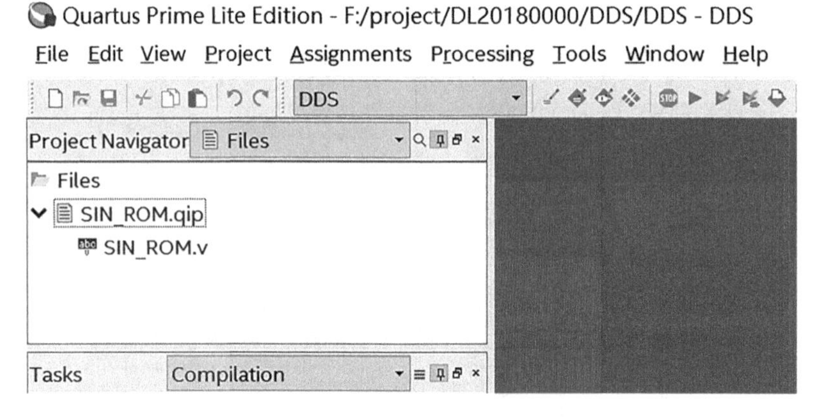

图 3-82　工程中已生成的 IP 核文件

3.3.3　使用硬件描述语言完成 DDS 电路设计

根据 DDS 的原理，在已经完成 ROM 查找表的前提下，需要根据设定的频率控制字完成相位累加，并由相位累加器控制 ROM 查找表的地址从而查找得到信号的幅值，完成信号输出。

本小节将介绍使用硬件描述语言完成相位累加器的控制，实现 DDS 电路设计。

Quartus Prime 支持的硬件描述语言包括 Verilog HDL 和 VHDL，本例中用的硬件描述语言是 Verilog HDL。在 File 菜单栏下选择“New...”，或者直接单击工具栏中的“New”快捷图标，或快捷键 Ctrl＋N 新建设计文件。在新建对话框中选择 Design Files 下的“Verilog HDL File”，如图 3-83 所示。

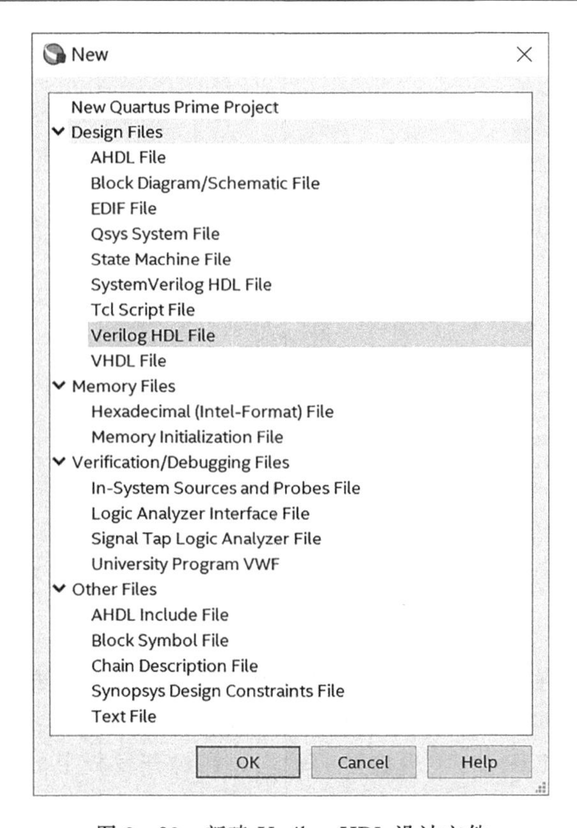

图 3-83　新建 Verilog HDL 设计文件

单击“OK”按钮后，出现文本编辑窗口，如图 3-84 所示。

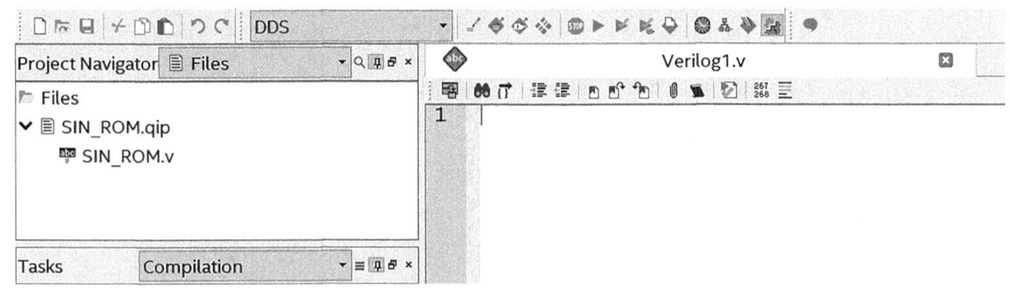

图 3-84　文本编辑窗口

由于使用 Verilog HDL 编辑产生的是纯文本文件，所以任何编辑器(如常用的 Notepad++等)都可以用来编辑输入文件，编辑完成之后复制到 Quartus Prime 的文本编辑窗口，也可以直接使用 Quartus Prime 提供的文本编辑器进行编辑。

为了降低设计者对 HDL 语法格式的记忆难度，Quartus Prime 为用户提供了语法模板，在设计过程中对于不确定的语句可以通过插入语法模板调用正确的格式。调用语法模板可以通过选择 Edit 菜单下的“Insert Template...”完成，也可以通过单击文本编辑窗口工具栏中的“Insert Template ”快捷键完成，或者在 HDL 文件空白处单击右键选择“Insert

Template...",Insert Template 界面如图 3-85 所示。

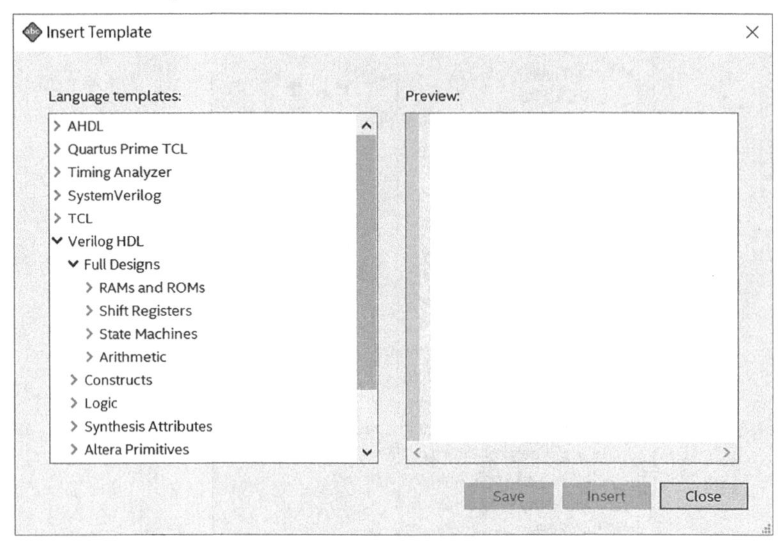

图 3-85　Insert Template 界面

使用硬件描述语言进行电路设计时,需遵照硬件描述语言的语法规则,Verilog HDL 的语法规则详见第 4 章。本例在进行电路设计时,设定频率控制字后要通过模块实例化调用 3.3.2 节中完成的 ROM IP 核,实现波形的输出。针对开发板上的 50 MHz 时钟实现的 DDS 具体代码如图 3-86 所示。

```
module DDS (input CLK, input RST_N, output reg [11:0]SIN_O);
      parameter ADD_A =12'd7;
      wire [11:0] ROM_ADDR;
      wire [11:0] SIN_R;
      reg [11:0] ADD_B;

      always @ (posedge CLK)
      begin
         if(!RST_N)
         ADD_B<=12'd0;
         else
         ADD_B<=ADD_B + ADD_A;
      end

      assign ROM_ADDR = ADD_B;

      SIN_ROM sin_out(
      .address(ROM_ADDR),
      .clock(CLK),
      .q(SIN_R));

      always @(posedge CLK)
      begin
         if(!RST_N)
         SIN_O<=12'd0;
         else
         SIN_O<=SIN_R;
      end
endmodule
```

图 3-86　用 Verilog HDL 实现的 DDS 代码

Verilog

3.3.4　使用 Signal Tap 调试电路

使用 Verilog 实现 DDS 代码后，将该文件存盘并编译产生对应的逻辑电路，然后进行仿真，仿真验证后进行管脚锁定并重新编译，重新锁定管脚后可将编程文件下载到硬件实验箱上验证。除此之外，在 Quartus Prime 内部还提供了另一个用于调试电路的工具，即嵌入式逻辑分析仪 Signal Tap。

Signal Tap 是 Quartus Prime 软件中集成的一个软件工具，使用它可以在 FPGA 中形成嵌入式逻辑分析仪，以捕捉目标芯片内部信号节点的信息，而不影响原硬件系统的正常工作。使用 Signal Tap 时无需额外的逻辑分析设备，只需将 JTAG 接口下载线连接到待调试的 FPGA 器件，Signal Tap 对 FPGA 引脚和内部信号线进行捕获，将数据存储在 RAM 中，根据用户定义的触发条件，将信号数据通过 JTAG 端口送往 Signal Tap 显示。Signal Tap 相当于一个虚拟的示波器，显示数据为实际运行过程中产生的数据，具有真实性和可靠性。使用 Signal Tap 的一般流程为：完成设计，锁定管脚，全编译成功后，建立 Signal Tap(.stp) 文件，配置.stp 文件，编译并下载设计到 FPGA 中，在.stp 文件中显示被测信号波形。Signal Tap 仅在 FPGA 中可用，对于 CPLD 不可用。

对于本例，3.3.2 节已完成了电路设计，并编译成功，锁定管脚并重新编译后就可以使用 Signal Tap 进行波形分析。锁定管脚和连线的步骤在 3.2 节中已经介绍，这里不再赘述，此处的重点是 Signal Tap 的使用。

1. 建立 Signal Tap Logic Analyzer 配置文件

选择“File→New”，在 New 窗口中选择“Signal Tap Logic Analyzer File”，单击“OK”，或者选择“Tool→Signal Tap Logic Analyzer”，弹出如图 3-87 所示的“Signal Tap Logic Analyzer”界面。

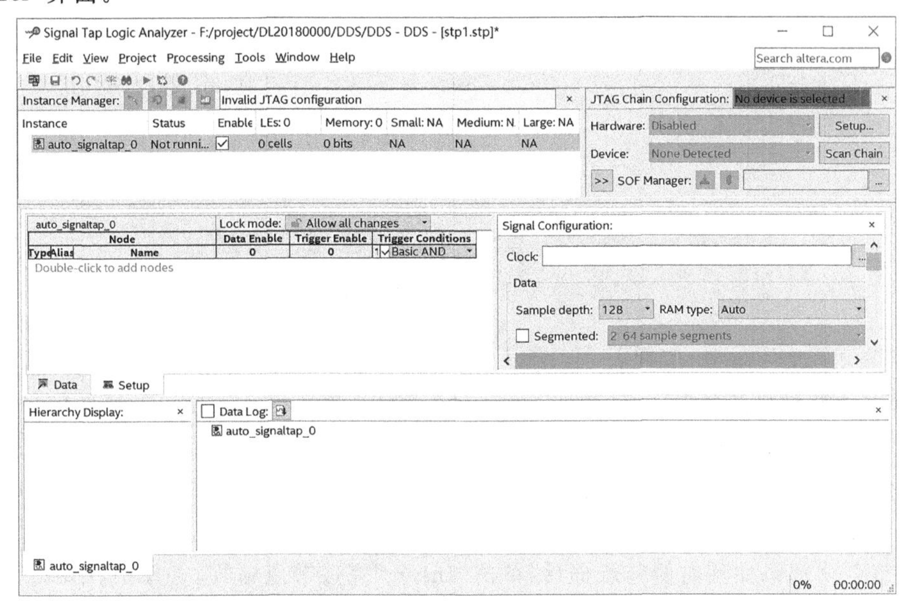

图 3-87　Signal Tap Logic Analyzer 界面

2. 对 Signal Tap Logic Analyzer 文件进行配置

在 Instance 窗口默认出现一个实例，如需要增减或者重命名实例可以在 Edit 菜单下选择相应的选项来完成。在 Setup 窗口空白处双击或者选择“Edit→Add Nodes”，出现如图 3-88所示的添加节点对话框。

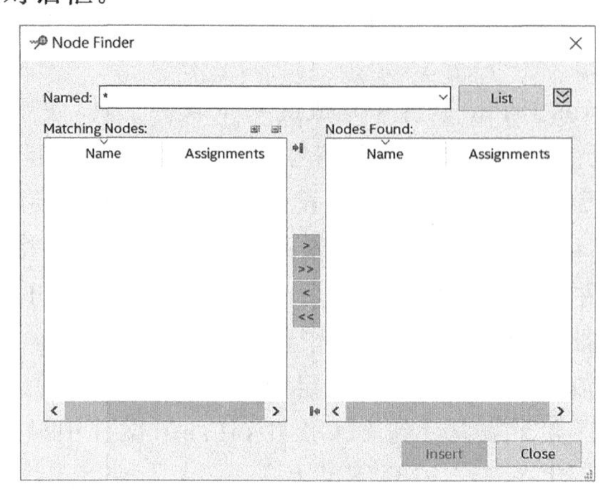

图 3-88　添加节点

单击“List”按钮右侧的图标，展开 Node finder 查找选项，如图 3-89 所示。

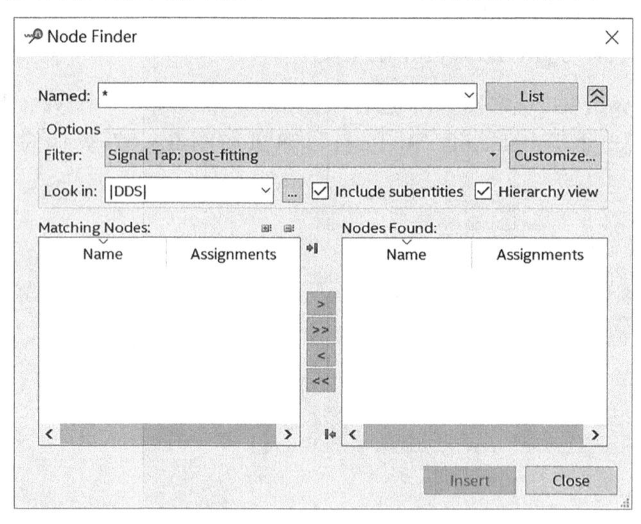

图 3-89　展开 Node Finder 查找选项

在 Filter 选项处选择“Signal Tap:pre-synthesis”。在 Look in 处选择抓取信号所在的模块，在 Named 处输入要抓取的信号名(注意：信号名必须为全名，否则会提示无匹配项)，单击“List”，在 Matching Nodes 中会出现该信号，然后点击“＞”添加到右侧 Nodes Found 框中，也可以使用“ * ”搜索模块内的全部信号，选中需要的节点，单击“＞”添加到右侧节点框，所需节点全部添加到右侧节点框后，单击“Insert”完成节点添加，并单击“Close”按钮关闭添加节点对话框。添加完成后，Signal Tap Logic Analyzer 界面的 Setup 窗口中会出现所添加的信号名称，如图 3-90 所示。

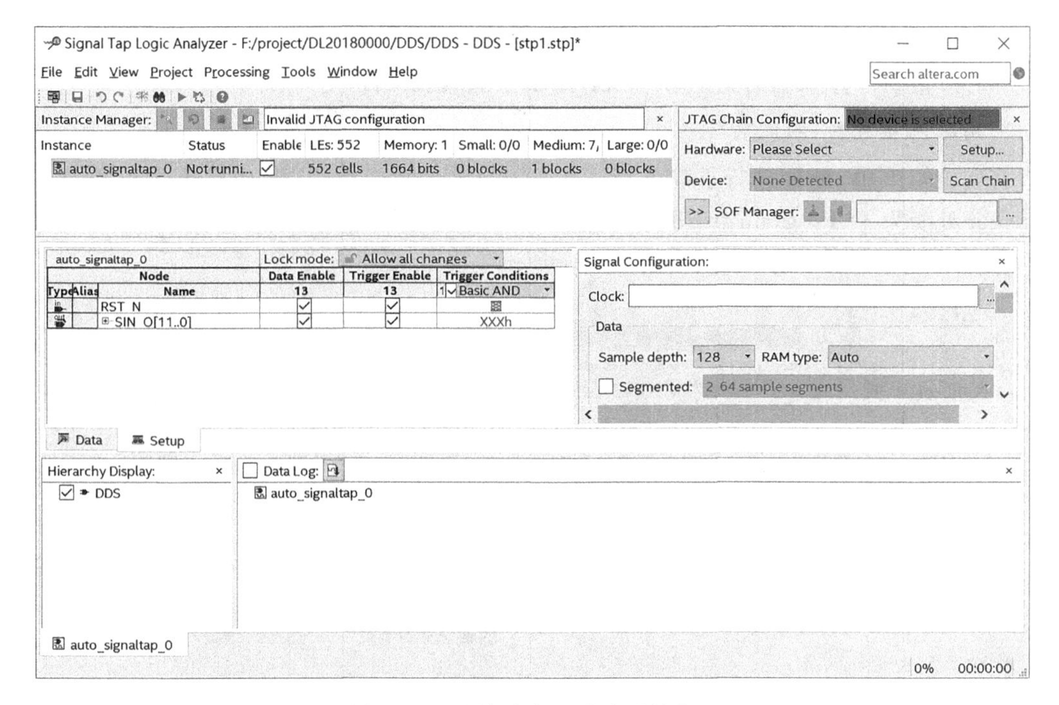

图 3－90　添加实例和节点后的窗口

在添加 Node 之后，用户可以通过修改 Trigger Condition 来改变待观察 Node 的触发条件，这和使用示波器的用户感受类似，但是使用 Signal Tap 更方便，而且有更复杂的触发条件组合，可以观察特殊的信号变化情况。

根据实际条件在图 3－91 所示 Signal Configuration 窗口中设置采样时钟、数据采样深度、触发流控制、触发位置、触发条件等。

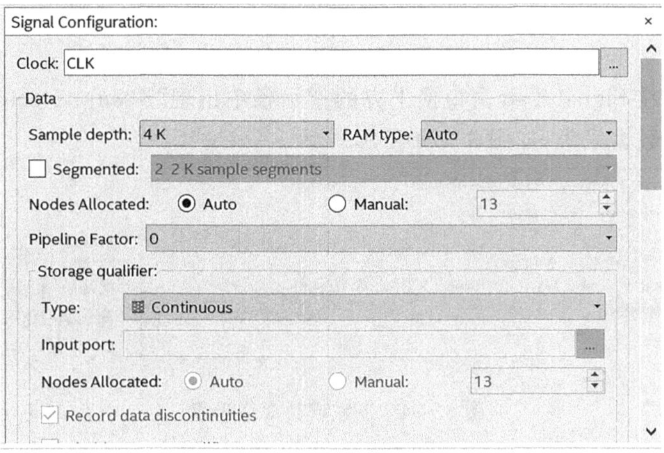

图 3－91　信号配置窗口

因为 Signal Tap 的基本原理是使用 FPGA 芯片内部空闲的嵌入式存储块作为存储器，设置的采样时钟就是存储器的待观察 Node 的存储时钟，所以采样时钟不同，存储数据的速率会不同。图 3－91 中的采样时钟为 CLK，采样深度为 4K，意味着可以通过Signal Tap 观察到连续的 4K 个 CLK 周期的 Node 变化情况。

保存 Signal Tap 配置,编译整个工程,重新生成编程文件。

3. 实时采集波形,调试电路

将实验箱上电,硬件进行正确连接。在 Hardware 处选择 USB-Blaster,此时 Instance Manager 处变为了“Program the device to continue”,如图 3-92 所示。

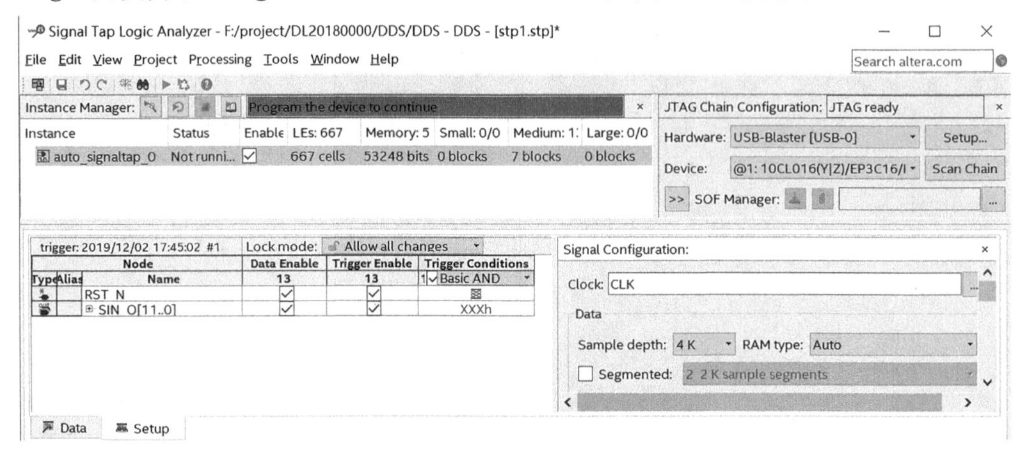

图 3-92　选择 USB-Blaster 硬件

在 SOF Manager 处单击图标添加. sof 文件并单击下载按钮,如图 3-93 所示。

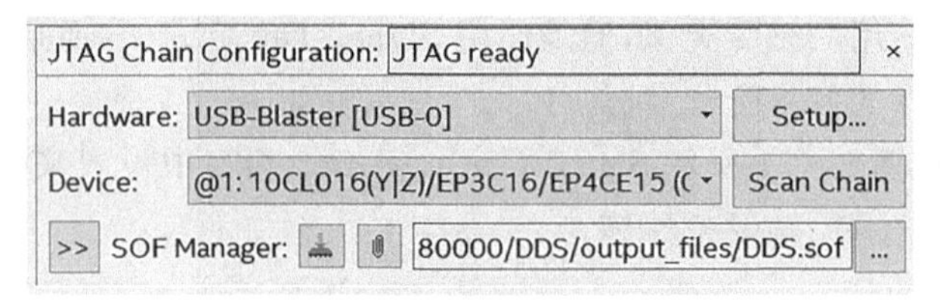

图 3-93　SOF Manager

下载完成后,在 Signal Tap 窗口最上方的指示条中出现“Ready to acquire”字样即表示下载成功,可进行数据采集,如图 3-94 所示。

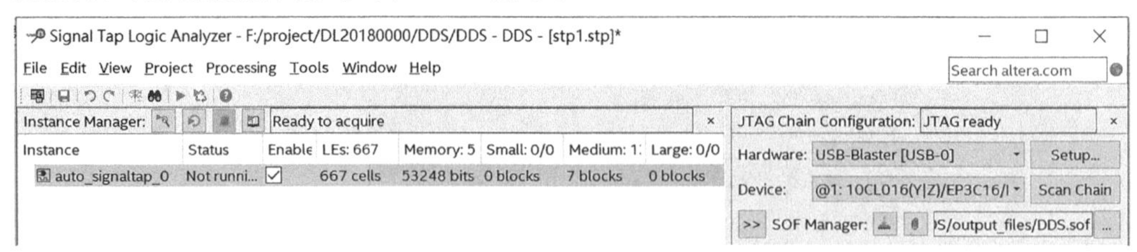

图 3-94　下载成功等待采集

单击 Instance Manager 后面的采样按钮或者选择“Processing→Run analysis ”或者“Processing→Autorun analysis”开始采样。Run analysis 是单次采样,一旦满足触发条件,就显示数据,并停止采样;Auto run analysis 是连续采样,只要满足触发条件,数据就会不断刷新。此处使用的是连续采样,采集到的实时数据波形显示在 Data 栏,默认以十六进制显示,如图 3-95 所示。

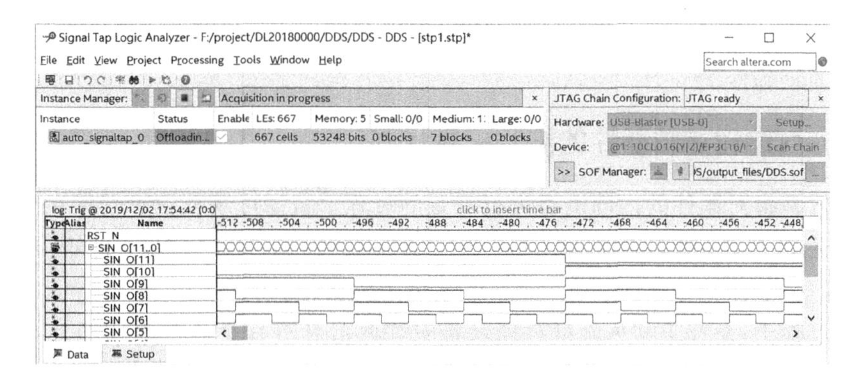

图 3－95　Signal Tap 采集到的以十六进制显示的实时信号波形

为了更直观地观察产生的波形是否为正弦波，选中输出信号 SIN_O[11:0]，单击右键，选择最后一个菜单项“Bus Display Format”，选择其中的“Unsigned Line Chart”，如图 3－96 所示。更改以 Unsigned Line Chart 方式显示后，得到的显示图形如图 3－97 所示。

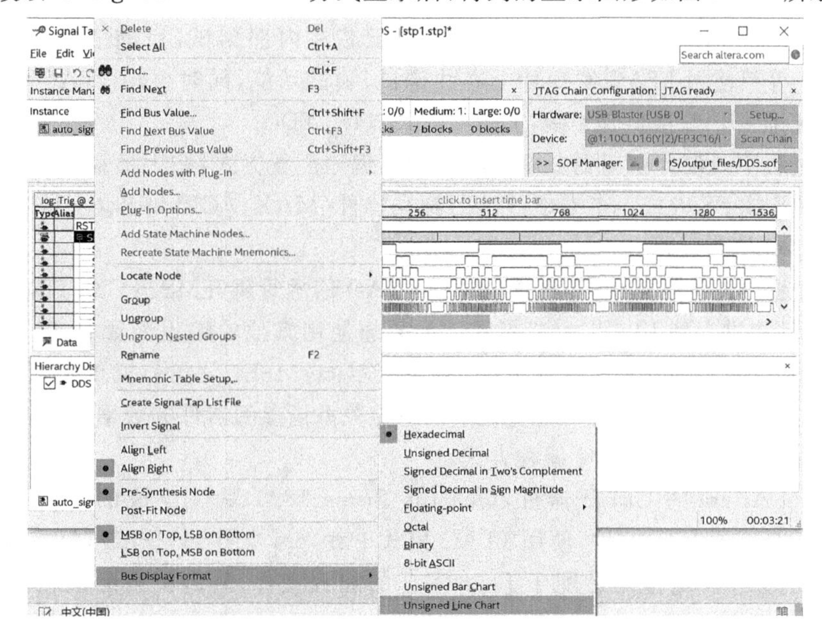

图 3－96　更改输出的显示方式

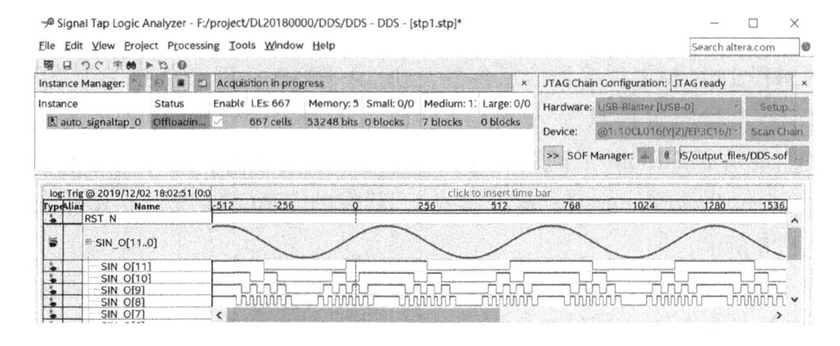

图 3－97　Signal Tap 采集到的以 Unsigned Line Chart 方式显示的实时信号波形

对比采集到的波形和功能仿真得到的波形，两者在对应时刻数据一致，从而进一步验证了项目设计的正确性。

3.3.5 可编程逻辑器件的编程配置模式

编程配置是指对器件的内部电路进行配置的过程。根据可编程逻辑器件在配置过程中是处于主动还是被动，可分为主动（Active）方式、被动（Passive）方式，此外，还有 JTAG 方式。

在配置过程中，器件主动从外部存储设备中读取信息对自身进行配置的方式称为主动方式，又由于器件和外部存储设置使用的是串行通信方式，所以这种模式也称为主动串行方式（Active Serial，AS）。

配置过程中，由外部计算机或控制器控制配置过程，将电路配置信息写入到可编程器件对其进行配置的方式称为被动方式，同样，由于使用的是串行通信方式，所以称为被动串行方式（Passive Serial，PS）。

JTAG 是一种国际标准测试协议，主要用于芯片内部测试，目前多数器件如 DSP、FPGA、MCU 等都使用 JTAG 实现片上在线调试、测试功能，同时也用 JTAG 实现器件的编程配置。标准 JTAG 接口是 4 线：TMS、TCK、TDI、TDO。

在教学过程中或设计初期更多地使用 JTAG 编程配置方式，在大批量的产品生产中则更多地使用 AS 或 PS 方式。本书中涉及的两类器件（MAX Ⅴ CPLD 和 Cyclone Ⅳ FPGA）均是使用 JTAG 编程配置方式。

JTAG 配置方式优先级最高，连接器件的 JTAG 信号管脚 TMS、TCK、TDI、TDO 到编程线缆上，器件将进入到 JTAG 配置模式。如果想使用其他的编程配置方式，则在不使用 JTAG 的前提下，将器件的模式配置管脚（Mode Select：MSEL[3:0]）拉高或拉低以选择是 AS 还是 PS，MSEL 的高低配置与编程模式的对应关系请参阅器件的数据手册。注意，本书中的 MAX Ⅴ 器件仅支持 JTAG 编程方式。

对于 Intel-Altera 的 CPLD 器件，Quartus Prime 18.1 默认生成的配置文件是.pof（Programmer Object File）文件，使用 JTAG 模式下载.pof 文件到 CPLD 器件中，完成器件的编程配置。因.pof 文件是适配于 flash 工艺的编程文件，所以配置后编程信息掉电不丢失。

对于 Intel-Altera 的 FPGA 器件，默认生成的配置文件是.sof（SRAM Object File）文件，可使用 JTAG 模式将.sof 文件下载到 FPGA 器件中，完成器件的编程配置。因.sof 是针对 SRAM 工艺的编程文件，掉电后编程信息会丢失，所以 FPGA 一般会外挂一个 EEPROM 配置芯片，使用 JTAG 先将配置信息写入 FPGA，FPGA 再将配置信息写入外部的 EEPROM。FPGA 每次上电，都从 EEPROM 中读取配置信息来重新装配电路。这种配置编程方式称为在系统编程（In-System Programming）。这种模式下，器件的 JTAG 接口以及片外配置芯片的电路连接如图 3-98 所示。

这种模式下对应的编程文件为.jic（JTAG Indirect Configuration File）文件，需要使用 Quartus 的文件转换工具将.sof 转换为.jic 文件。具体转换步骤如下。

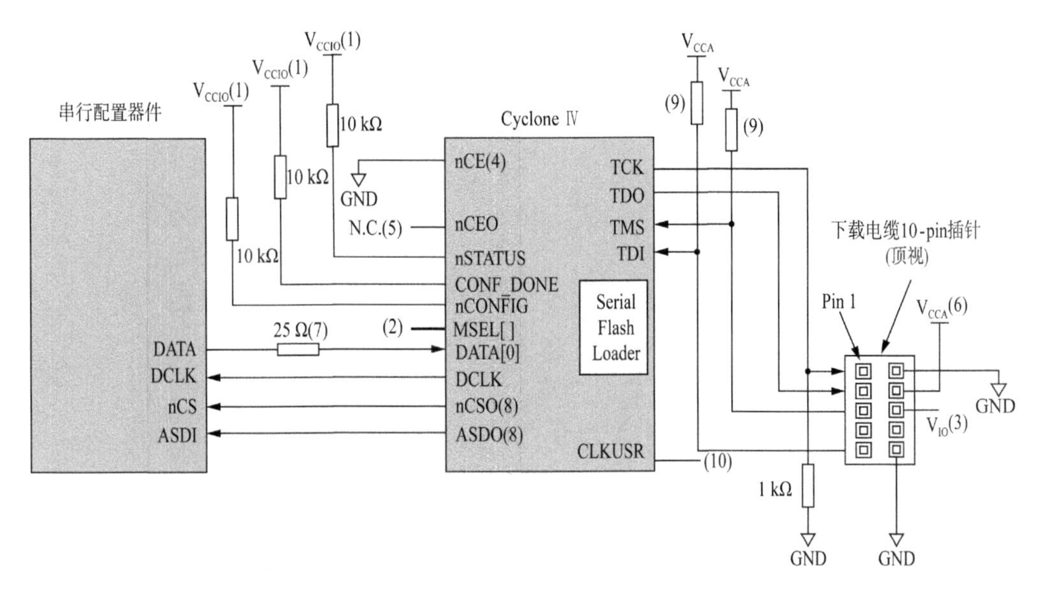

图 3-98　使用 JTAG 接口在系统中编程串行配置设备

(1)在 Quartus Prime 18.1 软件中，单击 File 菜单下的“Convert Programming Files...”选项，如图 3-99 所示。

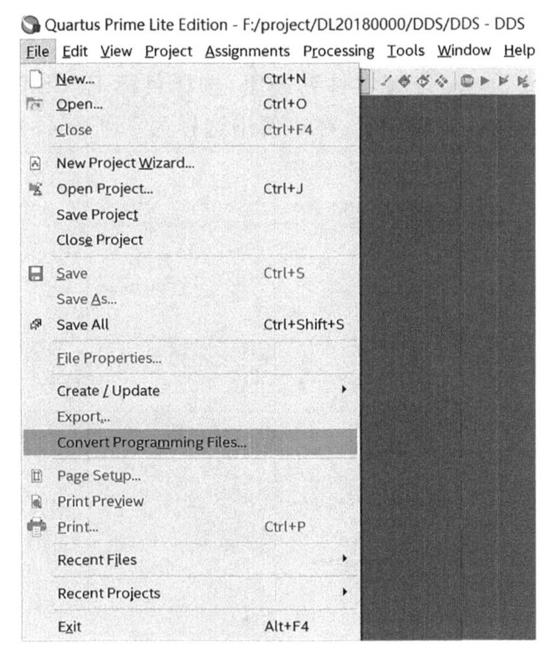

图 3-99　产生.jic 文件(1)

(2)在弹出的如图 3-100 所示转换编程文件窗口中，将 Output programing file 栏的 Programming file type 选择为 JTAG Indirect Configuration File(.jic)，此时 File name 会自动变为 output_files/output_file.jic，即产生的输出文件名为 output_file.jic，该文件存放到工程路径 output_files 目录下。用户可以根据实际情况修改产生的输出名，如本例中修改

为 DDS. jic。

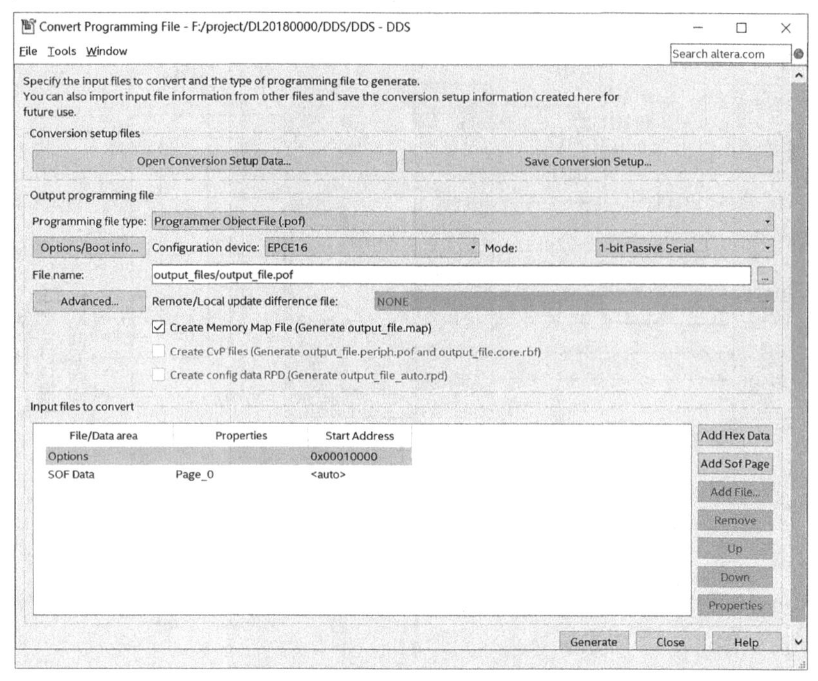

图 3-100　产生. jic 文件(2)

(3)在 Configuration device 配置器件列表里，选择目标 EPCS 配置器件。具体待配置目标器件型号需根据实际硬件电路确定，在本例中选择为 EPCS64，如图 3-101 所示。

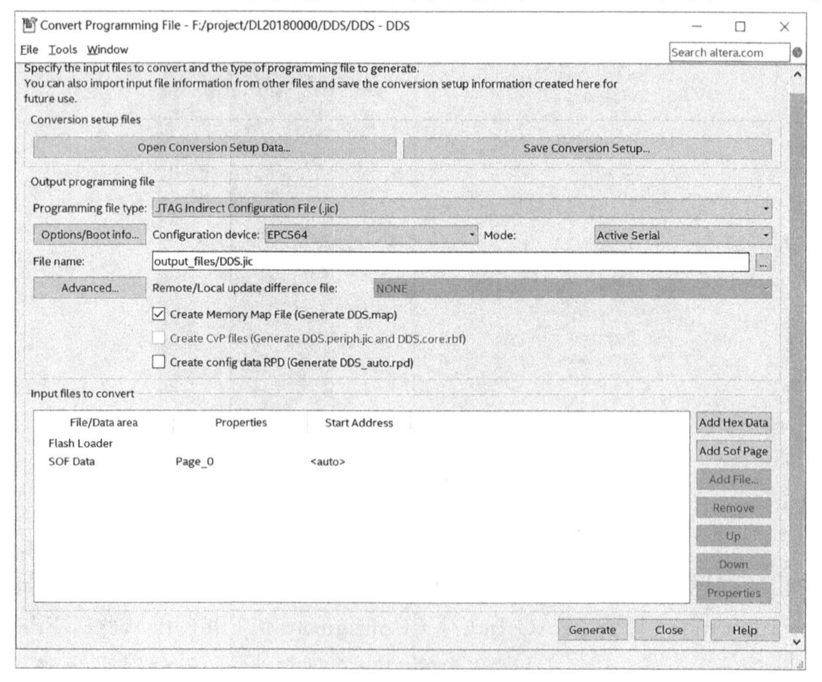

图 3-101　产生. jic 文件(3)

(4)在 Input files to convert 下指定一个现有的 SRAM 目标文件(.sof)来转换成 JIC 文件，选择 SOF Data，然后单击右侧的“Add File...”按钮，如图 3-102 所示。

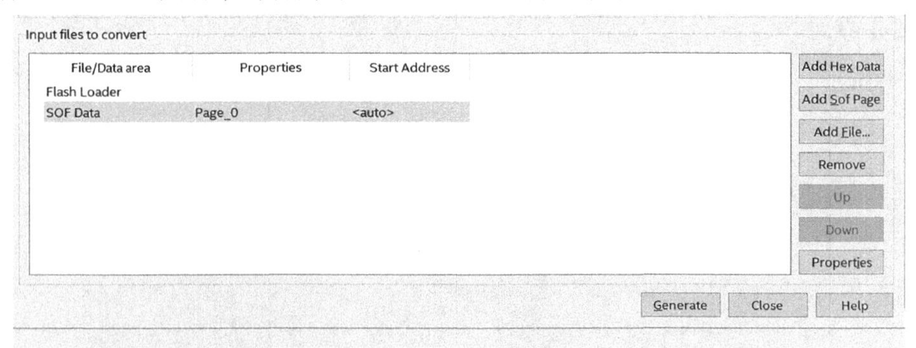

图 3-102　产生.jic 文件(4)

(5)在弹出的文件选择框中，选中已经产生的.sof 文件，如图 3-103 所示。单击“Open”按钮，将该.sof 文件添加到文件转换区。

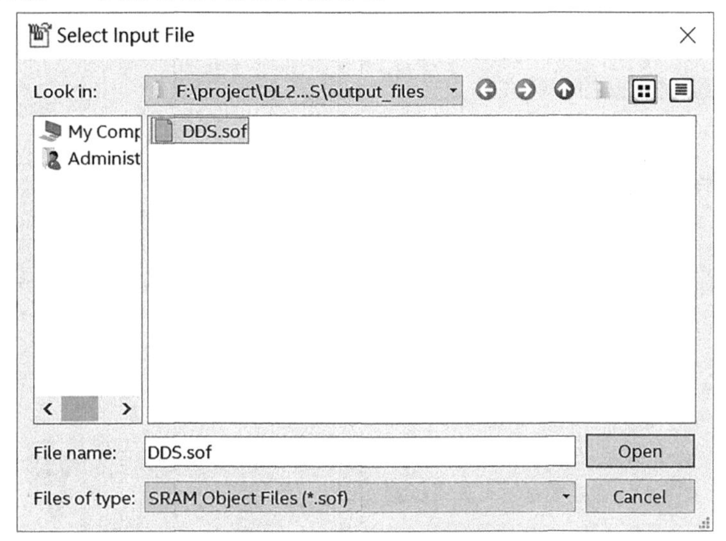

图 3-103　产生.jic 文件(5)

(6)在添加好.sof 的文件转换区，选中“Flash Loader”，然后单击右侧的“Add Device...”按钮，如图 3-104 所示。

图 3-104　产生.jic 文件(6)

(7)在弹出的器件列表中,选中对应的 FPGA 器件,本例中的 Device family 选 Cyclone Ⅳ E,Device name 为 EP4CE15,如图 3-105 所示,然后单击“OK”按钮,返回转换编程文件主界面。

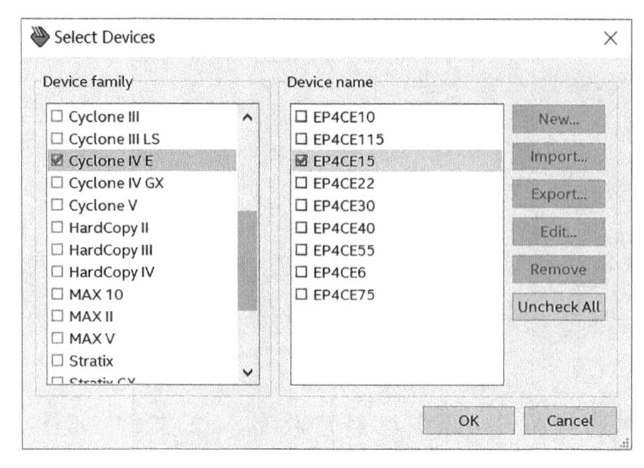

图 3-105　产生.jic 文件(7)

(8)在图 3-106 所示的转换文件界面中,单击“Generate”按钮,生成包含串行 Flash Loader和 EPCS 编程数据的 JIC 文件。

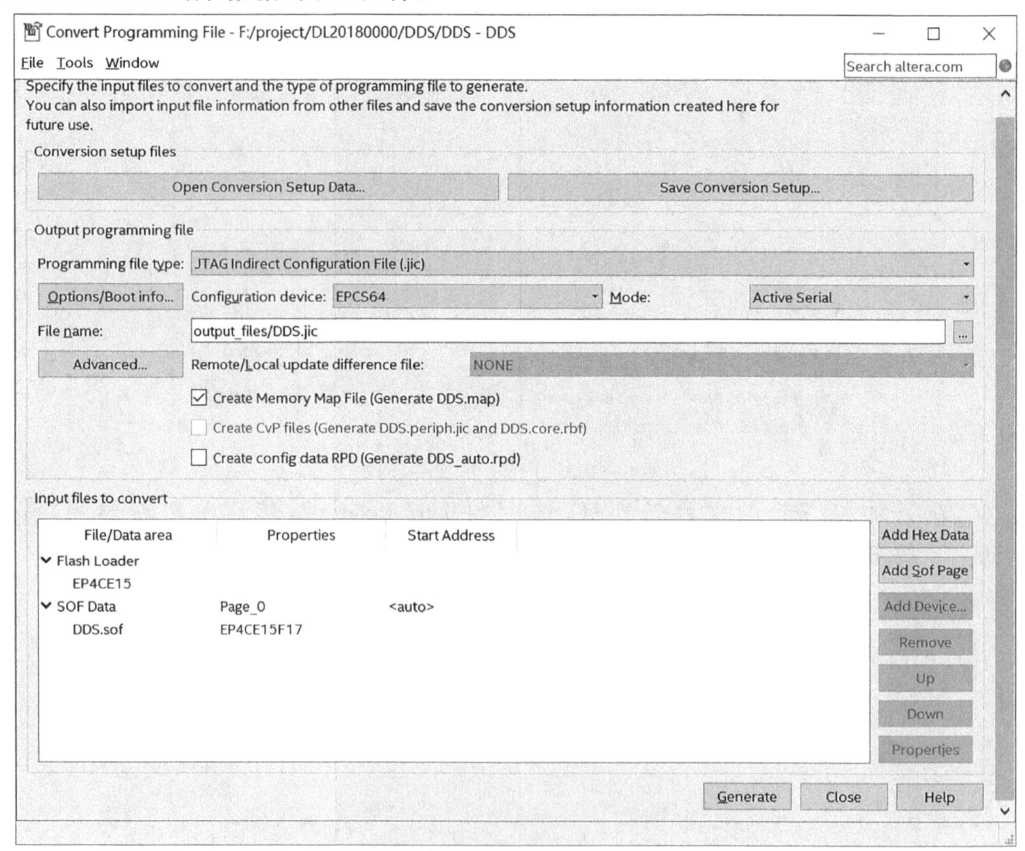

图 3-106　产生.jic 文件(8)

(9)如图 3-107 所示的.jic 文件产生成功的对话框弹出后,单击“OK”按钮。产生的.jic文件位于工程路径下的 output_files 文件夹。

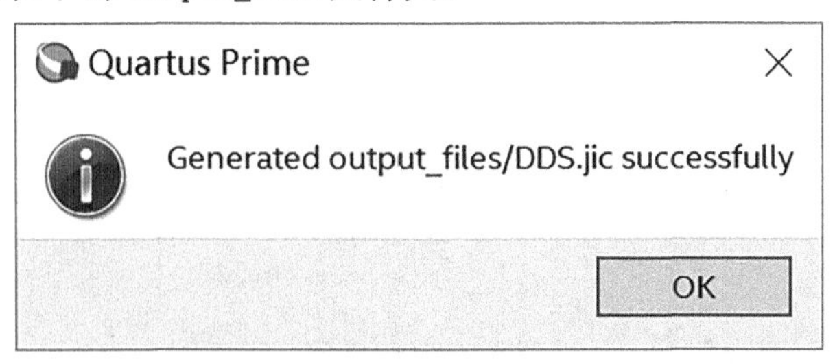

图 3-107　产生.jic 文件(9)

使用.jic 对 FPGA 进行编程配置的方式和使用.sof 文件类似。打开 Programmer 界面,单击“Add File...”按钮,将.jic 文件添加到待编程的文件区,勾选 Program/Configure 选项,在 Hardware Setup...处选中编程线缆(有时也称编程器),单击“Start”按钮开始编程下载,如图 3-108 所示。下载完成后,需对 FPGA 重新掉电上电,新配置才会更新到 FPGA中。

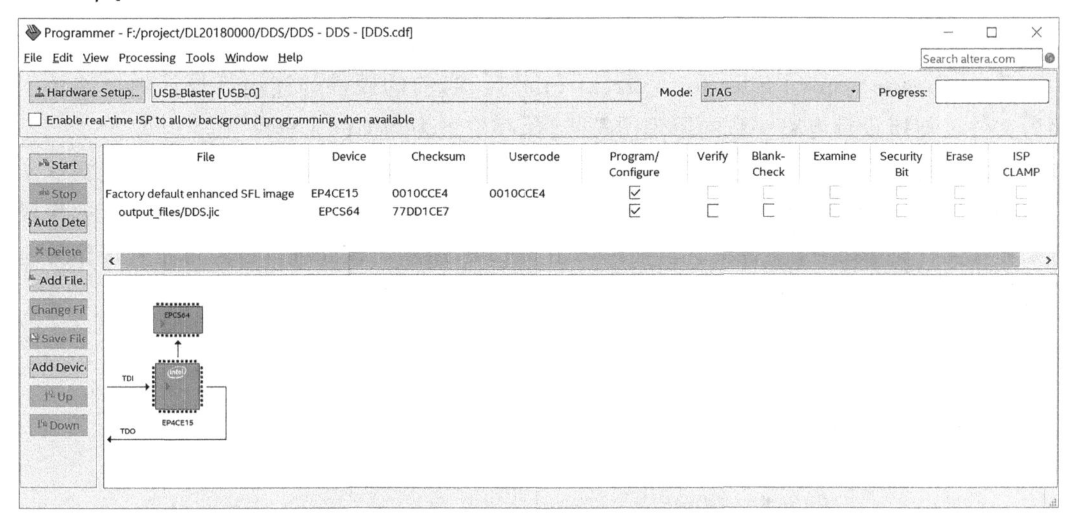

图 3-108　使用.jic 文件进行硬件编程

3.3.6　将设计封装为原理图符号

在复杂的电路设计中,电路往往需要包含其他的电路模块。电路通过实例化的方式调用其他电路模块。在 3.3.3 节中展示了使用硬件描述语言实例化电路模块(如 IP 核)的过程,那么使用原理图设计电路时,如何实例化其他电路模块呢? Quartus Prime 软件提供了将个人设计的输入文件转换为原理图符号的功能,从而方便模块复用并简化设计过程。

在 Quartus Prime 工程中,将已经设计完成并编译通过的文件设置为当前文件,此处将 DDS 设为当前文件,然后选择“File→Creat/Update→Create Symbol Files for Current File”,如图 3-109 所示。

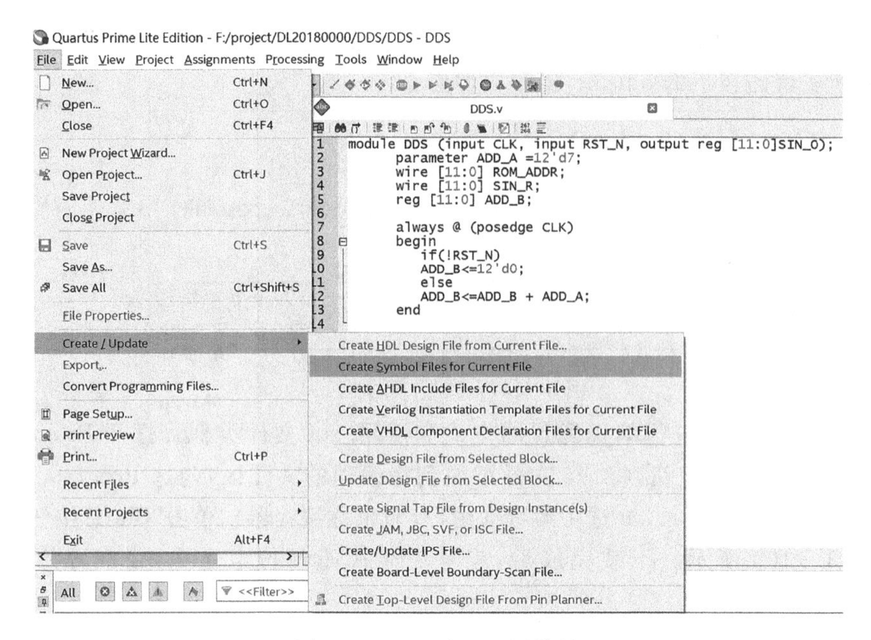

图 3-109　生成原理图符号

单击“Create Symbol Files for Current File”后，当前的硬件描述语言设计的电路被保存为文件名与所设计电路一致的原理图符号，保存位置为当前的工程路径。

生成的符号文件保存后会出现在当前工程的库文件中。在原理图编辑窗口，左键双击空白处弹出 Symbol 窗口，Symbol 窗口左上侧的 Libraries 处会出现 Project 文件夹(如果没有工程库文件则 Project 文件夹会消失)，如图 3-110 所示。该原理图符号可以直接作为电路模块应用到使用原理图设计的其他电路中去。

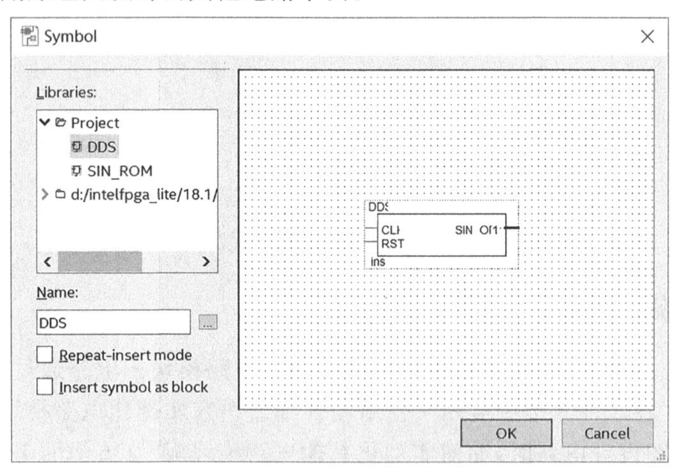

图 3-110　在 Symbol 窗口查看 Project 库文件

生成符号文件

3.4　本章小结

本章以电路设计实例引出进行电路设计的 EDA 工具 Quartus Prime 软件，在介绍 Quartus Prime 软件时首先介绍了使用该软件的设计流程，然后使用两个具体的例子串联了 Quartus Prime 软件的基本使用和进阶工具。对于刚入门使用 Quartus Prime 软件进行电路设计的学生来说，可以只关注 Quartus Prime 软件的基础使用部分，如果进行复杂的电路设计和调试，可以参考 Quartus Prime 进阶部分相关内容。

参考文献

[1]　Quartus Prime 18.1 handbook. [EB/OL]. [2019 - 12 - 1]. https://www.intel.com/content/dam/www/programmable/us/en/pdfs/literature/hb/qts/archives/qts-qps-handbook-18-1.pdf.

[2]　Intel-Altera. Cyclone Ⅳ Device Handbook[EB/OL]. [2019 - 12 - 1]. https://www.intel.com/content/dam/www/programmable/us/en/pdfs/literature/hb/cyclone-iv/cyclone4-handbook.pdf.

[3]　赵艳华，曹丙霞，张睿. 基于 QuartusⅡ的 FPGA/CPLD 设计与应用[M]. 北京：电子工业出版社，2009.

[4]　王诚，吴继华，范丽珍，等. Altera FPGA/CPLD 设计：基础篇[M]. 北京：人民邮电出版社，2005.

[5]　马建国，孟宪元. FPGA 现代数字系统设计[M]. 北京：清华大学出版社，2010.

[6]　周润景，姜攀. 基于 QuartusⅡ的数字系统 Verilog HDL 设计实例详解[M]. 北京：电子工业出版社，2014.

第 4 章　Verilog HDL 基础

4.1　初识 Verilog HDL

Verilog HDL 和 VHDL 是数字电子系统设计中常用的两种硬件描述语言。硬件设计人员可以很快利用这两种语言进行大规模复杂数字电路的功能设计和仿真。

HDL 语言借鉴和继承了 C 语言的语法结构。但 C 语言是在 CPU 架构下顺序执行的一种程序设计语言，最终被编译为适合于各类 CPU 的机器语言来执行。HDL 则是一种以文本形式来描述数字系统硬件结构和行为，用形式化方法来描述数字电路和系统的程序语言，可以采用自顶向下的设计思想，将设计从系统到基本单元电路逐层展开，最终综合成由与或非逻辑和存储块构成的适配于 FPGA/CPLD 的具有一定功能的数字电路。与 C 语言相比，HDL 还有以下独特之处。

(1)HDL 具有硬件电路时序理念。信号在硬件电路中通过物理电平高低转换实现，从输入到输出必然有延时的存在，某个信号在经过了不同的路径后的时序是不同的。HDL 除了能准确描述硬件电路功能，还可以客观表现电路的时序。

(2)HDL 具有并行处理的特点，即同一时刻可以并行执行多个指令或代码块。

(3)HDL 可以在不同的抽象层次描述设计，主要包括开关级、逻辑门级、寄存器级、算法级和系统级等。其中的开关级和逻辑门级也称结构级，寄存器级、算法级和系统级也称行为级。

(4)HDL 形式化描述电路的结构和行为与高级语言描述方法一致，同时注重实现电路具体连接结构的描述，使电路设计工程师们更注重行为级的设计，有利于逻辑功能的判断。

本书中仅对 Verilog HDL 进行介绍，有关 VHDL 的相关知识请参照 VHDL 的 IEEE 标准。

4.2　Verilog HDL 程序基本框架

Verilog HDL 是一种硬件描述语言，可以实现从系统算法级、RTL 级、门级以及开关级的多层次的抽象数字系统设计与建模。Verilog HDL 程序的基本单元是模块，顾名思义就是一个电路模块或者一个芯片，所以编写 Verilog HDL 语言也可以形象地理解为画芯片内部的电路图。一个芯片可以理解为由三个部分组成：芯片的输入输出(IO)端口、芯片内部的功能模块、各模块之间的连线。模块内容位于 module 和 endmodule 之间，用于描述某个设计的功能或者结构以及与其他模块通信的接口。Verilog HDL 以 module 为单位，每个 module 首先要做的就是定义它的输入输出端口，它内部的逻辑功能则是用于描述输入到输出的逻辑功能关系，而这些逻辑功能关系最终都对应数字电路部件来实现。

模块与模块之间的关系就是芯片内一块电路与另一块电路之间的关系，因此模块之间是并行运行的，多个模块(module)可以一起构成规模更大、结构更复杂的电路模块，通常需要一个高层模块通过调用其他模块的实例化来完成整个系统的设计。一个模块的基本框架如下所示。

```
module<module_name>                              //声明模块名
    (<port_name>, <port_name>, ...);             //端口声明列表
    // Input Port(s)                             //注释以下为输入接口
    input <port_name>;                           //输入信号 1 位默认 wire 类型
    input [<msb>:<lsb>] <port_name>;             //输入信号无符号多位 wire 类型
    ...
    //Output Port(s)//注释以下为输出接口
    output <port_name>;                          //输出信号 1 位默认 wire 类型
    output [<msb>:<lsb>] <port_name>;            //输出信号多位无符号 wire 类型
    ...
    // Inout Port(s)//注释以下为双向 Inout 接口
    inout <port_name>;                           //双向信号 1 位默认 wire 类型
    inout [<msb>:<lsb>] <port_name>;             //双向信号多位默认 wire 类型
    ...
    // Parameter Declaration(s)
    parameter <param_name> = <default_value>;   //单位参数声明
    parameter [<msb>:<lsb>] <param_name>=<default_value>;//多位参数
                                                                  声明
    ...
//主程序代码结构,建模部分
gate level        //门级单元描述;
assign statement//组合逻辑描述;
always @(posedge CLK and negedge rst_n)//时序逻辑描述;
        UDP structure//UDP 方式描述;
        Sub_module U  (out, input1, input2);   //调用子模块描述;
       // Additional Module Item(s)
function//函数;
task//任务;
endmodule
```

上面的代码描述了一个基本的 Verilog HDL 代码结构，包括 IO 端口定义、内部信号声明、模块实现、参数声明及注释，其中端口定义为 IO 端口的说明，可对应芯片的管脚信息；内部信号声明为模块内用到的和与端口有关的变量声明，相当于某一个内部结构输出端的一根或者一组线，再连接到其他内部结构的输入端；模块实现是模块中逻辑功能定义部分，对应电路的具体功能，即芯片的内部结构；参数声明是声明模块实现部分所需要使用的常量，是为模块功能实现服务的；注释是对程序的说明和解释，会增加程序的可读性。其具体

说明将在本章后面内容介绍。

4.2.1 模块命名

任何具有实际功能的 Verilog HDL 程序必须以关键词 module 开始，以 endmodule 结束，module 后面紧跟模块名。模块可以通过 input/output 接口和其他模块连接或者被其他模块所调用。因此模块的命名必须清晰、易懂，尽量用英文表达清楚该模块的功能。一般命名方法是将模块英文名称的单词首字母组合起来，形成 3～5 个字符的缩写或者以下划线组合其缩写，如果英文名称只有一个单词，那么取其前 3～5 个字母即可。例如，某模块功能是 Build_in_Self Test，则可以取为 BIST，Arithmatic Logic Unit 则取为 ALU，Receiver Control 可以取为 RCVR_CTRL 等。为了便于理解和阅读，建议在行末加上对模块命名的注释。

4.2.2 IO 端口声明与定义

IO 端口描述模块的输入端口、输出端口或输入输出双端口，构成模块与外界交互信息的接口，具体格式为：

输入口： input [width-1:0] 端口名；

输出口： output [width-1:0] 端口名；

双向端口：inout [width-1:0] 端口名；

其中 input 表示输入信号，是模块从外界读取数据的端口，如果该模块用于描述一个芯片整体，则表示芯片的输入管脚；output 表示输出信号，是模块向外界送出数据的端口，如果该模块用于描述一个芯片整体，则表示芯片的输出管脚；inout 表示双向信号，可读取数据也可以发送数据，数据双向流动，如果该模块用于描述一个芯片整体，则表示芯片的双向管脚。需要注意，input 和 inout 类型的端口不能声明为 reg 类型，因为输入端口不能保存信号的值。端口名以字符开头，其间不能包含特殊字符。width 表示信号以二进制表示时所占用的位宽。因为在数字电路中，只有 0 和 1 两种状态，所有的数字量在电路中的表示本质上都是二进制的 0 和 1。一个可能有 256 种状态的端口信号就可以用 8 位二进制数来表示，此时的 width 为 8，根据其端口方向可表示为 input[7:0]、output[7:0]或 inout[7:0]。如果由于粗心没有定义信号位宽，如 input a，那么 a 会被默认为是一个 1 位的信号，仅能表示两种状态。有时为了避免粗心带来的错误，1 bit 信号可写成 input[0:0]、output[0:0]或 inout[0:0]。

现代数字电路是动辄百万、千万甚至上亿门的超大规模系统，往往需要整个设计团队或者几个设计小组来完成，这种情况会带来模块的一致性问题，此时端口信号的命名显得尤为重要，在团队开发中起着重要作用，统一有序的命名能减少不同设计人员之间的无效沟通，便于团队成员检查(review)和调试(debug)代码。一般而言，全局模块输送到各子模块的全局信号是系统级信号，主要指复位、置位以及时钟信号等，全局信号以 sys 开头，复位信号以 rst 或 reset 为标识，时钟信号以 clk 为标识，可以添加频率值作为后缀来区分，例如 sys_out、sys_in、clk_100m、clk_200m 等。子模块的所有命名规则按照数据流的方向，发送方在前，接收方在后，发送方与接收方以下划线隔开，再加信号含义为后缀即可。

4.2.3　内部信号声明与定义

高级程序语言设计中，变量声明是必不可少的，在模块内容中，内部信号是模块中用到的相关变量。不同于参数，内部信号是一种变量，其值在程序运行的过程中是可以改变的。内部信号主要是 wire 型和 reg 型变量，Verilog HDL 要求只要在变量使用前声明即可。声明后的变量和参数禁止再次重复声明，因为程序中如果含有重复声明的变量，那么在执行后面的程序的时候会覆盖前面的已经声明过的变量。这里举例给出 wire 型变量和 reg 型变量的一般表示，便于读者对内部信号定义有一个初步的宏观认识，这两种变量的具体说明详见 4.3.4 变量一节。

内部信号声明举例。

```
reg [7:0] R1;             //reg 型变量 R1 的位宽为 8bit
output reg[15:0] R2;  //输出端口 R2 为 reg 型变量，位宽为 16bit
wire[7:0] W1;             //wire 型变量 W1 位宽为 8bit
input wire[15:0] W2;  //输入端口 W2 为 wire 型变量，位宽为 16bit
assign wire[63:0] sys_out = sys_ctrl? sub1_out : sub2_out; //使用 sys_out 前声
                                                             明为 wire
```

上面语句的意思是：如果 sys_ctrl 的值为 1，则 sys_out 的值等于 sub1_out，否则 sys_out 的值等于 sub2_out。

4.2.4　参数声明

参数的声明是用关键词 parameter 来标识的，parameter 定义的参数为常量，称为符号常量，参数声明后其值不会随着程序的执行改变，这里举例给出参数的一般表示，对参数的具体说明详见 4.3.3 参数一节。

参数声明举例：

```
parameter  para1 =4'd10;          //声明一个参数 para1，其值为十进制数 10，位宽
                                    是 4bit
parameter [15:0] para2 = 0xa2;  //声明一个参数 para2，其值为十六进制数 0xa2，
                                    位宽为 16bit;
```

在 Verilog HDL 的程序框架中，参数可以放到模块的内容中进行声明，也可以放到模块的名字后面作为一个单独的部分(即参数声明例化)。

参数 parameter 在 module 中的作用有哪些呢？一是类似于宏，可以避免多处修改的时候出错，只改参数声明一处即可；此外，模块的参数可以被重定义以适配不同的模块功能。例如：一个加减法电路模块，它可实现加法也可实现减法，可以设置一个参数来定义是做加法还是做减法。其他电路模块想要调用加减法模块的时候对这个参数重定义以实现期望的电路功能。例如：

```
module_name();
…
parameter IDLE=2'b00;
```

```
parameter WRITE =2'b01;
parameter READ = 2'b10;
parameter COUNT = 2'b11;
//模块代码
endmodule
```

4.2.5 'include 和宏定义'define

在 C 语言中，经常在程序的最前面完成标准库函数的设置。Verilog HDL 也采用'include来调用某个目录下的文件添加到程序中。文件也可以是其他程序的源码或者一些公共参数设定，在编译时将所指定的文件链接到当前程序共同编译。

'define 指令是 Verilog HDL 经常使用的编译指令，该指令与参数设定有共同点，但'define属于全局声明，而参数 parameter 仅仅是在模中声明。例如：

```
'define IDLE  2'b00;
'define WRITE  2'b01;
'define READ  2'b10;
'define COUNT  2'b11;
module_name();
...
//模块代码
endmodule
```

4.2.6 模块实现

模块实现是完成模块中的逻辑功能定义部分，对应电路的具体功能；是用输入对输出功能进行描述的逻辑表达，这种逻辑表达可以是纯组合逻辑、纯时序逻辑，也可以是时序和组合逻辑都有，主要由各种赋值以及包含逻辑运算的语句块以及时序逻辑语句块组成。

例 4.2.1 半加器。

```
module half_adder(input a, input b, output co,
output sum);
    assign co = a&b;
    assign sum = a^b;
endmodule
```

相应的逻辑电路如图 4-1 所示。

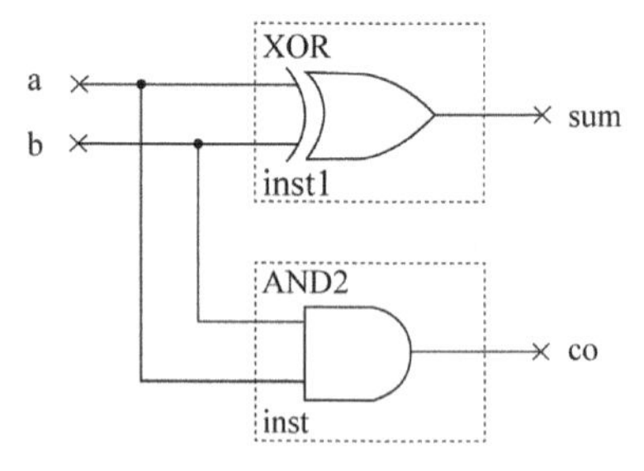

图 4-1 半加器电路示意图

该例是一个组合逻辑电路，是用逻辑门实现的半加器。a 和 b 相与的结果赋给 co，a 与 b 异或的结果赋给 sum，语句中的 assign 为连续赋值语句。为了便于读者观察，本章输入输出管脚在示意图中隐去了，读者可在软件使用时自行添加。

例 4.2.2 4 位同步计数器。

```
module COUNT4(clk, reset_n, count, TC);
```

```
    input clk, reset_n;
    output reg [3:0] count;
    output wire TC; // Terminal count (Carry out)
    always @(posedge clk or negedge reset_n)
    begin
    if (! reset_n) count <= 0;
    else count <= count+1;
    end
    assign TC = & count;
endmodule
```

相应的电路如图 4-2 所示。

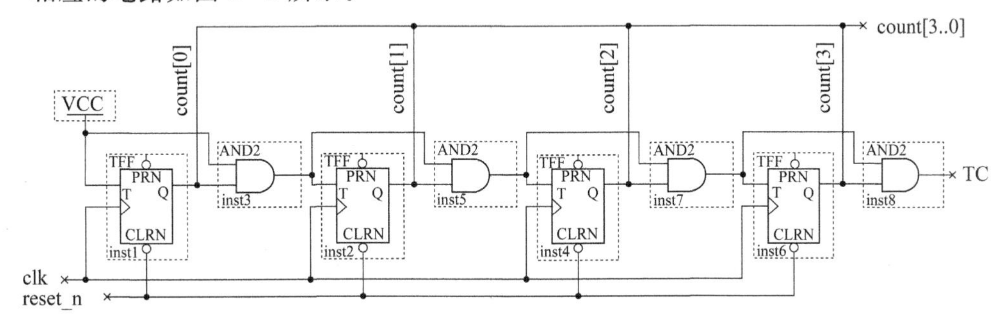

图 4-2　4 位同步计数器电路示意图

该例实现的是一个带异步复位的 4 位同步计数器。如果 reset_n 为低电平，则 count 为 0，否则 count 在 clk 时钟节拍下依次加 1，加到 15 后返回到 0 继续。Always 是过程赋值语句，一般用于时序电路，always 后用@标记的括号中是激励信号，意为在 clk 的上升沿执行一次 count 加 1。

代码中的 count <= count +1 可以看成是时序电路次态方程，其中左边的 count 其实表示次态，右边的 count 表示现态。结合时钟上升沿的触发条件，代码可以直观地理解为当时钟上升沿到来后，次态等于现态加 1。

Verilog HDL 各模块之间是通过端口定义连接起来的，一个模块调用另一个模块的时候必须遵守一定的规则。模块调用也称为模块实例化或模块例化。通过模块例化的方式实现子模块与高层模块连接，便于程序维护和修改。例化示意图如图 4-3 所示。

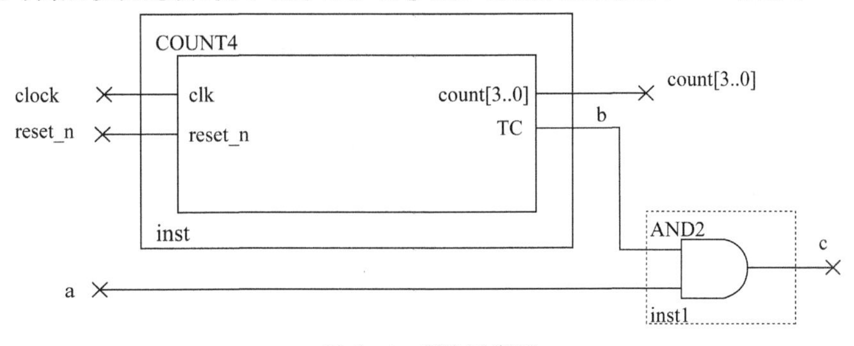

图 4-3　例化示意图

对应代码结构如下：

```
module top(clock, reset_n, a, count, c);
    input wire clock, reset_n, a;
    output wire [3:0] count;
    output wire c;
    wire b;
    COUNT4 U0(clock, reset_n, count, b);
    assign c = a & b;
endmodule
```

模块例化的一般形式如下：

<模块名><参数列表><实例名>(<端口列表>)；

```
module_name instance_name (port_associations) ;
```

其中参数列表是传递到子模块的参数值，参数传递的典型应用是定义门级时延；信号端口列表列出了模块中的输入输出信号，关联方式有位置关联或名称关联，关联方式不能混合使用。例如，先定义一个模块：

module designTest (designTest 的端口 1,designTest 的端口 2,designTest 的端口 3…)

通过**位置关联**引用时，应严格按照模块定义的端口顺序连接，不用标明原模块定义时规定的端口名。通过位置关联引用模块 designTest 的格式为：

designTest instance_1 (instance_1 的端口 1,instance_1 的端口 2,instance_1 的端口 3…)；

通过**名称关联**引用时，需要使用“.”符号标明原模块定义时规定的端口名。通过名称关联引用模块 designTest 的格式为：

```
designTest instance_1 (
.designTest 的端口 1(instance_1 的端口 1),
.designTest 的端口 3(instance_1 的端口 3),
.designTest 的端口 2(instance_1 的端口 2),
…
);
```

通过名称关联引用模块时，端口的名称顺序可以改变。由于名称关联便于查看和修改，所以在模块例化时推荐使用名称关联，这样当被调用的模块引脚改变时不易出错。

例如，首先编写一个用于实现异或功能的电路模块 xor_test：

```
module xor_test (input a, b, output c);
    assign c = ! a & b | a & ! b;
endmodule
```

通过位置关联引用模块方式如下：

```
xor_test m1(a,b,out);//实例化 xor_test 模块，采用的位置关联方式，输入为 a 和 b,
                        输出为 out。
```

通过名称关联引用模块方式如下：

```
xor_test m2(
.a(a1),
.b(b1),
.c(out)
);//实例化 xor_test 模块，采用名称关联方式，输入为 a1 和 b1，输出为 out。
```

模块实例化过程中，需注意以下几点。

(1)如果有些管脚没有使用，可在关联过程中作空白处理，将端口悬空。输入管脚悬空时，输入为高阻态 Z，输出管脚悬空表示该输出管脚废弃不用。如：

```
DFF d1 (
.Q(QS),
.nQ( ),         //该管脚悬空，输出废弃不用
.Data (D ) ,
.Preset ( ),    //该管脚悬空，输入为高阻态
.Clock (CK)
);
```

(2)端口传递过程中，如果端口表达式长度与原端口长度不同，则通过无符号数右对齐或者截断方式进行匹配。

(3)灵活改变参数，例如：

```
module Decoder(A,F);
       parameter  width=1, polarity=1;
       …
endmodule

Decoder  u_D1(A4,F16);            //u_D1 使用默认参数，width 为 1，polarity 为 1
Decoder  #(4,0)  u_D2(A4,F16); //u_D2 的 width 为 4，polarity 为 0
```

参数改变也可以像 module 例化中端口名称关联引用方式一样使用“.”来完成，即：

```
module_name  #(.parameter_name(para_value), .parameter_name(para_value))
inst_name (port_associations);
```

4.2.7　程序注释

程序注释是增加程序可读性的一个最直接最简单的方法，良好的注释不仅能帮助他人理解自己的程序，也方便自己查看以前写过的程序，避免因为遗忘造成程序阅读困难。

Verilog 的程序注释分为两种，一种是单行注释，一种是块注释。单行注释只能注释一行的内容，块注释可以一次性注释整块的内容。单行注释以“//”开头，“//”后面的内容为注释内容；块注释以“/*”开头，以“*/”结尾，中间的内容为注释的部分，块注释可以跨越多行，但是不允许嵌套。

Verilog HDL 在语法上允许使用空格来保证程序的整洁美观，在仿真时，仿真器会自动忽略这些空格。

为了使其他技术人员很快地理解程序功能，一般在开发 Verilog HDL 程序时都会添加一个注释头，内容如下：

```
//＊＊＊＊＊＊＊＊＊＊＊＊＊＊＊＊＊＊＊＊＊＊＊＊＊＊＊＊＊＊＊＊＊＊＊＊//
//版本序号：×××
//开发单位：×××
//开发人员：×××
//开发时间：×××
//修改记录：×××
//功能描述：×××
//＊＊＊＊＊＊＊＊＊＊＊＊＊＊＊＊＊＊＊＊＊＊＊＊＊＊＊＊＊＊＊＊＊＊＊＊//
```

4.3 Verilog HDL 的数据和运算

Verilog HDL 提供了丰富的数据类型，本节从 Verilog HDL 的数据分类入手，分别介绍相应数据分类中常用的数据类型。

4.3.1 Verilog HDL 数值逻辑

Verilog HDL 共有四种基本的逻辑状态，分别为 0、1、X、Z。其中 0 表示逻辑 0 或“假”，映射到实际电路是低电平或 GND；1 表示逻辑 1 或者“真”，映射到实际电路是高电平或者 VDD；X 表示未知状态，映射到实际电路是不确定的电平；Z 表示高阻状态。其中 X 和 Z 都不区分大小写，即 x 与 X 都表示未知，z 和 Z 都表示高阻，例如 0x1x 和 0x1X 表示的意思是相同的。Verilog HDL 的常量是由以上这 4 种基本逻辑值组成的。

Verilog HDL 的数值逻辑相应的值映射为实际的电路信号的强弱，为解决数字电路中不同信号的驱动信号之间的冲突，逻辑值的驱动强度由强到弱包含：supply（驱动型）、strong（驱动型）、pull（驱动型）、large（存储型）、weak（驱动型）、medium（存储型）、small（存储型）和 highz（高阻型）。当两个具有不同强度的信号驱动同一个 wire 时，高强度的信号会“获胜”。

4.3.2 常量

程序运行过程中，其值不能被改变的量称为常量。Verilog HDL 有整数型、实数型、字符串型三种常量。

4.3.2.1 整数

整数是用关键字 integer 声明的，是一种通用的寄存器类型数据，有以下 4 种数制表示形式：

(1)二进制(b 或 B)；

(2)十进制(d 或 D);

(3)十六进制(h 或 H);

(4)八进制(o 或 O)。

数字表达式分为三种:

(1)最完整的形式:＜位宽＞＜进制＞＜数字＞;

(2)省略位宽:＜进制＞＜数字＞,数字位宽采用默认值 32;

(3)省略位宽和进制:＜数字＞,这种情况默认为十进制。

位宽指实际所占用的二进制位数,位宽与进制无关。如 8'h34 的位宽为 8,因为每一位十六进制数字需要 4 位二进制数字表示,所以 2 位十六进制数的位宽为 8。表 4-1 为整数的表示方法。

表 4-1　整数的表示

数字格式	数字符号	数字示例	说明
Binary	%b	8'b01010011	8 位二进制数据
Decimal	%d	8'd83	8 位十进制数据
Octal	%o	8'o123	8 位八进制数据
Hex	%h	8'h53	8 位十六进制数据
X 值		8'b1010xxxx	x 表示不定值
Z 值		8'bzzzz0101	z 表示高阻态

4.3.2.2　实数

实数型常量声明的关键字是 real,常用的表示方法有两种:

(1)十进制计数法;

(2)科学计数法。

其中十进制表示实数由数字和小数点共同表示,而且两者都是必须存在的,例如:2.0、1.34、0.56 等;科学计数型是将实数表示成指数形式,用数字和字符 e 组合表示,字符 e 表示底数 10,字符 e 后面必须有数字,而且是整数,如 235.1e2 表示数值 23510;3.6e2 表示数值 360;2e—2 表示数值 0.02 等。根据 Verilog HDL 语法规则,将实数赋值给整数时,实数通过四舍五入转换为相邻的整数。

4.3.2.3　字符串

字符串(string)常量保存为 reg 类型,每个字符占 8 bit,由一对双引号括起来的字符序列表示,例如“APPLE”“apple”“come on”“123_456_789”等。注意,凡是位于双引号“ ”之内的字符均是有效字符序列的一部分,如“come on”的空格是位于双引号中间的,所以为有效的字符串的一部分,“123_456_789”中的下划线也为有效的字符串的一部分,这与整数型和实数型常量表示时使用下划线增加可读性是有区别的。

reg[8 * 7:1] Char; //声明变量 Char,宽度为 7 个字节

Char ="welcome"; //字符串存储在变量中

字符在编译的过程中转换成二进制数,这种二进制数是按照特定规则编码的,普遍采用的是 ASCII 码,每个字符用一个字节的二进制数表示,所以字符串实际是若干个字节的 ASCII 码序列。

4.3.3 参数

在 Verilog HDL 中,用关键字 parameter 定义标识符常量。使用 parameter 标识符表示常量能够增加程序的可读性和可维护性。

用关键字 parameter 定义的标识符常量格式如下:

```
parameter 参数 1=表达式 1,
          …
          参数 n=表达式 n;
```

参数必须由 parameter 关键字定义,其后是赋值语句,赋值语句右边必须是常量表达式。例如:

```
parameter msb=15,lsb=0;
parameter samplerate2=2 * samplerate;
```

参数型常量常用来定义延迟时间和变量宽度。在模块和实例引用时,可以通过参数传递改变在被引用模块或实例中已经定义的参数,有时也可以为参数重定义。

Verilog HDL 中局部参数使用关键字 localparameter 定义,其与 parameter 的区别是局部参数的值不能改变,多用于局部状态机的状态编码。

4.3.4 变量

变量是指在程序运行过程中其值可以被改变的量,在 Verilog HDL 中变量的数据类型有多种,最常用的是 wire 型和 reg 型,下面分别对这两种变量进行介绍。

4.3.4.1 wire 型

wire 型变量也称线网类型变量,顾名思义,用于描述组合逻辑变量。线网类型变量不能存储值,且必须有门电路(驱动器)驱动,类似于硬件电路中的物理连接,其特点是输出值紧跟输入值的变化而变化。驱动线网类型变量的方式有两种,一是在结构描述中将变量连接到门元件或模块输出端,另一种是用连续赋值语句 assign 为其赋值。

在 Verilog 程序块中,输入输出没有明确定义变量类型时默认为 wire 型。wire 型变量可以用作任何方程式的输入,也可以用作 assign 语句或实例元件的输出。定义格式如下:

wire [n-1:0] 数据名 1,数据名 2,…,数据名 m;

在上面的格式定义中,关键字 wire 是 wire 型变量的确认符,[n-1:0]表示变量位宽(缺省表示 1 位位宽),最后是变量名。以上格式定义了 m 个位宽为 n 的 wire 型变量,即定义了 m 条总线,每条总线里有 n 条线路。例如:

wire a,b; //定义了两个位宽为 1 的 wire 型变量 a 和 b

wire [15:0] c,d; //定义了两个位宽为 16 的 wire 型变量 c 和 d;

4.3.4.2 reg 型

寄存器变量由关键字 reg 定义,其值由赋值语句改变,默认的初始值为不定值 x,在赋新值以前保持原来的值不变。reg 型数据常用来表示 always 块内的指定信号,常代表触发器,在设计中通常由 always 块使用行为描述语句表示逻辑关系。注意:always 块内被赋值的每一个信号都必须声明为 reg 型。定义格式如下:

reg [n-1:0] 数据名 1,数据名 2,…,数据名 m;

例如:

reg rega,regb; //定义了两个位宽为 1 的 reg 型变量 rega 和 regb

reg [15:0] regc, regd; //定义了两个位宽为 16 的 reg 型变量 regc 和 regd;

reg 型变量的默认初始值为不定值 x,既可以被赋正值,也可以被赋负值,但是当 reg 型数据作为操作数出现在表达式中时,其值被默认为无符号值,即正值。如一个 4 位寄存器值用作表达式的操作数时,如果它的值为-1,则在计算的过程中被认为是 15。

Verilog HDL 允许声明 reg、integer、time、realtime 以及数组 array,可以声明二维数组,例如:

```
integer Numb[7:0];            //包含 8 个整数数组变量
time t_vals [4:0];            //5 个时间数组变量
reg[7:0]  memory_a  [0:512]   //二维数组
```

Verilog HDL 通过对 reg 型变量建立数组来对存储器建模,可以描述 RAM、ROM 存储器和寄存器数组。数组中的每一个单元通过一个数组索引进行寻址。memory 型数据是通过扩展 reg 数据的地址范围来达到二维数组的效果。memory 型数据的格式如下:

reg [n-1:0]存储器名[m-1:0]; //在存储器中定义 m 个寄存器,每个寄存器数据位宽为 n

对存储器进行地址索引的表达式必须是常数表达式,一个 n 位的寄存器可以在一条赋值语句里进行赋值,而一个完整的存储器则不行,尽管定义接近,但二者还是有区别的。

```
reg [n-1:0] rega; //一个 n 位的寄存器
reg mema [n-1:0]; //一个由 n 个 1 位寄存器构成的存储器组
rega =0; //合法赋值语句
mema =0; //非法赋值语句
mema[3]=0; //给 memory 中的第 3 个存储单元赋值为 0
```

4.3.5 Verilog HDL 运算符

Verilog HDL 使用运算符进行数学计算和逻辑运算,Verilog HDL 语言的运算符范围很广,按功能可分为算术运算符、位运算符、逻辑运算符、关系运算符、等式运算符、移位运算符、赋值运算符、条件运算符、位拼接运算符、缩减运算符等,如表 4-2 所示。由于 Verilog HDL 与 C 语言语法具有相似性,所以请读者仔细观察两者运算符的异同。

表 4-2　运算符及其功能

运算符名称	功能分类	运算符
算术运算符	ADD 加法	+
	SUB 减法	-
	MUL 乘法	*
	DIV 除法	/
	MOD 取余	%
逻辑运算符	AND 逻辑与	&&
	OR 逻辑或	||
	NOT 逻辑非	!
位运算符	AND 按位与	&
	OR 按位或	|
	NOT 按位非	~
	NAND 按位与非	~&
	NOR 按位或非	~|
	XOR 按位异或	^
	XNOR 按位异或非	~^或^~
等式运算符	EQU 相等	==
	INEQU 不等	!=

运算符名称	功能分类	运算符
关系运算符	小于	<
	大于	>
	小于等于	<=
	大于等于	>=
赋值运算符	阻塞赋值	=
	非阻塞赋值	<=
缩减运算符	AND 与	&
	OR 或	|
	NAND 与非	~&
	NOR 或非	~|
	XOR 异或	^
	XNOR 异或非	~^或^~
移位运算符	左移	<<
	右移	>>
位拼接运算符	拼接	{}
	重复拼接	{{}}
条件运算符	条件	?:

根据运算符所带操作数不同，分为单目运算符、双目运算符和三目运算符。

单目运算符：带一个操作数，操作数放在运算符的右边。

双目运算符：带两个操作数，两个操作数分别放在运算符的两边。

三目运算符：带三个操作数，三个操作数分别被隔开，如 out=a? b:c。

4.3.5.1　算术运算符

在 Verilog HDL 语言中，算术运算符又称为二进制运算符，常用的有以下 5 种。

+：加法运算符，如 a+b；

-：减法运算符，如 a-b；

*：乘法运算符，如 c*3；

/：除法运算符，如 f/e；

%：取模运算符或求余运算符，如 7%3。

注意：+除了可以作为加法运算符，也可以作为正值运算符；-除了作为减法运算符外，还可以作为负值运算符；执行整数除法运算时，结果只取整数部分，略去小数；取模时，结果值的符号为算式里第一个操作数的符号，如果操作数中有任何一个为不定值 X，则结果为 X。

算术运算符举例如下：

3＋4＝7；　　//普通的加法运算
＋3；　　　　//＋作为正值运算符，表示值为 3
－4；　　　　//－作为负值运算符，表示值为－4
7/3＝2；　　//整数除法，忽略结果中的小数只取整数，故 7/3 结果为 2
5％－3＝2；//取模运算，结果值的符号采用算式里第一个操作数的符号，故结果为 2
－5％3＝－2；//取模运算，结果值的符号采用算式里第一个操作数的符号，故结果为－2
X－8＝X；　//操作数中有一个为 X，则结果为 X

4.3.5.2　位运算符

在硬件电路中信号有 4 种状态值 1、0、x 和 z，电路中信号进行与或非操作时，对应于 Verilog HDL 中则是相应操作数的位运算。Verilog HDL 提供了按位取反、按位与、按位或、按位异或和按位同或 5 种位运算符，具体符号如下。

～：按位取反；
&：按位与；
|：按位或；
^：按位异或；
^～：按位同或（异或非）。

位运算符中只有～是单目运算符，其余均为双目运算符，双目运算符要求对两个操作数的相应位进行运算。

下面对各运算符分别进行介绍。

（1）按位取反运算符“～”。“～”是单目运算符，用来对操作数进行按位取反运算。取反运算的规则为：

～0＝1；
～1＝0；
～x＝x；

（2）按位与运算符“&”。按位与运算为将两个操作数的相应位进行与运算，运算规则为：

0&0＝0&1＝0&x＝0；
1&0＝0；
1&1＝1；
1&x＝x；
x&0＝0；
x&1＝x&x＝x；

只有两个操作数都为 1 时，结果才为 1，有任何一个操作数为 0 时结果就为 0，不确定值 x 跟 1 相与，或者与不确定值 x 相与结果为不确定值。一个按位与运算的电路如图 4－4 所示，程序如下所示：

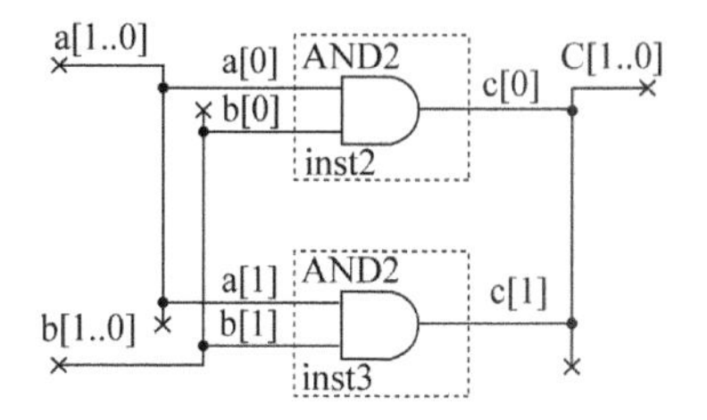

图 4－4　按位与运算符逻辑电路示意图

```
module and2b (a, b, c);
```

```
    input [1:0] a, b;
    output [1:0] c;
    assign c = a & b;
endmodule
```

(3)按位或运算符“|”。按位或运算将两个操作数的相应位进行或运算,运算规则为:

0|0=0;

0|1=1;

0|x=x;

1|0=1|1=1|x=1;

x|1=1;

x|0=x|x=x;

只有两个操作数都为 0 时,结果才为 0,有任何一个操作数为 1 时结果就为 1,不确定值 x 与 0,或者与不确定值 x 相或结果为不确定值。

(4)按位异或运算符“^”(也称之为 XOR 运算符)。按位异或运算将两个操作数的相应位进行异或运算,其运算规则为:

0^0=1^1=0;

0^1=1^0=1;

0^x=x^0=1^x=x^1=x^x=x;

当两个操作数为确定值且不相同时结果为 1,当两个操作数为确定值且相同时结果为 0,不确定值 x 与任何值相异或结果均为不确定值。

(5)按位同或运算符“^~”。按位同或运算是将两个操作数的相应位先进行异或运算再取非,也叫异或非运算,其运算规则为:

0^~0=1^~1=1;

0^~1=1^~0=0;

0^~x=x^~0=1^~x=x^~1=x^~x=x;

当两个操作数为确定值且不相同时结果为 0,当两个操作数为确定值且相同时结果为 1,不确定值 x 与任何值异或非得到的结果均为不确定值。

4.3.5.3 逻辑运算符

Verilog HDL 中的逻辑运算符有:逻辑与 &&、逻辑或||、逻辑非!。其中 && 和||是双目运算符,要求有两个操作数,如 a&&b、c||d、!是单目运算符,要求有一个操作数,如!e。逻辑运算符的运算规则如表 4-3 所示。

表 4-3 逻辑运算符的运算规则

a	b	! a	! b	a&&b	a||b
0	0	1	1	0	0
0	1	1	0	0	1
1	0	0	1	0	1
1	1	0	0	1	1

4.3.5.4　关系运算符

关系运算符是对两个操作数进行比较，如果比较结果为真则结果为 1，如果比较结果为假则结果为 0，关系运算符多用于条件判断，有以下 4 种。

＞：大于；

＜：小于；

＞＝：不小于；

＜＝：不大于。

进行关系运算时，如果操作数中有 x 或 z，则结果为 x，如：

```
12＞8;             //结果为真，返回值为 1
34＜8´hxF;         //操作数中有 x，返回值为 x
23＞45;            //结果为假，返回值为 0
16´h123z＞89;      //操作数中有 z，返回值为 x
```

所有关系运算符的优先级相同，但关系运算符的优先级低于算术运算符，所以如果关系运算符和算术运算符一起出现，先进行算术运算，再进行关系运算，如下例：

```
parameter a＝4,b＝9; //定义两个参数，a 的值为 4，b 的值为 9
a＜b－8;             //先进行算术运算 b－8＝1，a＜1 为假，故 a＜b－8 的返回值为 0
a＜(b－8);           //与 a＜b－8 的返回值相同，加入括号明确了运算的优先顺序，
                       增加了可读性
(a＜b)－8;           //a＜b 为真，返回值为 1，1－8 值为－7，故最后的结果为－7
a－1＜b;             //先进行算术运算 a－1＝3，3＜b 为真，故返回值为 1
a－(1＜b);           //1＜b 为真，其值为 1，最后结果为 a－1＝3
```

4.3.5.5　等式运算符

与关系操作符类似，等式运算符也是对两个操作数进行比较，如果比较结果为真，返回值为 1，如果比较结果为假，返回值为 0。等式运算符有 4 种：

＝＝：相等；

！＝：不相等；

＝＝＝：全等；

！＝＝：不全等。

这 4 个运算符都是双目运算符，要求有两个操作数。“＝＝”和“！＝”又称为逻辑等式运算符，其结果由两个操作数的值决定。当操作数中出现不定值 x 或高阻值 z 时，结果为不定值 x。

“＝＝＝”和“！＝＝”是对操作数按位进行比较，对不定值 x 和高阻值 z 同样进行比较，两个操作数必需完全一致其结果才是 1，否则为 0，不会出现结果为 x 的情况。“＝＝＝”和“！＝＝”运算符常用于 case 表达式的判别，所以又称为“case 等式运算符”。等式运算符的真值表如表 4－4 所示。

表 4-4　等式运算符的真值表

===	0	1	X	Z	==	0	1	X	Z
0	1	0	0	0	0	1	0	X	X
1	0	1	0	0	1	0	1	X	X
X	0	0	1	0	X	X	X	X	X
Z	0	0	0	1	Z	X	X	X	X

4.3.5.6　移位运算符

Verilog HDL 中有两种移位运算符：

＜＜：左移位运算符

＞＞：右移位运算符

移位运算符是把操作数向左或向右移动若干位，其使用方法如下：

```
a >> n;
a << n;
```

a 为须进行移位的操作数，n 为移的位数。这两种移位运算都用 0 来填补移出的空位。

```
4'b1010<<1 = 5'b10100; //左移 1 位后用 0 填补低位
4'b1111<<2 = 6'b111100;//左移 2 位后用 00 填补低位
1<<6 = 7'b1000000;     //左移 6 位后用 000000 填补低位
4'b1001>>1 = 4'b0100;  //右移 1 位后，低 1 位丢失，高 1 位用 0 填补
4'b1001>>4 = 4'b0000;  //右移 4 位后，低 4 位丢失，高 4 位用 0 填补
```

4.3.5.7　赋值运算符

Verilog HDL 中有两种赋值运算符，分别为：

＜=：非阻塞赋值；

=：阻塞赋值。

非阻塞赋值运算符“＜=”和关系运算符中的不大于“＜=”运算符看起来一样，但意义完全不同，关系运算符是用来比较两个操作数的大小，而非阻塞赋值运算符是用于赋值操作。“＜=”出现在条件语句的判别条件里就是不大于，出现在赋值语句里就是非阻塞赋值，举例如下：

```
assign a=3; //通过阻塞赋值方式将 3 赋值给变量 a
b=3;        //通过阻塞赋值方式将 3 赋值给变量 b
parameter c=2;
b=(c<=3); //参数 c 的值为 2，与 3 进行比较，比较的结果通过阻塞赋值方式赋给 b
```

4.3.5.8　条件运算符

条件运算符是 Verilog HDL 中唯一一个三目运算符，符号为“?:”，定义方式如下：

信号=条件? 表达式 1：表达式 2

条件成立时，表达式 1 的值赋给信号，条件不成立时，表达式 2 的值赋给信号。例如：

```
d=(a>b)? a:b;//a 与 b 比较大小，并将大的值赋给信号 d。
```

4.3.5.9　位拼接运算符

位拼接运算符{}是 Verilog HDL 中的一个特殊运算符。该运算符可以把两个或多个信号的某些位拼接起来。其使用方法如下：

{信号 1 的某几位,信号 2 的某几位,…,信号 n 的某几位}

即把某些信号的某些位详细地列出来,中间用逗号分开,最后用大括号括起来组成一个整体信号,位拼接可以用重复法来简化表达式,也可以用嵌套的方式来表达,举例如下：

```
{a,b[3:0],w,3'b101} // 与位拼接信号{a,b[3],b[2],b[1],b[0],w,1'b1,1'b0,1'b1}
                        相同
{4{w}}                //等同于{w,w,w,w}
{b,{3{a,b}}}          //等同于{b,a,b,a,b,a,b}
```

注意：

(1)位拼接表达式中不允许出现没有指明位数的信号,因为在计算拼接信号的位宽时必需明确每个信号的位宽。

(2)用于表示重复次数的表达式必须是常数表达式。

4.3.5.10　缩减运算符

缩减运算符是单目运算符,也有与、或、非运算,其运算规则类似于位运算,但运算过程不同。位运算是对操作数的相应位进行与、或、非运算,运算结果位数与操作数位数相同。缩减运算是对单个操作数进行与、或、非递推运算,运算结果是一位二进制数。

缩减运算的具体运算过程为:先将操作数的第一位与第二位进行与、或、非运算,再将运算结果与第三位进行与、或、非运算,依此类推,直至最后一位。例如：

```
module chk_zero (a, z);
    input [2:0] a;
    output z;
    assign z = ~| a;
endmodule
```

即 z= ~ ((a[0] | a[1]) | a[2]),逻辑电路图如图 4 - 5 所示。

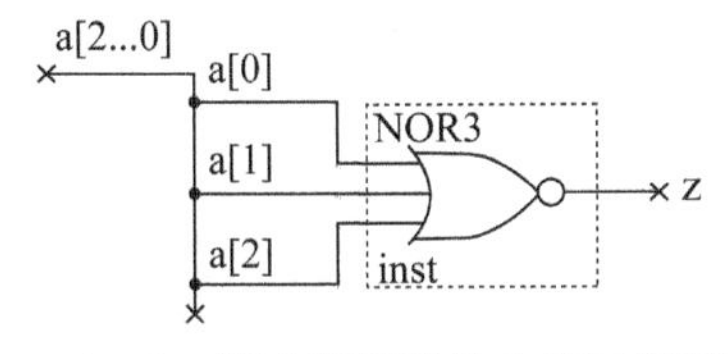

4 - 5　缩减运算逻辑电路示意图

4.3.5.11　运算符的优先级

Verilog HDL 有多种运算符,当多种运算符出现在同一个表达式中时,需要按照运算符的优先级依次进行运算。为了提高程序的可读性,建议在书写程序时使用括号()来控制运算顺序。表 4 - 5 列出了运算符的优先级顺序。

表 4-5　运算优先级顺序表

<table>
<tr><th>运算符</th><th>运算优先级</th></tr>
<tr><td>逻辑非运算！，取反运算～</td><td>最高优先级</td></tr>
<tr><td>算术运算符 *，/，%</td><td></td></tr>
<tr><td>算术运算符 +，-</td><td></td></tr>
<tr><td>移位运算符<<，>></td><td></td></tr>
<tr><td>关系运算符<=，>=</td><td></td></tr>
<tr><td>等式运算符 ==，!=，===，!==</td><td></td></tr>
<tr><td>位与运算符 &</td><td></td></tr>
<tr><td>逻辑运算符 ^，^~</td><td></td></tr>
<tr><td>位或运算符 |</td><td></td></tr>
<tr><td>逻辑与运算符 &&</td><td></td></tr>
<tr><td>逻辑或运算符||</td><td></td></tr>
<tr><td>条件运算符?:</td><td>最低优先级</td></tr>
</table>

4.4　Verilog HDL 程序设计

由于数字电路系统设计的复杂度和设计规模不断提高，从系统级入手考虑电路的整体架构成为数字电路设计的常态。这种设计方法有利于重点考虑系统的功能和性能。Verilog HDL 支持设计者从行为级对电路进行描述，行为级的描述可以在电路结构和系统算法性能之间折中，这样为设计者提供了更大的灵活性。行为级建模作为 Verilog HDL 的重点，其两种基本语句 initial 语句和 always 语句是其他所有行为语句的基础。

行为级描述主要包括过程语句、赋值语句、语句块、时序控制、数据流等 5 个方面，利用这些语句可以完成电路的时序以及组合逻辑功能。

4.4.1　过程语句

过程语句主要由 initial 块和 always 块来实现，具有较强的通用性。一个 Verilog HDL 程序可以有多个 initial 块和 always 块。Initial 块和 always 块都是并行执行的，区别在于 initial 块从仿真开始时刻执行，且只执行一次，而 always 块不断循环执行。但 initial 块不可综合，即并不用于描述电路结构，一般用于测试平台的代码编写；always 块是可综合的，既用于描述电路结构，也用于测试平台代码编写。

4.4.1.1　initial 块

以 initial 关键字开头的一段 begin…end 之间的语句构成了一个 initial 块。在进行仿真时，initial 块从仿真 0 时刻开始执行，并且在整个仿真过程中只执行一次，在执行完一次后，该 initial 块被挂起，不再执行。如果一个模块中包括了若干个 initial 块，则这些 initial 块从仿真 0 时刻开始并行执行，且每个块的执行是各自独立的。如果在块内包含了多条行为语句，那么需要将这些语句组成一组，一般是使用关键字 begin/end 将它们组合在一个块语句中串行执行，在仿真中也可以使用 fork/join 将它们组合成块语句并行执行。下面给出了 initial 语句的例子。

```
initial
  begin
  //变量说明，输入初始向量
  load_data <= 0;  //行为语句，向量初始化
      sys_en   <= 0;
      sys_rst   <= 0;
  …
  #clk;  //等待一个时钟周期；
   load_data <= 20;  //行为语句，时序控制
      sys_en   <= 1;
      sys_rst   <= 1;
  …
  #500us;
  $finish;
end
```

需要说明，initial 块是面向仿真的，不可综合，一般被用于数字电路设计的测试平台，主要作用完成测试环境的初始化、采样监视以及生成波形等功能。图 4-6 展示了需要的时钟仿真波形。clock_sim 模块为产生对应波形的代码。

```
module clock_sim(clk1,clk2);
output reg clk1, clk2;
initial
begin
clk1 = 0; clk2 = 0;
end
always #40  clk1= ~clk1;
always @(posedge clk1)
begin
    clk2=1;
    #20 clk2=0;
    #20 clk2=1;
    #20 clk2=0;
end
endmodule
```

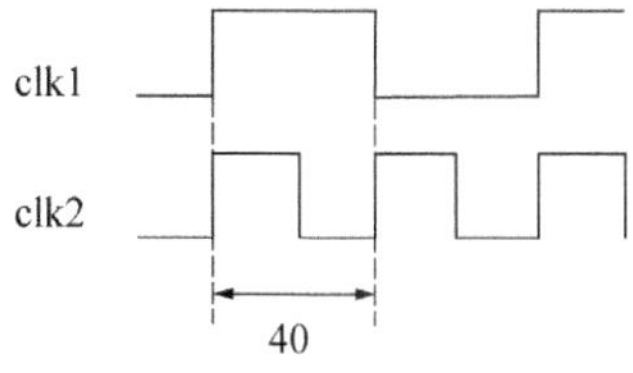

图 4-6　时钟仿真波形示意图

4.4.1.2　always 块

always 是 Verilog 的一种程序块语句，always 程序块在程序运行的过程中会不断地循

环执行。always 后的过程块是否执行由 always 后紧跟的括号里的触发条件决定，当满足触发条件时，过程块执行直到程序运行结束。触发条件由 always 关键字后的敏感控制列表决定。

always 语句的声明格式如下：

```
always @(<sensitive_list>)
begin
<statements>;
end
```

always 后的<sensitive_list>为敏感控制列表，可以有一个信号或多个信号，多个信号时中间需要用关键字 or 连接，信号可以为沿触发或电平触发。如果敏感列表是沿触发则常常用来描述时序逻辑，如果是电平触发则常用来描述组合逻辑或者锁存器。模块中可以有多个 always 语句，不同 always 块的语句是并行执行的。从绘制电路图的角度看，每个 always 语句描述一个电路模块，不同的多个 always 语句就描述了多个电路模块，电路模块与电路模块之间通过相同的 wire 或者 reg 信号线连接起来。

1. 沿触发

沿触发可以是上升沿或者下降沿触发，根据触发列表的不同，时序逻辑电路有纯时序 always 和带有复位的 always。

纯时序的 always 的语法如下：

```
always @(<edge_type>clk)
    begin
    <statements>;
end
```

其中<edge_type>若为 negedge 表示下降沿触发，若为 posedge 表示上升沿触发。

带有同步复位的 always 的语法如下：

```
always @(<edge_type>clk)
begin
    if (rst) begin
    <statements>;
    end
    else begin
    <statements>;
    end
end
```

带有异步复位的 always 的语法如下：

```
always @(<edge_type>clk,<edge_type>reset)
begin
    if (reset)
    begin
```

```
        <statements>;
    end
    else
    begin
        <statements>;
    end
end
```

例如：

```
always @(posedge clk)
begin
    if (! rst_n)
      a <= 0;
    else
      a<= b;
end
```

其电路结构如图 4 - 7 所示。

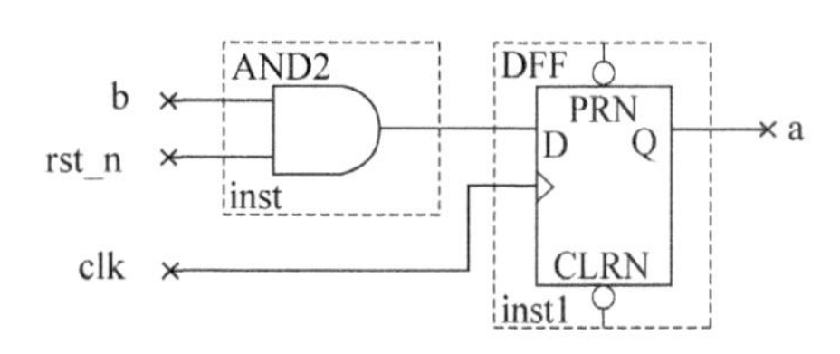

图 4 - 7　同步复位电路示意图

```
always @(posedge clk or negedge rst_n)
begin
    if (! rst_n) a <= 0;
    else   a <= b;
end
```

其电路结构如图 4 - 8 所示。

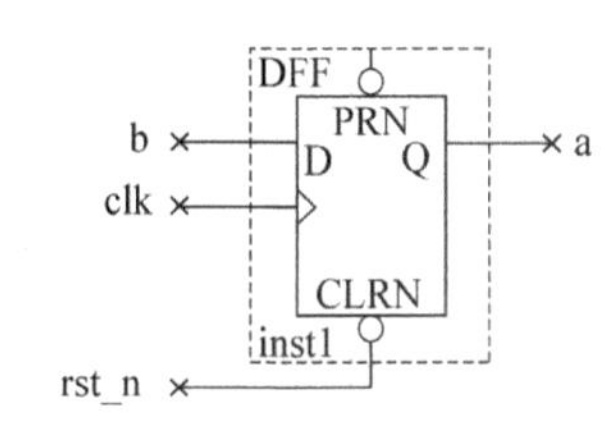

图 4 - 8　异步复位电路示意图

2. 电平触发

电平触发的 always 语法如下：

```
always @(<sensitive_list> )
begin
<statements>;
end
```

例如：

```
always @(c, i)
begin
    if (c == 1)
    o = i;
end
```

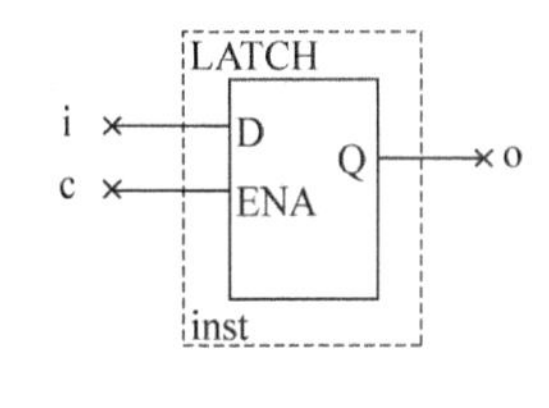

图 4 - 9　D 锁存器示意图

上面的代码描述了一个电平触发的 D 锁存器，其电路结构如图 4 - 9 所示。

敏感列表中有多个信号时关键词间用“or”或逗号“,”来连接，如果逻辑块语句的输入变量很多，可以用“ * ”操作符来表示对后面语句块中的所有输入变量都敏感。如：

```
always @(A or B or Cin)
begin
    Sum = (A^B)^Cin;
    T1 = A & Cin;
    T2 = B & Cin;
    T3 = A & B;
    Cout=(T1 | T2) | T3;
end
```

使用“*”操作符替换敏感列表后为：

```
always @(*)
begin
    Sum = (A^B)^Cin;
    T1 = A & Cin;
    T2 = B & Cin;
    T3 = A & B;
    Cout=(T1 | T2) | T3;
end
```

4.4.2 赋值语句

Verilog 赋值按赋值语句类型分为连续赋值和过程赋值，过程赋值又分为阻塞赋值和非阻塞赋值。下面分别介绍。

4.4.2.1 连续赋值

连续赋值是基本数据流建模语句，常配合 assign 关键字使用，仅能用于线网(wire)类型的变量赋值，主要用于实现组合逻辑，其语法格式为：

线网型变量类型 [线网型变量位宽] 线网型变量名；

assign 线网型变量名=赋值表达式；

例如：

```
wire [7:0] a;
assign a = 8'b10011100;
```

一个线网型变量一旦被连续赋值语句赋值，赋值语句右端表达式的值将持续对被赋值变量产生驱动。只要右端表达式任一个操作数发生变化，就会立即触发对被赋值变量的更新操作，即组合逻辑的输出随着输入的变化而立即变化。这种模式只能描述组合逻辑，只能用于线网类型变量的赋值。

4.4.2.2 过程赋值

过程赋值语句的更新对象是寄存器型变量，变量在被赋值后，其值将保持不变，直到被其他过程赋值语句赋予新值。过程赋值语句只有执行时才起作用，主要用于两种结构化模块(initial 模块和 always 模块)内的赋值。

过程赋值的基本格式为：

＜被赋值变量＞＜赋值操作符＞＜赋值表达式＞

其中，＜赋值操作符＞是“＝”或“＜＝”，分别代表了阻塞赋值和非阻塞赋值，这两者的区别将在后续章节中讲述。

例如：

```
wire a;
reg b;
always @(posedge clk)
begin
    b=a;
end
```

注意：过程块中的赋值语句不能使用assign关键字，或者说，assign关键字标定的赋值都是连续赋值，一定是在always过程块外。过程赋值和连续赋值不可混淆。

1. 阻塞赋值

阻塞赋值的符号为“＝”。阻塞赋值用在always或initial过程块中，当过程块中出现连续多条阻塞赋值时，上一条赋值语句执行完成并且赋值成功后才执行下一条赋值语句，且赋值语句执行完成后立刻生效。一般可理解为阻塞赋值语句有先后顺序，是“串行执行”的。但由于HDL语言的本质是在描述电路结构，所以所谓的串行执行，事实上是一种对电路驱动条件的描述方式，而不是真的和CPU指令一样在串行执行。

例如：

```
always @(posedge clk)
begin
    b=a;
    c=b;
end
```

在上面这段语句中，如果a改变了，执行到b＝a时，将a的值赋给b，赋值成功后，再执行c＝b，将b的值赋给了c，此时b的值为b＝a执行后b的新值，故语句执行完成后，c的值也为a，在电路中相当于一根导线将c和a连接起来。

阻塞赋值语句交换顺序后，执行结果会有变化，综合出来的电路也不相同。如上例中的c＝b先执行、b＝a后执行的话，b的旧值给c，b的新值为a，c与a之间没有逻辑关系。

2. 非阻塞赋值

非阻塞赋值的符号为“＜＝”，同样是用在always或initial过程块中。当过程块中出现连续多条非阻塞赋值时，上一条赋值语句已执行但是赋值并未成功时就开始执行下一条赋值语句，即上一条语句所赋的变量值并不能立即为下面的语句所用，过程块结束后才能完成赋值操作，所赋的变量值是上一次赋值得到的。可以理解为非阻塞赋值语句间是“并行的”，无先后顺序。例如：

```
always @(posedge clk)
```

```
begin
    b<=a;
    c<=b;
end
```

如果在上次 clk 上升沿触发后，c 的值为 1，b 的值为 1，此时 a 的值为 0，则这次 clk 上升沿触发后，b 为本次 a 的逻辑值 0，c 为 b 原来的值，即为 1。电路描述的功能如图 4-10 所示。

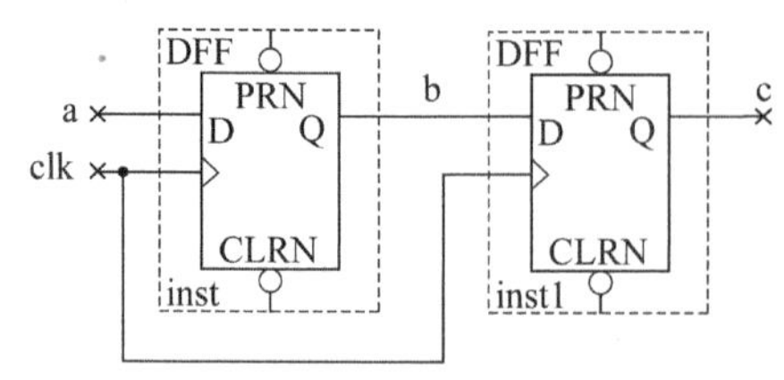

图 4-10　非阻塞赋值电路示意图

非阻塞赋值语句交换顺序后，执行结果相同，综合出来的电路也相同。

4.4.2.3　连续赋值与过程赋值的区别

连续赋值与过程赋值有以下几点不同：

(1)连续赋值语句由 assign 来标识，而过程赋值语句不能包含这个关键词；

(2)连续赋值语句中左侧的数据必须是线网数据类型，而过程赋值语句中被赋值数据则必须是寄存器类型；

(3)连续赋值语句不能出现在过程块中；

(4)连续赋值语句主要用来建模组合逻辑电路以及描述线网数据连接关系，而过程赋值语句则更多地用来描述时序逻辑电路；

(5)连续赋值语句是“持续”对线网型数据赋值，即赋值表达式的任何变化都会立刻改变线网数据的取值，而过程赋值语句只有在过程赋值语句执行时才进行赋值，语句执行完成后被赋值变量的取值不再受赋值表达式影响；

(6)连续赋值语句综合后是组合逻辑电路；过程赋值语句中推荐使用非阻塞赋值，非阻塞赋值语句即使改变顺序也没有歧义，综合后是含有锁存器、触发器或寄存器等存储元件的时序电路。

4.4.2.4　阻塞赋值与非阻塞赋值的区别

阻塞赋值与非阻塞赋值的区别有以下几点：

(1)阻塞赋值符号为“=”，非阻塞赋值符号为“<=”，皆用于过程赋值块中；

(2)阻塞赋值语句执行后赋值立即生效，赋值成功后才执行下一条赋值语句，即是顺序执行，若改变顺序综合出的电路也会发生变化；

(3)非阻塞赋值语句执行时，上一条赋值语句已执行但赋值并未成功时就开始执行下一条赋值语句，多条非阻塞赋值语句是并行的，改变顺序不影响综合后的电路；

(4)阻塞赋值和非阻塞赋值建议不要同时出现在一个 always 块中。

4.4.3　条件语句

Verilog HDL 中提供的条件语句主要有 if…else 语句和 case 语句。

4.4.3.1　if…else 语句

if…else 语句用来判定所给定的条件是否满足，如果满足则执行操作，如果不满足则执行 else 操作。Verilog HDL 中共有 3 种类型的 if…else 条件语句。

(1)第一类条件语句：没有 else 语句；

```
if (<condition >) true_statement;
```

(2)第二类条件语句，有一条 else 语句；若表达式值为真，执行 true_statement，为假时执行 false_statement；

```
if (<condition>) true_statement;
else false_statement;
```

(3)第三类条件语句，嵌套型的 if…else if 语句；根据表达式的值，决定执行哪条分支语句；

```
if (<condition 1>) true_statement1;
else if (<condition 2>) true_statement2;
else if (<condition 3>) true_statement3;
…
else false_statement;
```

例如：

```
If (sel == 1)
    y = a;
else
    y = b;
```

其电路结构如图 4-11 所示。

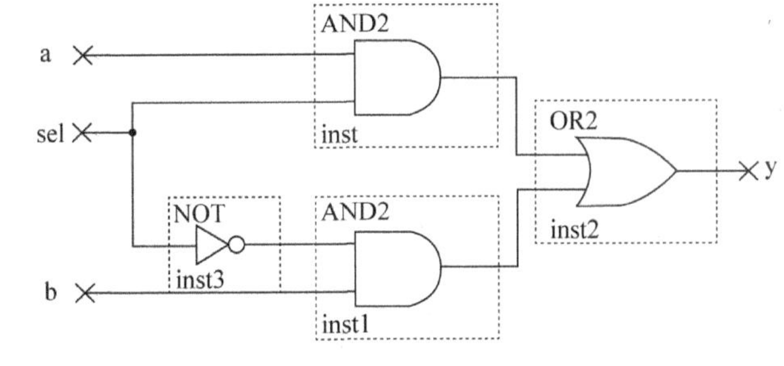

图 4-11　选择语句电路示意图

条件语句必须在过程块中执行，除了在过程块语句引导的 begin …end 中可以编写条件语句外，模块中的其他地方都不能编写。

条件语句的执行过程为：计算条件表达式< condition >的值，如果结果为真(1 或者非 0 值)，则执行 true_statement 语句；如果为假(0 或者不确定值 x)，则执行 false_statement 语句，在条件表达式中可以包含任何操作符。

true_statement 和 false_statement 既可以是一条语句，也可以是多条语句组成的语句块，若为多条语句组成的语句块，则这些语句需要放到 begin 和 end 之间。例如：

```
if (a>=b)
begin
    out1=init1;
    out2=init2;
end
```

```
else
begin
    out1=init2;
    out2=init1;
end
```

if…else if… else if …else…语句有优先级，第一个 if 具有最高优先级，最后一个 else 优先级最低。Quartus 综合出的 RTL 图认为最高优先级的电路靠近电路的输出，输入到输出的延时较短；最低优先级的电路远离输出端，输入到输出的延时较长。

4.4.3.2 case 语句

case 语句是多路分支语句，当表达式的多种不同值对应不同的分支语句时就需要使用 case 语句来完成。case 语句的表达式为：

```
case (<expr>)
<case_item_exprs1>: <sequential statement>;
<case_item_exprs2>: <sequential statement>;
<case_item_exprs3>: <sequential statement>;
default: <statement>;
endcase
```

例如：

```
case (sel)
    2'b00: y = a;
    2'b01: y = b;
    2'b10: y = c;
    default: y = d;
endcase
```

使用 case 语句时，需注意以下几点：

(1)case 括号内的表达式<expr>为控制表达式，通常为控制信号的某些位，分支项中的表达式<case_item_exprs>为分支表达式，用来表示控制信号的具体状态，通常为常量表达式；

(2)case 语句中所有表达式的位宽必须相等，<case_item_exprs>的值必须互不相同；

(3)当控制表达式<expr>的值与分支表达式<case_item_exprs>的值相等时，就执行分支表达式后面的语句，如果所有的分支表达式的值都不能与控制表达式的值相匹配，就执行 default 后面的语句；

(4)default 项可有可无，但是有 default 更能体现条件的完备性，也是一个良好的编程习惯；一个 case 语句中只能有一个 default 项；

(5)case 分项后的语句执行完跳出该 case 语句结构，终止 case 语句；

(6)case 条件语句是无优先级的条件语句，因为在执行 case 语句时，分支语句之间没有任何相互关系也互不为前提。

在 Verilog 中使用 case 语句进行比较十分高效，但匹配成功的条件是所有位上的逻辑值必须精确相等，为了适应比较时多样化的需求，Verilog 中提供了两种 case 语句的变形 casex 和 casez 作为 case 语句的补充。casex 和 casez 的结构与 case 的语法结构相同，在 casex中将 x 和 z 视为“无关状态”，在 casez 中将 z 视为“无关状态”，所谓“无关状态”指在比较时不关心该位的状态是什么，即在比较时不将该位的状态考虑在内。举例如下：

```
casez  (sel)
3'b001:  y=a+b;
3'b010:  y=a-b;
3'b011:  y=a&b;
3'b100:  y=a^b;
default: y=3'b000;
```

例如，当 sel=01z 的时候，由于最低位出现 z，那么在比较判别时不考虑最低位，只比较前两位，那么将出现与 010、011 均匹配的情况，由于 case 语句是按顺序检查的，所以认为与 010 匹配，输出 y=a-b；当 sel=z0z 时，则仅比较中间位，执行第一条语句，输出 y=a+b。

在 case 语句中，常将 z 用另一种方式“?”表示，举例如下：

```
case  (sel)
3'b1??:  y=a+b;
3'b01x:  y=a-b;
default: y=3'b000;
```

由于 case 需要精确匹配，所以无论当 sel 是什么情况都无法正确匹配，只能执行 default 语句，因此 y 的值为 b000。

```
casez  (sel)
3'b1??:  y=a+b;
3'b01x:  y=a-b;
default: y=3'b000;
```

在 casez 的情况下，由于将?和 z 视为无关状态，所以当 sel 为 100～111 时均能匹配 b1??，y 的值为 a+b；当 sel 为 010 和 011 时不能匹配 01x，只能执行 default，y 值为 b000。

```
casex  (sel)
3'b1??:  y=a+b;
3'b01x:  y=a-b;
default: y=3'b000;
```

在 casex 的情况下，由于将?、x 和 z 视为无关状态，所以当 sel 为 100～111 时均能匹配 b1??，y 的值为 a+b；当 sel 为 010 和 011 时均能匹配 01x，y 的值为 a-b；当 sel 为 000 和 001 时，无法匹配，执行 default，y 值为 b000。

4.4.4　循环语句

Verilog 中用循环语句控制语句执行的次数，主要的循环语句有 repeat 语句、while 语句和 for 语句，下面分别对这三种循环语句进行介绍。

4.4.4.1 repeat 语句

repeat 语句格式为：

repeat(表达式)语句；

或 repeat(表达式) begin 多条语句 end

在 repeat 语句中，表达式常为常量表达式，表示指定的循环执行次数，如果循环计数表达式的值不确定，即为 x 或 z 时，循环次数按 0 处理。

4.4.4.2 while 语句

while 语句格式为：

while(表达式)语句；

或 while(表达式) begin 多条语句 end

while 语句执行时，先计算表达式内的值，如果表达式的值为真则执行 while 循环，否则退出循环。

4.4.4.3 for 语句

for 循环和 while 循环类似，也是一种条件循环，格式为：

for(循环变量赋初值;循环执行条件;循环变量变化)语句；

或 for(循环变量赋初值;循环执行条件;循环变量变化)

begin 多条语句 end

for 循环的执行过程为：

(1)执行循环变量赋初值语句；

(2)检查是否符合循环执行条件，如果符合则执行循环，然后执行(3)，如果不符合跳出循环；

(3)执行循环变量变化语句，之后跳转(2)。

循环语句中，仅 for 循环语句可以被综合，repeat 和 while 语句仅用于仿真中。

4.4.5 函数和任务

4.4.5.1 function

函数 function 的定义语法如下：

```
function <func_return_type><func_name>;
    input variables declarations;
    other variables declarations;
    begin
        Statements
    end
endfunction
```

对函数作如下几点说明。

(1)函数定义只能在模块中进行，不能出现在过程块中。

(2)函数通过关键词 function 和 endfunction 定义；

function 标志着函数定义结构的开始；

< func_return_type>指定函数返回值的类型或位宽，如果没有指定< func_return_type >，默认为 1 bit 的寄存器数据；

<func_name>为定义的函数名；

input variables declarations 定义函数输入端口的位宽和类型，函数定义中至少要有一个输入端口；

other variables declarations 定义函数中其他变量，如本地局部变量；

endfunction 为函数结构体结束标志。

(3)不允许输出端口声明(包括输出和双向端口)，但可以有多个输入端口。

(4)对函数的调用通过函数名完成，函数名在函数结构体内部代表一个内部变量，函数调用的返回值是通过函数名变量传递给调用语句。函数定义时会在其内部隐式定义一个寄存器变量，该寄存器变量和函数同名并且位宽一致。函数通过在函数定义中对该寄存器显式赋值来返回函数计算结果。函数调用格式为：

```
<func_name>( expr1, expr2, …, exprN)
```

其中，func_name 是要调用的函数名；expr1，expr2，…，exprN 是传递给函数的输入参数列表，该输入参数列表的顺序必须与函数定义时声明输入变量的顺序相同。

(5)函数使用时需注意以下几点：

①函数中不能使用任何形式的时间控制语句(#、wait 等)，也不能使用 disable 中止语句；

②函数中不能出现过程块语句(always 语句)；

③函数至少有一个输入变量；

④函数中必须有一条赋值语句为函数中的一个内部变量赋函数的结果值，该内部变量具有与函数名相同的名字；

⑤函数可以调用函数，但是函数不能启动任务 task。

4.4.5.2　task

任务 task 的定义语法如下：

```
task <task_name>;
    input variables declarations;
    output variables declarations;
    other variables declarations;
    begin
        Statements
    end
endtask
```

对任务做如下几点说明。

(1)任务通过关键词 task 和 endtask 来定义。

(2)task 和 endtask 将它们之间的内容定义为任务内容；

task 标志着一个任务定义结构的开始；

<task_name>是任务名；

input variables declarations 定义输入端口；

output variables declarations 定义输出端口；

other variables declarations 定义函数中其他变量，如本地的局部变量；

Statements 为完成任务操作的过程语句，如果过程语句多于一条，应将其放在 begin … end 语句块内；

endtask 为任务结构结束标志。

(3)任务中可以没有参数，也可以有一个或多个参数，除输入参数外，还可以有输出参数和输入输出参数。

(4)对任务的调用通过任务名来完成，任务调用语法如下：

<task_name>(expr1, expr2, …, exprN)

其中，task_name 是要调用的任务名；expr1, expr2, …，exprN 是传递给任务的参数列表，该参数列表的顺序和类型必须与任务定义时参数的顺序和类型相同。

(5)任务定义时需注意以下几点：

①任务中的语句部分可以出现延时语句、敏感事件控制语句等时间控制语句；

②任务可以没有输入、输出和双向端口，也可以有一个或多个输入、输出和双向端口；

③任务可以没有返回值，也可以通过输出端口或双向端口返回一个或多个值；

④任务可以调用其他的任务或函数，也可以调用该任务本身；

⑤任务中不能出现过程块语句(always 语句)；

⑥任务中可以出现 disable 终止语句，disable 语句将中断正在执行的任务。

4.4.5.3 function 和 task 的区别

从上面 function 和 task 的语法定义及说明中可以看出，function 与 task 的区别如表 4-6 所示。

表 4-6 function 和 task 的区别

项目	function	task
输入端口	至少有一个输入端口	可以没有、也可以有一个或多个输入端口
输出端口	不允许输出端口(包括输出和双向端口)声明	可以没有、也可以有一个或多个输出端口
返回值	通过函数名返回一个返回值	通过 IO 端口传递一个或多个返回值
调用	可以调用函数但是不能调用任务	可以调用任务也可以调用函数
单独使用	函数调用不能单独作为一条语句，而必须作为语句的一部分出现	任务调用是通过一条单独的任务调用语句实现
应用场合	函数调用可以出现在过程块或连续赋值语句中	任务调用只能出现在过程块中
时间控制	函数中不能使用任何形式的时间控制语句(#、wait 等)，也不能使用 disable 中止语句	任务中可以出现延时语句、敏感事件控制语句等时间控制语句，也可以使用 disable 语句

函数与任务的例子在本书中不再详述，读者需要时可参考其他书目。

4.5 Verilog HDL 典型电路模块

4.5.1 组合逻辑基本电路

基本组合逻辑 Verilog HDL 设计是数字电路设计的基础，限于篇幅，本书只简要列举几种基本的组合逻辑电路结构。

1. 全加器设计

```
module FULLADDR(Cout, Sum, Ain, Bin, Cin);
input  Ain, Bin, Cin;
output  wire  Sum, Cout;
assign Sum = Ain ^ Bin ^ Cin;
assign Cout = (Ain & Bin) | (Bin & Cin) | (Ain & Cin);
endmodule
```

2. 四选一多路选择器

```
module   MUX(A,B,C,D,Sel,Mux_out);
    input A,B,C,D;              //input signal
    input [1:0] Sel;            //select control
    output      Mux_out;        //result
    reg         Mux_out;
    always @(A or B or C or D or Sel)
    begin
        case (Sel)
            2'b00 : Mux_out =A;
            2'b01 : Mux_out =B;
            2'b10 : Mux_out =C;
            default : Mux_out =D;
        endcase
    end
endmodule
```

3. 3－8 译码器

```
module DECODE(Ain,En,Yout);
    input    En;
    input    [2:0]  Ain;
    output   [7:0]  Yout;
    reg [7:0]  Yout;
```

```
    always @(En or Ain)
    begin
        if (! En)
        begin
            Yout = 8´b0 ;
        end
        else
        begin
            case (Ain)
                3´b000 : Yout = 8´b0000_0001 ;
                3´b001 : Yout = 8´b0000_0010 ;
                3´b010 : Yout = 8´b0000_0100 ;
                3´b011 : Yout = 8´b0000_1000 ;
                3´b100 : Yout = 8´b0001_0000 ;
                3´b101 : Yout = 8´b0010_0000 ;
                3´b110 : Yout = 8´b0100_0000 ;
                3´b111 : Yout = 8´b1000_0000 ;
                default : Yout = 8´b0000_0000 ;
            endcase
        end
    end
endmodule
```

4.优先编码器

```
module PRIO_ENCODER (A, B, C, D,Sel, Y);
    inputA, B, C, D;      //input data
    input [1:0] Sel;      //select ctrl
    output reg Y;         //output data
    always  @(Sel or A or B or C or D)
    begin
        if (Sel == 2´b00)
            Y = A;
        else if (Sel == 2´b01)
            Y = B;
        else if (Sel == 2´b10)
            Y = C;
        else
            Y = D;
    end
```

```
endmodule
```

5.算术操作

```
module ARITHMETIC (A, B, Y1, Y2 ,Y3, Y4 );
    input [3:0]     A, B;      //operation data
    output [4:0]    Y1;        //sum, with carry bit
    output [3:0]    Y2;        //subtract result
    output [3:0]    Y3;        //quotient
    output [7:0]    Y4;        //product
    reg   [4:0]     Y1;
    reg   [3:0]     Y2;
    reg   [3:0]     Y3;
    reg   [7:0]     Y4;
    always @(A or B)
    begin
        Y1 = A+B ;
        Y2 = A-B ;
        Y3 = A/2 ;
        Y4 = A*B ;
    end
endmodule
```

6.逻辑操作

```
module Logic_Op(A, B, Y1, Y2, Y3, Y4);
    input [3:0]  A, B;      //operation data
    output reg  Y1, Y2, Y3, Y4;
    always @(A or B)
    begin
        Y1 = A>B;
        Y2 = A<B;
        Y3 = A>=B;
        Y4 = A<=B;
    end
endmodule
```

7.移位操作

```
module  SHIFTREG(A, Y1, Y2);
    input   [3:0]    A;      //operation data
    output reg [3:0]  Y1, Y2;
    always @(A)
```

```
    begin
        Y1 = A>>1;
        Y2 = A<<2;
    end
endmodule
```

由于该代码的移位仅是将输出接到输入的不同位上去，所以并没有占用逻辑单元。

4.5.2 时序逻辑基本电路

1. 锁存器

锁存器是电平敏感器件，也是最简单的时序逻辑单元。在设计中锁存器常常带来很多问题，如额外延时等，实际设计中应该避免使用。

```
module D_latch (enable, reset, data, y);
    input enable, reset, data;
    output reg y;
    always @(enable or reset or data)
    begin
        if (~reset)
            y<=0;
        else if (enable)
            y <= data;
    end
endmodule
```

2. 带异步复位和置位的上升沿触发器

```
module  DFF_ASYNC (Data, Clk, Reset, Preset, Q);
    input   Data, Clk, Reset, Preset ;
    output  reg Q;
    always @(posedge Clk or negedge Reset or negedge Preset)
    begin
        if ( ~Reset)
            Q <=1'b0;
        else if ( ~ Preset )
            Q <=1'b1;
        else
            Q <= Data;
    end
endmodule
```

3. 带同步复位和时钟使能的上升沿触发器

```
module DFF_CK_EN (Data, Clk, Reset, En, Q);
```

```
    input  Data, Clk, Reset, En;
    output reg Q;
    always @ (posedge Clk)
    begin
        if ( ~Reset)
            Q <=1'b0;
        else if (En)
            Q <= Data;
    end
endmodule
```

4. 计数器

```
module COUNT_EN (En,Clock,Reset,Out);
    input  Clock, Reset, En;
    output reg [Width-1:0]  Out;
    parameter Width = 8;
    always @(posedge Clock or negedge Reset)
    begin
        if (! Reset)
            Out <=8'b0;
        else if (En)
            Out <= Out + 1;
    end
endmodule
```

4.6 自顶向下和自底向上的 Verilog HDL 程序设计

Quartus 提供了自底向上和自顶向下的设计方法，在设计过程中无论是否使用 EDA 设计输入和综合工具，都可以使用这些设计流程。同样，在使用 Verilog HDL 进行程序设计时也可以使用自顶向下和自底向上的设计思想，设计时需要考虑算法和设计实现以及多个物理参数的综合平衡。

在自顶向下的设计流程中，首先要设计出工程的整体架构，然后再分别完成各个功能模块的设计。所以在进行工程整体架构的设计过程中，需为每个待实现的模块设计好端口和属性，形成一个完整的框架；然后为每个待实现的模块填充内容，实现预期的功能；最后进行整体编译并仿真验证。在这个过程中，对于整体框架中使用的模块，是先根据整体功能定义模块端口，然后才进行模块填充和实现，所以对应模块例化时，无论使用位置关联方式还是名称关联方式都不易出现错误。对于高层次的系统级行为描述，一般采用自顶向下的设计方法实现，在设计一开始就进行系统架构的算法分析，设计和仿真调试过程是在高层次进行的，能够尽早发现系统逻辑功能和架构的问题，从而大大减少设计返工，有利于系统划分和项目管理，减少设计人员工作量。图 4－12 展示了自顶向下的基本设计思想。

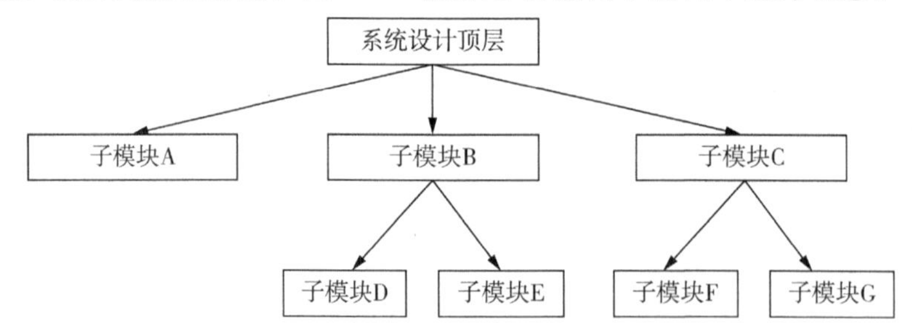

图 4－12　自顶向下设计思路树状图

自底向上进行设计时，首先是独立设计和优化每个模块，然后在顶层设计中集成所有已优化的模块，最后验证总体设计。顶层设计中的每个模块都不影响其他模块的性能。所以自底向上进行设计时是先设计好单个模块，而后在进行整体架构设计时例化或调用已经设计好的多个模块实现预期的完整功能，所以对应模块例化时使用名称关联的方式更为方便。采用自底向上的设计方法，一般可以从库单元或者以往的设计库中调用已经存在的模块。

4.7　状态机

4.7.1　状态机的概念

状态机一般指有限状态机(Finite State Machine，FSM)，是表示有限个状态以及在这些状态之间的转移和动作等行为的数学模型。在实际电路中，由于状态机是由时间节拍推动，所以状态机是由一组触发器及其组合逻辑激励电路组成。因此，描述一个状态机，本质上就是描述一组触发器的次态方程。

状态机在数字系统设计中有着非常重要的地位，如果可以将复杂的业务模型抽象成一个有限状态机，那么代码就会逻辑清晰，结构规整。下面看一个日常中常见的状态机例子：小明开车经过一个路口，路口设置了红绿灯，如果是红灯，则停车等待直到亮起绿灯，如果是绿灯，则通行，如果绿灯倒计时小于 5 s，则停下等待下一个绿灯通行，如果是黄灯，则停车等待。在这个简单的状态机例子中，有两个状态，停车等待和通行，决定是否进入这两个状态的是红绿灯条件。

状态机的工作状态包括四个要素：现态、输入、输出、次态。其中现态和输入是“因”，次态和输出是“果”，具体如下：

(1)现态是指状态机当前所处的状态。

(2)输入一般指外部事件，所以又称为“事件”。当一个外部事件发生后，状态机会根据状态转移函数进行相应的次态跳转，或者更新输出情况。

(3)输出是由现态和输入共同决定的，如果现态和输入都没有变化，那么输出也不会变化。输出不是必须的，有时输入满足后不产生任何的输出，直接迁移到新的状态。

(4)“次态”是相对于“现态”而言的，由现态、输入及状态转移函数得到。“次态”一旦被激活，就转变成新的“现态”。

4.7.2 状态机的设计

状态机是程序设计中一种非常重要的设计思想，它贯穿设计的始终，所以如何进行状态机设计是设计者非常关心的问题，下面分别从状态机的设计标准、状态机的描述方法和状态的编码方式三个方面进行介绍。

4.7.2.1 状态机的设计标准

进行状态机设计时，需要注意以下几个方面。

(1)状态机必须安全。确保状态机不会进入死循环，特别是不会进入非预知的状态，即使由于某些扰动进入非设计状态，也能很快地恢复到正常的状态循环中来。这里有两层含义：一要求状态机的综合实现结果无毛刺等异常扰动；二要求状态机状态要完备，即使受到异常扰动进入非设计状态，也能很快恢复到正常状态。

(2)状态机的设计要满足设计的面积和速度的要求。

(3)状态机的设计要清晰易懂、易维护。

4.7.2.2 状态机描述方法

描述状态机的关键是描述清楚状态机的要素，即如何进行状态转移、状态转移条件、每个状态对应的输出等。具体描述时方法各种各样，最常见的有三种描述方式。

(1)一段式状态机。整个状态机写到一个 always 模块里面，在该模块中既描述状态转移，又描述状态的输入和输出；初次尝试使用状态机的开发者往往会采用这种状态机，但这非常不好，因为一段式状态机的描述方式仅适用于一些功能非常简单且输出全部为寄存形式的状态机，对于比较复杂的状态机，这样的描述方式不利于代码的阅读和理解，并且如果需要组合形式输出，这种状态机就显得力所不及了。

(2)二段式状态机。用两个 always 模块来描述状态机，其中一个 always 模块采用同步时序描述状态转移；另一个模块采用组合逻辑判断状态转移条件，描述状态转移规律以及输出；这种状态机是将整个状态机拆成两部分逐个进行描述，一部分为纯粹的时序逻辑，一部分为纯粹的组合逻辑，其中时序逻辑部分负责完成状态的跳转、中间变量的更新及输出的寄存工作，组合逻辑主要负责完成状态转移函数(触发器激励函数)的实现、次态的生成、组合输出的生成。

(3)三段式状态机。三段式状态机的描述方法使整个状态机的结果显得非常清晰，因此是目前比较受欢迎的状态机模板。它将状态机拆成三部分进行描述，即状态跳转部分、次态生成部分、输出生成部分。相比于两段式状态机，三段式状态机使用三个 always 模块，一个 always 模块采用同步时序描述状态转移，一个 always 采用组合逻辑判断状态转移条件，描述状态转移规律，另一个 always 模块描述状态输出(可以用组合电路输出，也可以时序电路输出)。

一般推荐使用后两种状态机描述方法。因为状态机设计和其他设计一样，最好使用同步时序方式，以提高设计的稳定性，消除毛刺。状态机实现后，一般来说，状态转移部分是同步时序电路，而状态的转移条件的判断是组合逻辑。

二段式状态机与一段式状态机相比，将同步时序和组合逻辑分别放到不同的 always 模块中实现，这样做不仅仅提升了阅读、理解、维护的便利性，而且更有利于综合器优化代码，利于用户添加合适的时序约束条件，利于布局布线器实现设计。

在二段式状态机的描述中，当前状态产生的输出用组合逻辑实现，组合逻辑容易产生毛刺，而且不利于约束，不利于综合器和布局布线器实现高性能的设计。三段式状态机与二段式相比，关键在于根据状态转移规律，在上一状态根据输入条件判断出当前状态的输出，从而在不插入额外时钟节拍的前提下，实现了寄存器输出。

4.7.2.3 状态的编码方式

状态的编码方式主要有三种：二进制编码、格雷编码和独热编码。

(1)二进制编码。二进制(binary)编码采用二进制的编码方式进行状态编码，其特点是编码简单，符合通常的计数规则，如对状态集合{S0，S1，S2，S3}进行编码时，若采用二进制编码，编码结果为：

S0＝00；

S1＝01；

S2＝10；

S3＝11；

二进制编码的缺点是从一个状态转变到相邻状态时，有可能有多个比特位发生变化(如从上述编码中的状态 S1 跳转到状态 S2)，容易产生毛刺，引起逻辑错误。

(2)格雷编码。格雷(Gray)编码是采用格雷码方式进行状态编码，其特点是相邻两个状态编码只有一位变化。如对状态集合{S0，S1，S2，S3}进行编码时，若采用格雷编码，编码结果为：

S0＝00；

S1＝01；

S2＝11；

S3＝10；

采用格雷编码时，由于两个相邻状态之间只有 1 位不同，因此减少了状态的瞬变次数，减少了毛刺和一些暂态出现的可能，但是这些优势的前提是必须保证状态机的状态迁移是顺序或者逆序化的，所以格雷编码方式适用于分支较少的状态机，而当状态机的规模较大时，格雷编码的优势就比较难发挥了。

(3)独热编码。独热(one hot)编码是采用独热码对状态进行编码，其特点是状态寄存器在任何状态时的取值都仅有一位有效。如对状态集合{S0，S1，S2，S3}进行编码时，若采用独热编码，编码结果为：

S0＝0001；

S1＝0010；

S2＝0100；

S3＝1000；

由上述编码方式可知，这个独热码的编码结果就是 2－4 译码器的输出，所以在状态选择时需要的译码电路也比较简单，译码速度快。尽管采用独热编码时需要占用更多的寄存器，但可以有效节省和简化组合电路，所以对于寄存器数量多、而门逻辑相对缺乏的 FPGA

器件来说,采用独热编码可以有效提高电路的速度和可靠性,也有利于器件资源的利用率。

(4)状态机的描述。一般用状态转移图来描述状态机,如图 4-13 所示。

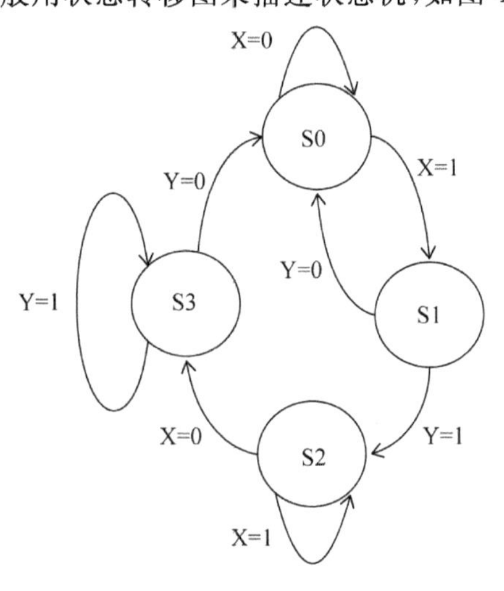

图 4-13　状态转移图

```
module fsm_test (clk, rst_n, X, Y, Zout);
    input clk, rst_n, X, Y;
    output reg Zout;
    parameter S0=4'b0001, S1=4'b0010, S2=4'b0100, S3=4'b1000;
    reg [3:0] state, next_state;
    always @(X, Y)
    begin
        case (state)
                S0:
                begin
                    if (X)
                        next_state = S1;
                    else
                        next_state = S0;
                end
                S1:
                begin
                    if (Y)
                        next_state = S2;
                    else
                        next_state = S0;
                end
                S2:
```

```
                begin
                    if (! X)
                        next_state = S3;
                    else
                        next_state = S2;
                end
                S3:
                begin
                    if (! Y)
                        next_state = S0;
                    else
                        next_state = S3;
                end
                default: next_state = S0;
        endcase
    end
    always @(posedge clk or posedge rst_n)
    begin
        if (rst_n)
            state = S0;
        else
            state = next_state;
    end

    always @(state)
    begin
        case (state)
            S0: Zout = 0;
            S1: Zout = 0;
            S2: Zout = 0;
            S3: Zout = 1;
            default: Zout = 0;
        endcase
    end
endmodule
```

使用 default 语句可避免情况描述不全引起的电平锁存器(latch)电路结构或无关项导致的状态机挂起，所以无论 case 中的几种情况是否完全覆盖了所有的情况，一般都在最后使用 default 语句让状态机回到初态。

4.8 Verilog HDL编程规范

在使用Verilog HDL编写程序时，需遵守一定的编程规范并养成好的编程习惯，在满足功能和性能目标的前提下，增强代码的可读性、可移植性。

为了养成良好的编程习惯，在进行Verilog程序设计时应注意以下几点。

(1)Verilog对大小写敏感，编程时应注意，信号名、变量名和端口名用小写，常量名和用户定义类型用大写；

(2)禁止将Verilog的关键字用作标识符，应使用有意义的信号名、端口名、函数名和参数名，信号名不要太长；

(3)推荐使用clk作为时钟信号名，如果设计中存在多个时钟，使用clk作时钟信号的前缀；

(4)低电平有效的信号，推荐使用下划线后接小写字母b或n表示，在同一个设计中表示低电平有效的方式应一致；

(5)推荐使用rst作为复位信号名，若复位信号为低电平有效，则使用rst_n；

(6)建议对所有的always进程、函数、端口定义、信号含义、变量含义或信号组、变量组等进行简明扼要的注释，注释应该放在相应代码的附近；

(7)建议语句独立成行，注意语句之间的缩进和对齐；

(8)自底向上设计时，建议使用名称关联方式来例化模块；

(9)建议在设计中尽量不直接使用数字，采用参数定义代替数字，方便代码维护和不同设计人员之间的工作交接；

(10)建议一个always进程块内仅驱动一个信号，即不同的信号写在不同的always块中；

(11)建议在状态清晰时使用状态机；

(12)编程时注意，信号的位宽应匹配，结果不正确时应检查信号位宽的影响，位宽不匹配将导致前仿真和后仿真结果不同，调试时很难发现；

(13)编译或运行程序过程中，除检查error排除错误外，还应注意检查warning信息，不同编译器对于warning的阈值设定是不同的；

(14)注意begin与end的使用，以提高程序的可读性与可维护性，在语句块中只有一条语句时也建议加上begin与end；

(15)建议case语句中不要省略default语句，否则综合会产生多余的锁存器，带来额外延时和时序的问题；

(16)换行缩进尽量用4个空格，不要用Tab，因为不同的编译器对Tab的编译有差异；

(17)建议每个module都写注释，说明模块的功能以及不同版本的相关信息；

(18)端口声明输入input和输出output应该分为明显的两部分，以提高程序可读性，避免input和output声明杂乱无章；

(19)建议向量有效位顺序的定义采用高位到低位的格式，如：Data[4:0]；

(20)合理使用括号，虽然运算符有优先级，但为了简单明了，建议用括号来表示执行的优先级；

(21)必须使用 default 为状态机指定一个默认的状态，防止状态机进入死锁状态。

4.9 本章小结

Verilog HDL 在 FPGA/ASIC 设计中扮演着语言工具的角色，重要性不言而喻，从系统级建模到门级表达，从可综合设计到验证平台的搭建，其设计灵活性和硬件语言独有的特性，使得其在数字电路系统设计工作中颇受欢迎。本章介绍了 Verilog HDL 的基础知识，如模块的概念和内容，以及数据类型和运算符等，随后介绍了常用的语法结构，并且将其在应用过程中的注意事项一一列出，接着列举了常见的组合逻辑电路和时序逻辑电路，读者可以举一反三，多思考，多练习。在阅读 Verilog HDL 相关代码的时候，要明确它是一种硬件描述语言，需思考语句与综合出的电路之间的联系。由于篇幅有限，本章仅作为 Verilog HDL 设计基本语法以及设计的参考，有了这些基础知识，读者可以自己编写简单的 Verilog 程序，也能在后面的实验设计中参考应用。

参考文献

[1] 李洪革. FPGA/ASIC 高性能数字系统设计[M]. 北京：电子工业出版社 2011.
[2] 夏宇闻. Verilog 数字系统设计教程[M]. 北京：北京航空航天大学出版社，2013.
[3] 张延伟. Verilog HDL 程序设计实例详解[M]. 北京：人民邮电出版社，2008.
[4] 杨开陵. FPGA 那些事儿[M]. 北京：北京航空航天大学出版社，2013.

第 5 章　实验内容

本章的实验内容主要分为 4 个部分：实验 5.1 是仪器使用和练习，目的是巩固在本书第 1 章所学的内容；实验 5.2 和 5.4 是 CPLD/FPGA 开发工具 Quartus 的使用练习，目的是巩固在本书第 3 章学习的内容；实验 5.3 是 Verilog 的编程练习，目的是巩固在本书第 4 章学习的内容。前面 4 个实验均是为工具和仪器使用打基础，实验 5.5～5.11 则是针对数字电路学习和设计开展的具体实验，又可划分为 3 个部分：实验 5.5～5.7 是针对组合逻辑电路的设计，实验 5.8～5.10 是针对时序逻辑电路的设计，实验 5.11 是数字系统的设计开发实验。

5.1　仪器使用

5.1.1　实验准备

(1)查阅本书第 1 章示波器相关内容和示波器使用手册，学习示波器的基本使用方法。所用示波器型号为 GDS-2002E。

(2)查阅本书第 1 章信号源相关内容和信号源使用手册，学习信号源的基本使用方法。所用信号源型号为 SDG2122X。

5.1.2　实验内容

5.1.2.1　测量示波器的探头补偿信号

(1)打开示波器电源，通道 1 接示波器探头，探头的另一侧连接探头补偿信号。按 Autoset 键，观察并记录波形；记录此时的时基和垂直刻度，使用数格子的方法获取波形的电压峰峰值 V_{pp}和频率 F。

(2)调整时基，观察信号：当时基改变时，波形如何变化？波形的频率是否发生变化？

(3)调整垂直刻度，观察信号：当改变垂直刻度时，波形如何变化？波形的幅度是否发生变化？

(4)打开触发菜单，观察此时的触发设置。调整触发电平使之超过信号幅度，观察信号的变化。

思考：若没有 Autoset 键，要如何设置时基和垂直刻度来保证信号的正确显示？

小贴士 1

探头补偿信号的输出端子位于示波器 CH1 输出通道的左侧，如图 5-1 所示。该信号默认情况下是一个峰峰值 2 V 的无直流分量的方波，频率是 1 kHz。本书第 1 章中讲到，示波器探头内部有电容、电阻，它和示波器组成的测量系统对不同频率会有不同的响应。方波信号的边沿包含很多高频分量，用示波器探头测量方波信号时，可以通过观察方波边沿是否陡峭来定性地分析整个测量系统的带宽。如果方波信号上升沿比较平滑或者出现震荡，则需要调整探头的补偿电容，以改善测量系统的频率特性。

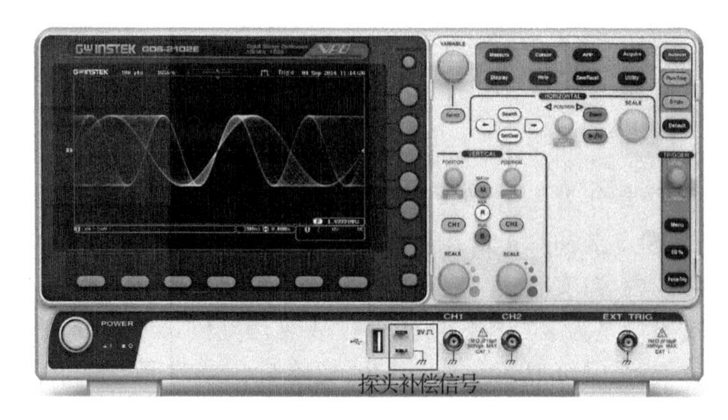

图 5-1　示波器探头补偿信号端子

5.1.2.2　用示波器观察信号源输出的正弦信号

(1)设置信号源的 CH1 输出 1 kHz、峰峰值 5 V、无直流偏移、负载为高阻的正弦信号；将双鱼夹线接至信号源的 CH1 通道。

(2)示波器探头连接示波器的 CH1，示波器探头和双鱼夹线连接，注意黑色夹子连接到一起，红色夹子连接到一起。

(3)调整示波器时基、垂直刻度及触发控制，使波形稳定清晰地显示。记录此时的时基和垂直刻度并记录波形；根据时基和垂直刻度估算信号的幅度和频率，若结果与信号源设置不符，查看信号源设置是否正确、示波器设置是否正确；在示波器和信号源设置都正确的情况下，示波器是得到 5 V 的峰峰值，还是略小于 5 V？思考原因。

(4)改变信号源输出的正弦信号的频率，不改变峰峰值，观察示波器捕获的波形的峰峰值随频率的变化情况，分析原因。记录关键点的波形及示波器参数设置。

思考：示波器的带宽对实际测量有什么影响？

5.1.2.3　用示波器观察信号源输出的方波信号

(1)设置信号源的 CH2 输出 1 kHz、峰峰值 5 V、无直流偏移、负载为高阻的方波信号；将双鱼夹线接至信号源的 CH2，打开 CH2 输出。

(2)示波器探头连接示波器的 CH2 通道，探头和双鱼夹线连接。

(3)调整示波器的时基、垂直刻度及触发控制，使波形稳定清晰地显示。记录此时的时基和垂直刻度以及示波器波形。

(4)改变方波频率为 1 MHz、10 MHz、20 MHz，观察并记录波形。

思考：示波器捕获的方波边沿随着频率有何变化？分析原因。

5.1.2.4　测量示波器的带宽

(1)用信号发生器输出 5 V 峰峰值、无直流分量、负载为高阻的正弦波。

(2)改变正弦波的频率，用示波器观察峰峰值降为 $5\ \text{V}\times 0.707\approx 3.5\ \text{V}$ 时的正弦波的频率，该频率即为要测量的示波器的带宽。记录该频率值。

思考：分析这种测量方法存在的问题。

小贴士 2

该信号源可输出的最大频率为 120 MHz，示波器的带宽为 200 MHz。直观上看，此信号源无法输出 200 MHz 以上的信号，自然也就无法测量示波器的带宽了。实践证明，用实验 5.1.2.4 中的方法可以得到一些结论：在探头×10 挡下，示波器测到了 100 MHz 左右的带宽，×1 挡下测到了 10 MHz 左右的带宽。示波器的带宽是 200 MHz，为什么仅测到了 10 M/100 M的带宽？原因是示波器探头本身有一定带宽限制，信号源的双鱼夹线自身也有阻抗，会影响测量结果。为避免连接线和信号源本身带宽限制的影响，使用高频信号源，且使用 BNC 转 BNC 的短线直接连接信号源和示波器，实际测得示波器的带宽为 250 MHz。经与固纬的工程师确认，GDS－2202E 的带宽标的是 200 MHz，但其实留有裕量。此外，示波器在内部采集前进行了 250 MHz 的滤波限制，减少 250 MHz 以上的噪声的混入，以降低测量的底噪、提高测量精度。所以在使用更合适的方法测量后，得到了 250 MHz 的带宽。

通过这个实验，可以直观感受到连接线引入的测量误差竟这么大！同时读者也可以看到用探头×1 挡和×10 挡测量的区别！

5.1.3　实验报告

实验报告应至少包含以下内容：

(1)实验内容；

(2)实验波形记录；

(3)实验结果记录；

(4)实验中的思考题。

5.2　Quartus 开发工具使用

5.2.1　实验准备

阅读本书第 3 章内容，学习 Quartus 开发工具基本使用方法。

5.2.2　实验内容

(1)在 Quartus 中创建工程并添加原理图设计文件，实现与、或、非逻辑，最后通过波形仿真文件对设计进行仿真。

(2)在实验内容(1)创建好的工程中重新添加硬件描述语言设计文件并将其设为顶层实体，实现与、或、非逻辑，最后通过波形仿真文件对设计进行仿真。

5.2.3　实验报告

实验报告应至少包含以下内容：

(1)Quatus 设计流程；

(2)本次实验中的关键步骤和仿真结果图；

(3)回答思考题；

①列出用 Quartus 设计的基本步骤。
②Quartus 有哪几种输入设计文件?
③顶层实体在 Quartus 工程中起什么作用?

5.3 Verilog HDL 语法基础

5.3.1 实验准备

阅读本书第 4 章内容,学习 Verilog 基本语法。

5.3.2 实验内容

5.3.2.1 二选一数控开关

输入信号 a,b,sel,输出信号 y;
当 sel 为 1 时,选择 a 路信号输出给 y;
当 sel 为 0 时,选择 b 路信号输出给 y。

```
always @(a or b or sel) begin
    if(sel == 1'b1) y <= a;
    else            y <= b;
end
```

5.3.2.2 带使能的二选一数控开关

输入信号 a,b,sel,en,输出信号 y;
当 en 为 1 时,输出 y 符合例实验内容一中的规则;
当 en 为 0 时,y 输出恒为 0。

```
always @(*) begin
    if(en == 1'b1) begin
        if(sel == 1'b1) y <= a;
        else            y <= b;
    end
    else begin
        y <= 0;
    end
end
```

5.3.2.3 数据分配器

输入信号 a,b,i,输出信号 y0,y1,y2,y3;
当 ab 为 00 时,i 输出给 y0,y1,y2,y3 输出 0;
当 ab 为 01 时,i 输出给 y1,y0,y2,y3 输出 0;
当 ab 为 10 时,i 输出给 y2,y0,y1,y3 输出 0;
当 ab 为 11 时,i 输出给 y3,y0,y1,y2 输出 0。

```
always @(*) begin
    case({a,b})
    2'b00: {y3,y2,y1,y0} <= {3'b000,i};
    2'b01: {y3,y2,y1,y0} <= {2'b00,i,1'b0};
    2'b10: {y3,y2,y1,y0} <= {1'b0,i,2'b00};
    2'b11: {y3,y2,y1,y0} <= {i,3'b000};
    default: ;
    endcase
end
```

5.3.2.4 7段数码管

输入信号 k[3:0],输出信号 seg7out[7:0];

用 case 语句实现该电路。示例为共阳极数码管的驱动代码。

```
always @(k) begin
    case(k)
    4'b0000: seg7out = 7'b0000001;
    4'b0001: seg7out = 7'b1001111;
    4'b0010: seg7out = 7'b0010010;
    4'b0011: seg7out = 7'b0000110;
    4'b0100: seg7out = 7'b1001100;
    4'b0101: seg7out = 7'b0100100;
    4'b0110: seg7out = 7'b0100000;
    4'b0111: seg7out = 7'b0001111;
    4'b1000: seg7out = 7'b0000000;
    4'b1001: seg7out = 7'b0000100;
    4'b1010: seg7out = 7'b0001000;
    4'b1011: seg7out = 7'b1100000;
    4'b1100: seg7out = 7'b0110001;
    4'b1101: seg7out = 7'b1000010;
    4'b1110: seg7out = 7'b0110000;
    4'b1111: seg7out = 7'b0111000;
    endcase
end
```

5.3.2.5 计步器(自主设计)

输入信号:计步脉冲信号 clk,清零信号 clr;

输出信号:步数 y。

实现过程:

(1)考虑步数 y 的位宽,根据以上描述先写出 module 模块的定义(包含端口列表和端口信号定义);

(2)考虑步数 y 的类型(wire 或 reg);

(3)考虑用过程赋值(always)还是持续赋值(assign);

(4)如果用过程赋值,敏感列表里应包含哪些信号?

(5)写出完整的代码并仿真。

5.3.3 实验报告

实验报告至少包含以下内容:

(1)Verilog HDL 中 module 的基本框架;

(2)Verilog HDL 中的主要数据类型和主要赋值方法;

(3)实验过程中完成的代码和仿真结果图。

5.4 Quartus 软件使用

5.4.1 实验准备

阅读本书第2章实验箱的相关内容,了解实验箱的结构、使用方法以及7段数码管的工作原理。

5.4.2 实验内容

使用 Quartus 软件完成 7 段数码管的显示驱动设计，分配管脚并下载程序到芯片中，在实验箱上进行设计验证。具体实现步骤如下：

(1)根据前面学习的内容新建工程，命名为“lab4”。

(2)为创建的工程添加 Verilog HDL 文件，并完成 7 段数码管的代码编辑。以下是 7 段数码管驱动的模块端口示例，供读者参考。输入为 4 位二进制数，输出为 7 段数码管的 7 个段选信号，实现的功能为将 4 位二进制数对应的十六进制数显示在数码管上。使用 case 语句完成数码管的驱动电路设计。

```
module seven_segment(data,a,b,c,d,e,f,g);
    input [3:0] data;
    output a,b,c,d,e,f,g;
    //对各个输入输出信号进行类型声明
    //请用 case 语句实现内部逻辑
endmodule
```

(3)编译后对工程进行仿真。考虑如何输入信号才能遍历所有情况并且使结果一目了然。

(4)对工程进行管脚分配，重新编译后下载验证。

将输入信号分配到核心板的 4 个 IO 上，用杜邦线将 4 个 IO 与 4 个拨位开关连接；7 个段选信号分配到核心板的 7 个 IO 上，用杜邦线将 7 个 IO 与 7 段数码管的插接口连接。连接 USB 下载程序，在实验箱上验证设计。

5.4.3 实验报告

实验报告至少包含以下内容：

(1)简述 7 段数码管的显示原理，写出真值表，写出代码的核心 case 语句；

(2)列出从分配管脚到下载验证的关键步骤；

(3)实验中遇到的问题及解决方法。

5.5 “竞争与险象”原理分析与测量

5.5.1 实验准备

(1)阅读本书第 1 章示波器使用中的单次触发相关内容。

(2)复习数字逻辑电路中竞争与险象的相关内容。

(3)阅读本书第 2 章 74 系列门电路章节。

5.5.2　实验内容

5.5.2.1　74LS00/74HC00 功能测试

从芯片的器件手册中查找芯片各管脚的定义，将芯片插到实验箱面包板上的合适位置，用实验箱上的 5 V 和 GND 给芯片供电。使用拨位开关作为输入、LED 灯作为输出来验证 7400 的逻辑功能，根据验证的结果写出真值表，看看它是不是实现了与非门的逻辑。

5.5.2.2　竞争与险象的分析与测量

(1)分析表达式 $Y=B+\overline{B}$ 可能存在的竞争和险象；

(2)使用 7400 芯片搭建(1)中的电路[可变形为式(5-1)]。

$$Y=B+\overline{B}=A\cdot\overline{A},\ A=\overline{B} \tag{5-1}$$

7400 芯片包含 4 个与非门，与非门可以用来实现非运算(请思考如何实现)。实验中使用 3 级与非门来实现非运算(3 级与非门的延迟能让大家观察到清晰的险象)，所以共使用 4 个与非门(正好是一个 7400 芯片)来实现式(5-1)的逻辑电路。

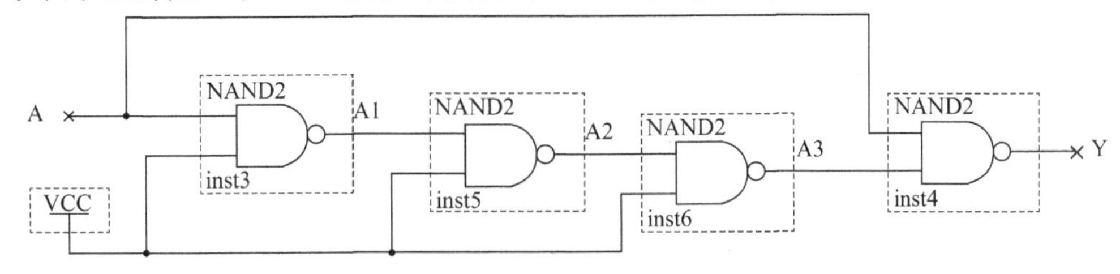

图 5-2　与非门测量竞争和险象

(3)通过示波器的单次触发功能捕获险象。搭建好电路后，使用拨位开关提供输入信号 A，使用示波器的单次触发功能捕获各个关键信号，直到最后捕获到静态险象。图 5-3 是测量结果的参考图。

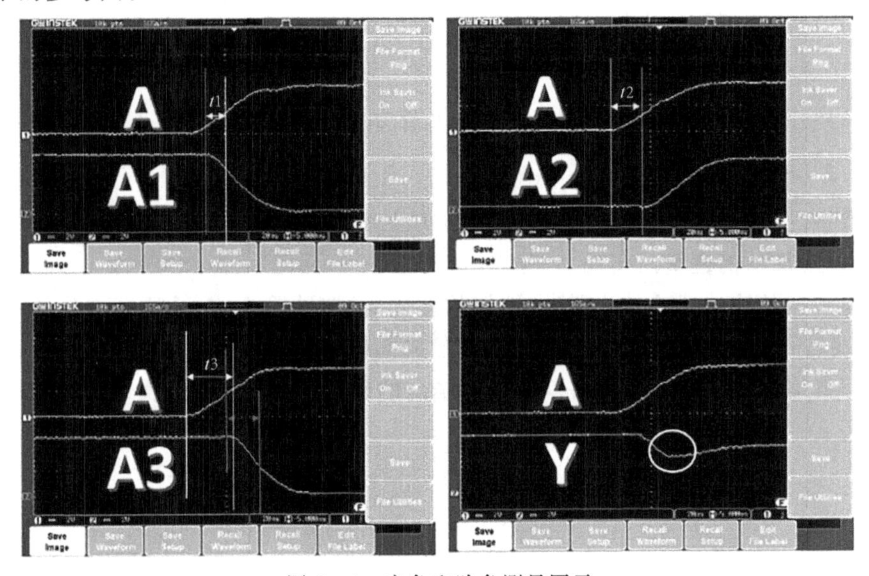

图 5-3　竞争和险象测量图示

5.5.3 实验报告

实验报告至少包含以下内容：

(1)7400 的管脚排序及定义；

(2)实验内容 1 的测试结果及真值表；

(3)实验内容 2 中的电路逻辑表达式、险象分析和实验结果图(标明关键点及时间延迟)；

(4)对比 7400 器件手册中的门传输延时和示波器测量的延时，分析原因。

5.6 基于译码器的电路设计

5.6.1 实验准备

5.6.1.1 74 系列 3－8 译码器(74LS138)

复习数字逻辑电路 3－8 译码器部分内容。图 5－4 是 74LS138 译码器的管脚图和真值表，其中 H 表示高电平，L 表示低电平，X 表示不确定的值。

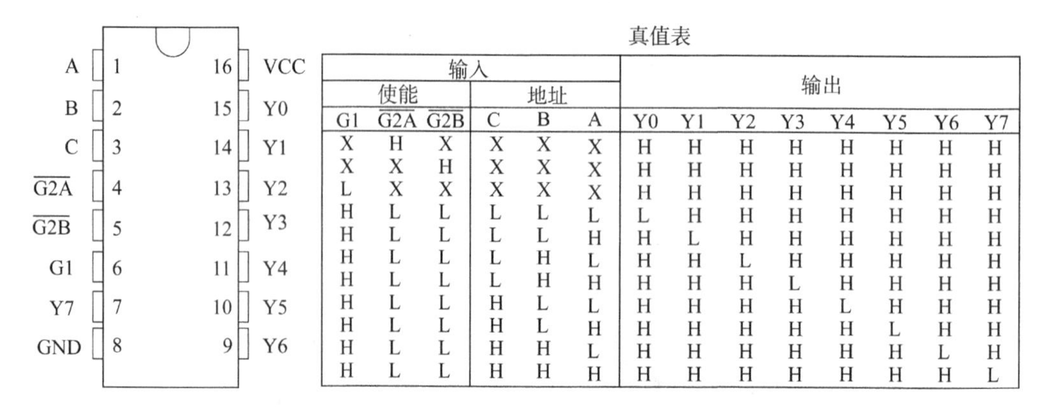

真值表

输入						输出							
使能			地址										
G1	$\overline{G2A}$	$\overline{G2B}$	C	B	A	Y0	Y1	Y2	Y3	Y4	Y5	Y6	Y7
X	H	X	X	X	X	H	H	H	H	H	H	H	H
X	X	H	X	X	X	H	H	H	H	H	H	H	H
L	X	X	X	X	X	H	H	H	H	H	H	H	H
H	L	L	L	L	L	L	H	H	H	H	H	H	H
H	L	L	L	L	H	H	L	H	H	H	H	H	H
H	L	L	L	H	L	H	H	L	H	H	H	H	H
H	L	L	L	H	H	H	H	H	L	H	H	H	H
H	L	L	H	L	L	H	H	H	H	L	H	H	H
H	L	L	H	L	H	H	H	H	H	H	L	H	H
H	L	L	H	H	L	H	H	H	H	H	H	L	H
H	L	L	H	H	H	H	H	H	H	H	H	H	L

图 5－4　74138 器件管脚图和真值表

5.6.1.2 一位全加器

复习数字逻辑电路中全加器以及最大最小项的相关内容。

(1)一位全加器的逻辑门实现。

一个全加器的输入端信号分别为：被加数输入x_i、加数输入y_i、低位向本位的进位输入C_{i-1}；输出端信号分别为：本位的和输出S_i、本位向高位的进位输出C_i；它的真值表如图 5－5 所示。根据真值表可以得到和输出以及进位输出的逻辑表达式，根据表达式可以得到逻辑门电路如图 5－5 所示。

真值表

$C_{i-1}\ y_i\ x_i$	$S_i\ C_i$
0 0 0	0 0
0 0 1	1 0
0 1 0	1 0
0 1 1	0 1
1 0 0	1 0
1 0 1	0 1
1 1 0	0 1
1 1 1	1 1

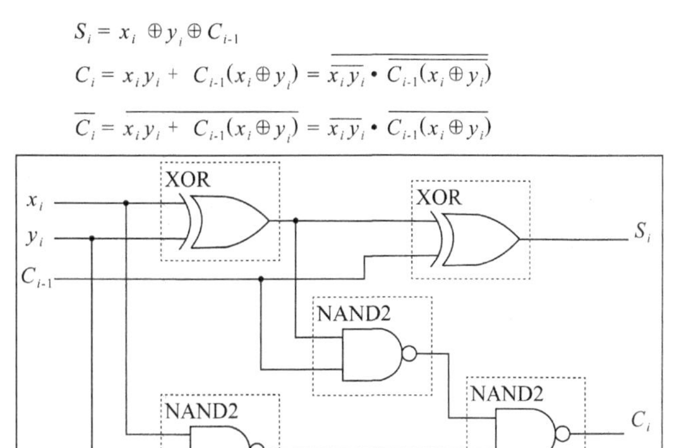

图 5 - 5　一位全加器的逻辑门实现

(2)利用 3 - 8 译码器实现一位全加器。

3 - 8 译码器也称最小项生成器。由一位全加器的真值表可以写出输出的最小项的与或式,借助 3 - 8 译码器和逻辑门电路就可以实现一位全加器,如图 5 - 6 所示。

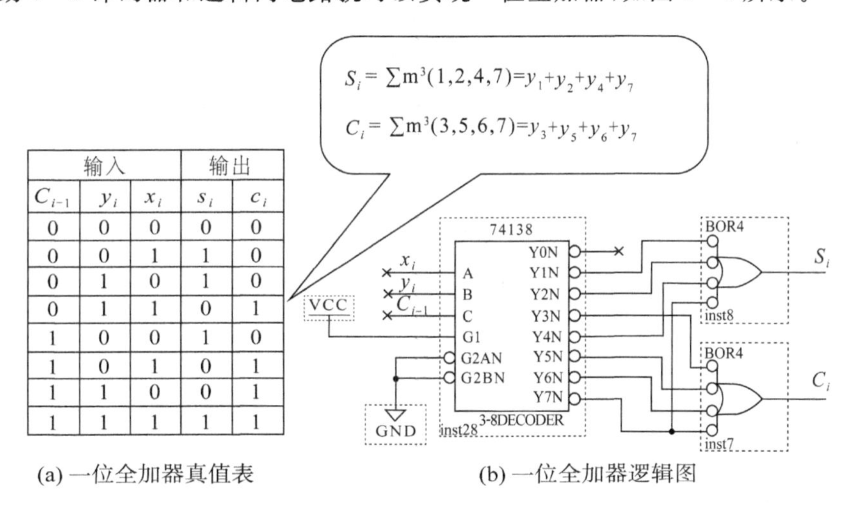

输入			输出	
C_{i-1}	y_i	x_i	s_i	c_i
0	0	0	0	0
0	0	1	1	0
0	1	0	1	0
0	1	1	0	1
1	0	0	1	0
1	0	1	0	1
1	1	0	0	1
1	1	1	1	1

(a) 一位全加器真值表　　(b) 一位全加器逻辑图

图 5 - 6　一位全加器的译码器实现

5.6.2　实验内容

(1)在面包板上测试 74LS138 芯片的电路功能。

(2)在 Quartus 中用原理图或 Verilog 程序实现 3 - 8 译码器功能,仿真并下载到实验箱上验证。

(3)在 Quartus 中用 3 - 8 译码器实现一位全加器并验证。

5.6.3　实验报告

实验报告至少包含以下内容:

(1)写出 74138 芯片的引脚排列和测得的真值表。

(2)CPLD 实现的 3－8 译码器原理图或 Verilog HDL 代码以及仿真结果图。

(3)一位全加器的设计原理图及仿真结果。

5.7 组合逻辑电路设计

5.7.1 实验准备

复习数字逻辑电路中组合逻辑电路的相关内容。

5.7.2 实验内容

在以下几个题目中选取一个设计并实现，使用数电实验箱验证。也可以自命题设计和实现，并最终通过数电实验箱验证。

5.7.2.1 检错纠错编码

在通信系统中，因为干扰和噪声，经常会发生数据在传输到另一端后被错误识别的情况。那么，就要考虑采用一些方法来加强通信的可靠性，比如在串口通信中使用奇偶校验来检错。74 海明码是可以检错并且可以纠一位错的编码。读者可以查阅并复习数字逻辑电路或通信原理教材中可靠性编码中的海明校验码的相关内容，并考虑如何用本书介绍的数电实验箱来实现和验证。要考虑的问题包含以下几个方面。

(1)输入输出信号怎么选取？

在编码时，输入信号为 4 位信息码：$B_8B_4B_2B_1$(可用实验箱上的 4 个拨位开关来输入)；输出信号为 4 位信息码和 3 位校验码 $P_3P_2P_1$ 构成的 7 位编码输出(连接至实验箱上的 7 个 LED 灯显示结果)。

在解码时，输入信号为 7 位接收码(可能含有错误位)：$B_8B_4B_2P_3B_1P_2P_1$(可用实验箱上的 7 个拨位开关来输入)；输出信号为校验后的 4 位信息码(连接至实验箱上的 4 个 LED 灯显示结果)。

(2)怎样用数电实验箱来展示？

编码时，用 4 位拨位开关作为 4 位信息码，7 个 LED 灯显示编码后的 7 位信号 $B_8B_4B_2P_3B_1P_2P_1$；解码时，7 个拨位开关对应 7 个码位，输出由 4 个 LED 灯显示，对应解码后的 4 个信息位。在只错一位码的情况下，解码后的 4 个 LED 灯的状态应该与编码时输入的 4 位拨位开关的状态一致。

(3)如何验收？

两个人组成一个小组，一人做编码，一人做解码。编码的人任意输入 4 位信息码(通过拨位开关设置)，这时 7 个 LED 灯显示编码后的码字。解码的人对照实验箱上的 7 个 LED 灯的状态拨动 7 位拨位开关输入(注意要反转其中某一位，剩余 6 位不变)，这时 4 个 LED 灯的输出状态应是纠错后的正确编码，这 4 个 LED 灯的状态应和编码的人设置的 4 个输入拨位开关的状态一致。若一致，该小组两人验收通过。

5.7.2.2　码制转换

在数字电路中，所有的数制最终都换算成矢量二进制来表示。仅十进制，就有8421码、2421码、余3码等表示方式。因此，码制转换非常重要。

具体可使用画卡诺图的标准方法来设计，也可以研究真值表，分析得到逻辑电路。用4位拨位开关输入码字，4个LED灯显示输出码字(即转换后的码字)。

5.7.2.3　并行加法器(超前进位加法器)

计算机中进行的都是二进制数的存储及运算，其中最本质的运算单元是加法器。串行加法器比较好理解，但是高位的计算要等待低位的计算结果，这样会导致多位二进制加法速度很慢，而并行加法器可有效降低延时、提高运算速度。读者可参照数字逻辑电路中的超前进位加法器相关内容，在实验箱上设计并实现它。可实现2个4位二进制数的加法器，使用8个拨位开关作为输入，5个LED灯作为输出。

5.7.3　实验报告

实验报告至少包含以下内容：

(1)选择的题目及题目要求描述；

(2)分析和模型建立(包括输入输出信号确立)；

(3)实现逻辑；

(4)仿真结果和验证结果。

5.8　双稳态元件功能测试

SR锁存器和D触发器是整个数字时序世界最重要的基本单元，对SR锁存器和D触发器的结构和时序特性的理解，对课程后续内容的理解和EDA课程的学习效果非常关键。本实验通过实际操作，使学生自行发现问题，分析问题，得到答案，掌握电平锁存器与边沿触发器的区别，对边沿触发器建立保护时间、FMAX、异步置0置1使用约束条件的模糊认识逐渐清晰。

5.8.1　实验准备

复习数字逻辑电路中有关双稳态元件的内容。掌握SR锁存器和带使能的SR锁存器、D触发器、JK触发器、T触发器的电路结构和时序逻辑功能。

5.8.2　实验内容

5.8.2.1　D触发器实现SR锁存器

(1)比较图5-7的边沿触发维持阻塞D触发器原理图和图5-8中的低有效SR锁存器原理图。观察并确认：将D触发器的CLK管脚固定接低电平，该触发器成为低有效SR锁存器。

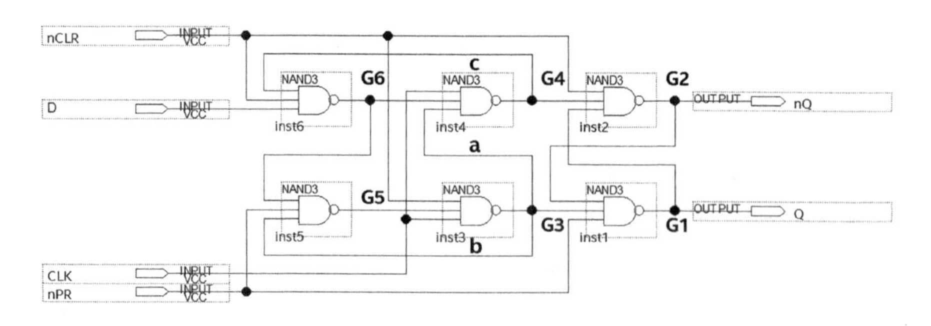

图 5-7　边沿触发维持阻塞 D 触发器原理图

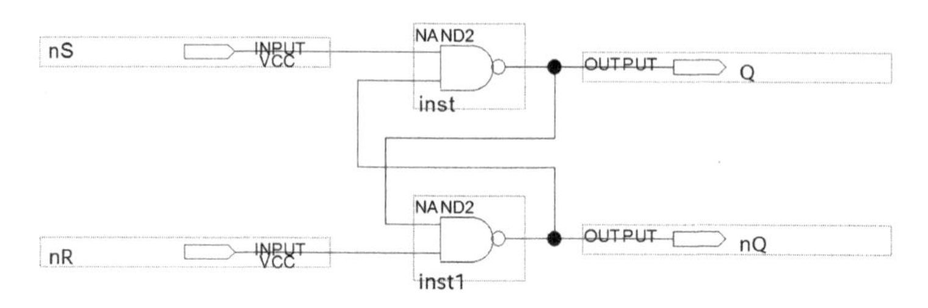

图 5-8　低有效 SR 锁存器原理图

(2)在实验箱底板上装配面包板，放一片 74 系列双 D 触发器 74LS74 或者 74HC74，并连接电源和输入输出。其中 74LS74 是基于 TTL 工艺的上升沿触发的边沿触发维持阻塞 D 触发器；74HC74 是基于 CMOS 工艺的上升沿触发的边沿触发维持阻塞 D 触发器。两种芯片逻辑功能一样，都可以在 5 V 电源下工作。图 5-9 展示了安森美半导体公司(ON Semiconductor)74HC74 的管脚分布、次态真值表和逻辑框图。

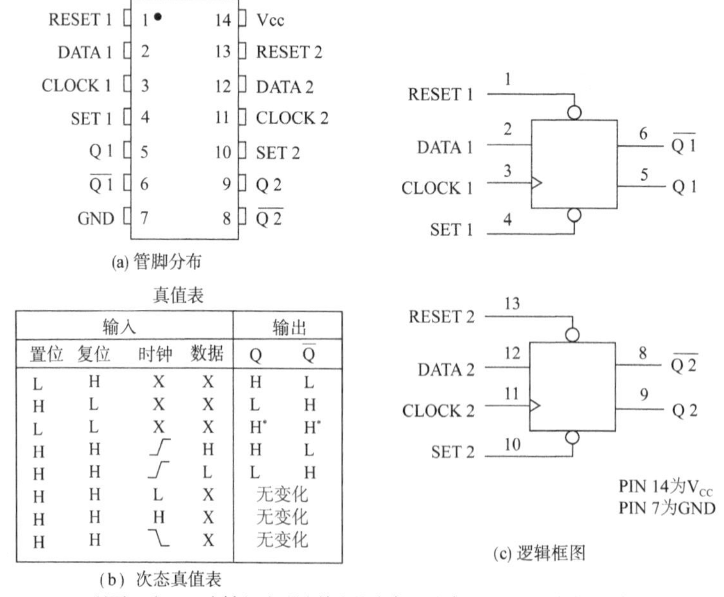

真值表

输入				输出	
置位	复位	时钟	数据	Q	$\overline{Q}$
L	H	X	X	H	L
H	L	X	X	L	H
L	L	X	X	H*	H*
H	H	↑	H	H	L
H	H	↑	L	L	H
H	H	L	X	无变化	
H	H	H	X	无变化	
H	H	↓	X	无变化	

(b) 次态真值表

*只要Set和Reset为低电平，所有输出均为高电平；但Set和Reset同时变为高电平时输出状态不确定。

图 5-9　双 D 触发器 74LS74 原理图

使用其中的一个D触发器，将CLK接低电平作为低有效SR锁存器使用，进行功能测试。测试和验证低有效SR锁存器的逻辑功能，记录次态真值表，测试输入输出电平变化。

(3)根据测试结果回答以下问题：

①时序逻辑电路与组合逻辑电路的区别是什么？

②简述低有效SR锁存器实现存储电路的基本原理。

③关注图5-9中带*号的标注内容。低有效SR锁存器进入约束条件后，还能返回正常状态吗？

④低有效SR锁存器进入约束条件后，有手动使低有效SR锁存器无法返回正常状态的方法吗？

5.8.2.2　D触发器功能验证

在数电实验箱上测试和验证D触发器的逻辑功能，记录次态真值表，测试输入输出电平变化。

5.8.2.3　D触发器原理细节观测

在Quartus中打开图5-10所示的“可视延时D触发器模型”工程下载到开发板上，观察测试D触发器工作的原理细节。

(1)在Quartus中打开图5-10所示的“可视延时D触发器模型”工程。

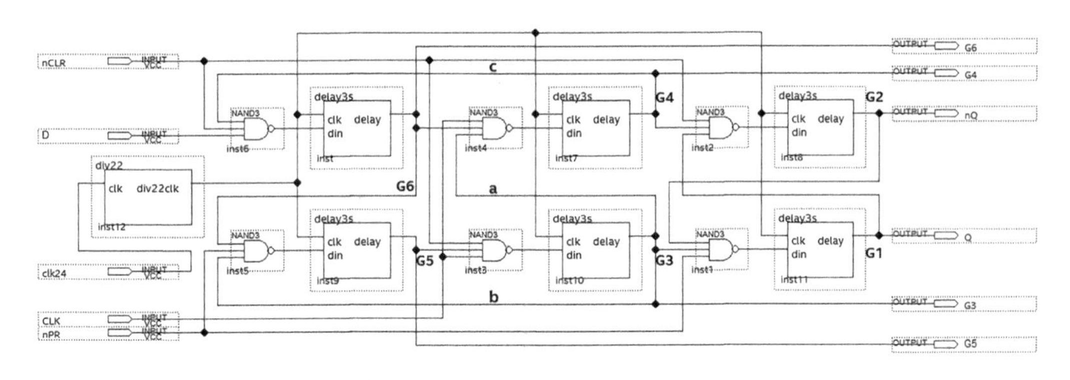

图5-10　可视延时D触发器模型原理图

图5-10的“可视延迟D触发器模型”在6个与非门结构的D触发器的基础上，每个与非门的输出端增加了约3.5 s的延时电路，等效于每个与非门从输入到输出需要3.5 s的门延时，从而可以观察到D触发器内部的逻辑变化过程。电路包含两种子电路模块：div22和delay3s。

图5-11为div22电路原理图，该电路实现了对24 MHz的时钟脉冲进行2的22次幂分频的功能，其电路原理将在后续的同步加一计数器章节学习。图中的输入clk为核心板的24 MHz时钟脉冲，输出div22clk是周期约0.175 s的方波。

图5-12为3.5 s延时电路原理图，实现了对输入din经过约3.5 s的延迟之后输出的电路功能，其电路原理将在后续的移位寄存器章节学习。图中的输入clk为图5-11所示电路产生的周期约0.175 s的方波，输入din连接至各个与非门的输出，输出delay为对din延迟约3.5 s后的逻辑输出。

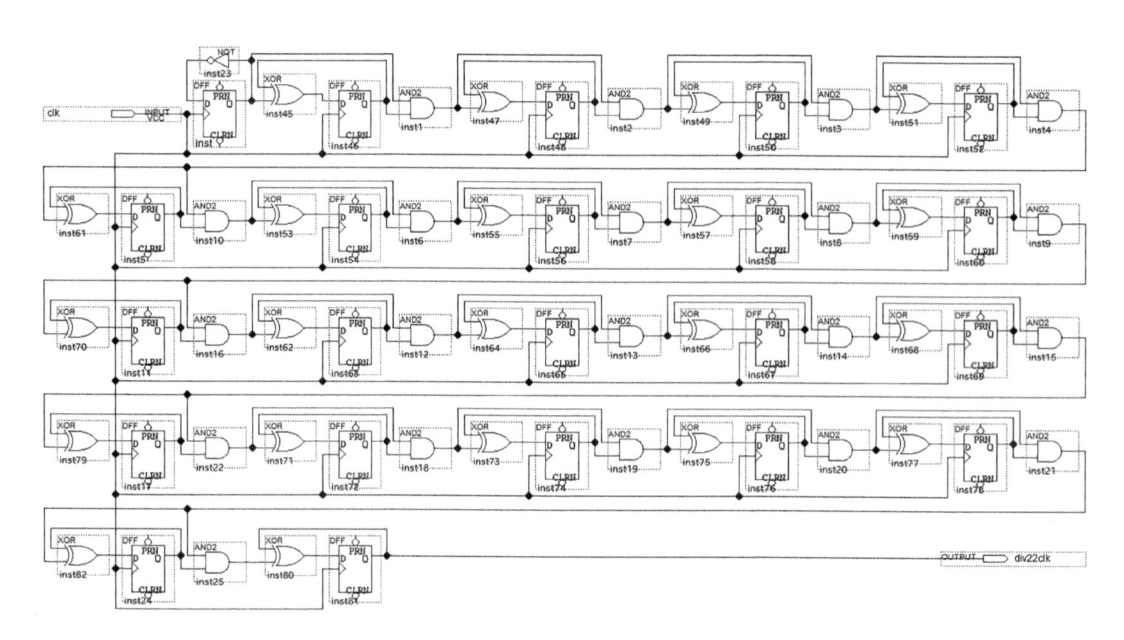

图 5－11　同步 2^{22}分频器电路原理图

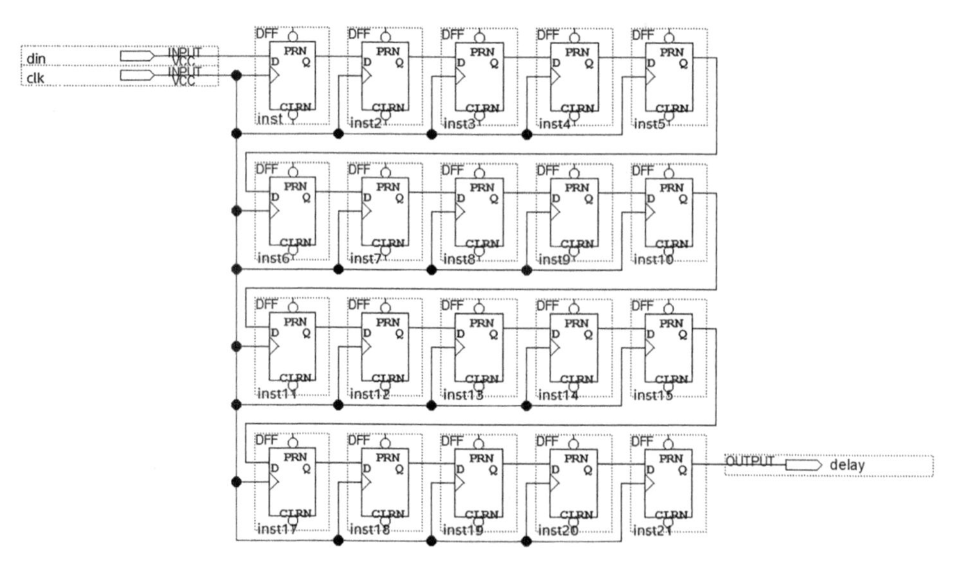

图 5－12　3.5 s 延时电路原理图

在数电实验箱上，将拨位开关 SW1 接本工程中的 nPR 异步置 1 端；

拨位开关 SW0 接 nCLR 异步置 0 端；

按键 KEY1 接数据 D 输入端；

按键 KEY0 接时钟 CLK；

LED0 接 Q，代表 1 号门的逻辑电平输出；

LED1 接 nQ，代表 2 号门的逻辑电平输出；

LED2～LED5 分别接 G3～G6，代表 3～6 号门的逻辑电平输出。

该工程在 D 触发器模型上扩展而得。D 触发器每个与非门原本的 6 个输出为 G1～G6，将这些输出送入一个约 3.5 s 的延时电路，该延时电路能将用户 0.175 s 以上的按键或开关输入变化都经过每个与非门 3.5 s 的延时输出，从而通过模拟的人眼可见的与非门逻辑变化展示 D 触发器的内部工作过程。

(2)通过分配管脚、下载、连线，在数电实验箱上测试和验证 D 触发器的逻辑功能，记录次态真值表并测试输入输出电平变化。

(3)根据测试结果回答以下问题：

①反馈线 a 被称为置 0 阻塞线的原因是什么？

②反馈线 b 被称为置 1 维持线的原因是什么？

③反馈线 c 被称为置 0 维持线的原因是什么？

④nPR 和 nCLR 同时有效时 D 触发器会输出什么？同时撤销时 D 触发器会输出什么？可以允许 nPR 和 nCLR 同时有效吗？

⑤从时钟上升沿到 Q 端输出正确电平需要几级门延迟？

⑥从时钟上升沿到 12 号门形成互反电平需要几级门延迟？

⑦clk 的低电平持续时间最短应为几级门延时，为什么？

⑧clk 的高电平持续时间最短应为几级门延时，为什么？

⑨D 触发器的最短时钟周期是否应该为 clk 低电平最短时间＋clk 高电平最短时间？

⑩根据这个模型，考虑到对 clk 波形的一般要求，实际 D 触发器的 FMAX 约束为多少级门延迟最为合理？

⑪当 D 在时钟上升沿前的建立时间内变化，数据 D 的脉冲式快速变化(0—1—0 或 1—0—1)会不会传递到输出端？为什么？

⑫当 D 在时钟上升沿后的保持时间内变化，数据 D 的脉冲式快速变化(0—1—0 或 1—0—1)会不会传递到输出端？为什么？

⑬当 nPR 和 nCLR 同时有效后，有手动使 nPR 和 nCLR 同时撤销的方法吗？这时延时 D 触发器模型如何变化？为什么？

⑭如果第一个 D 触发器的 Q 输出(1 号门输出)直接连到第二个 D 触发器的数据 D 端(6 号门输入)，会不会存在不满足建立保持时间的问题？

5.8.3　实验报告

实验报告至少包含以下内容：

(1)各种触发器功能测试电路；

(2)各种触发器仿真波形图；

(3)测试得到的次态真值表；

(4)简述从 SR 触发器到 D 触发器的电路演变过程；

(5)回答实验内容中的所有问题。

5.9 计数器

5.9.1 实验准备

复习数字逻辑电路中有关同步计数器和异步计数器的内容。

5.9.2 实验内容

使用D触发器实现4位同步计数器和异步计数器并下载到实验箱上验证。

(1)根据数字逻辑电路中的相关内容自行设计电路,分析所设计的电路是加1还是减1计数器;

(2)将设计好的电路通过Quartus实现并进行功能和时序仿真,分析异同;

(3)可使用7段数码管作为4位计数器的输出显示,同时请考虑计数器的时钟信号如何供给,将设计完整的工程下载到实验箱上验证;

(4)比较同步和异步计数器的区别。

5.9.3 实验报告

实验报告至少应包含以下内容:

(1)异步计数器的电路原理图及其分析和仿真图;

(2)同步计数器的电路原理图及其分析和仿真图;

(3)简述同步计数器相比异步计数器的优势;

(4)简述时序电路设计的关键步骤;

(5)思考题:如何用JK触发器实现异步计数器和同步计数器?将原理图附在报告里。

5.10 时序逻辑电路设计

5.10.1 实验准备

复习数字逻辑电路中时序电路相关内容。

5.10.2 实验内容

自选题目进行设计,使用Quartus软件以及实验室的仪器进行实现和验证。

5.10.2.1 任意模值的计数器

在实验5.9中,我们使用D触发器分别设计了同步计数器和异步计数器,已经掌握了4位二进制计数器即模16计数器的设计。但是在实际生活中,需要各种模值的计数器,例如,数字钟的时分秒分别是模24和模60的计数器。此外,数字电路中的状态转移也可以通过计数器的方式实现。计数器是数字电路中非常重要的知识点。

请用时序电路的设计方法,设计一个任意模值的计数器。这个模值可以是固定的,也可以通过外部的输入(比如按键、拨位开关等)来设定。该题目可以使用 Verilog HDL 编程实现,也可以通过画原理图的方式实现。请大家注意实现的电路要和实际生活关联,最好能对应实际生活中的某个实例。

5.10.2.2　动态扫描数码管显示

在5.4节中,大家已经学习了7段数码管的驱动电路。在实验箱上,除了两个独立的共阳极数码管外,还有6个共阴极的数码管,这6个数码管采用扫描式显示,使用13个信号驱动6个数码管,有7个段选信号a、b、c、d、e、f、g和6个位选信号s1、s2、s3、s4、s5、s6。

请参阅本书第2章动态扫描数码管相关内容,完成设计。

5.10.2.3　串并转换

实际工程中,数据收发是经常会碰到的,在数据的收发和存储过程中,经常会用到串并转换。例如,USB接口转换芯片FT245就可将USB串行信号转换为8位总线的并行信号。本实验中,大家可以选取实际中的应用案例,将数据串转为并、或者并转为串。思考转换过程中的串并两端数据速率如何匹配。

5.10.3　实验报告

实验报告至少包含以下内容:

(1)选择的题目描述;

(2)建模、分析和具体的电路设计思路(包括输入输出信号选取、使用的器件、激励表等);

(3)具体的电路实现和验证(包括在 Quartus 中的具体实现、仿真结果和验证结果);

(4)对本次实验的思考。

5.11　数字系统设计

5.11.1　实验准备

复习数字逻辑电路中系统设计相关内容。

5.11.2　实验内容

自主选题,自主设计,独立实现。

5.11.2.1　数字钟

在前面的实验内容中,大家已经掌握了任意模值计数器、动态扫描数码管的驱动电路设计。数字钟是由两个模60的BCD码计数器(表示分钟和秒钟)、一个模24的BCD码计数器(表示小时)和数码管组成。设计时要注意,模60的BCD码计数器是由一个模10计数器和一个模6计数器组成的,要注意置位信号的设计。同样,模24的BCD码计数器是由一个模10计数器和一个模3计数器组成,该模24计数器要在计数至23时回到0重新计数,这是一个难点,设计中要注意。

具体实现步骤如下：

(1)设计一个由模10和模6计数器组成的模60计数器，在Quartus中实现并仿真。注意，一定要对照仿真结果来检查设计。如果仿真结果不对，从错误处一步步往前推，分析出电路设计的错误，改正后重新仿真。如此反复，直到设计满足设计目标。

(2)按照上面所述，设计一个模24的计数器。独立设计、验证、查错。

(3)设计动态扫描数码管驱动电路，注意：是6个数码管显示独立的数字。

(4)根据自底向上的设计方法，将以上3个设计封装成符号文件，然后新建一个顶层BDF文件，调用两个模60计数器和一个模24计数器构建数字钟，并以动态扫描数码管驱动电路作为显示。

(5)整个工程编译后，分配管脚再编译，最后下载到电路板上验证。

5.11.2.2 交通灯

交通红绿灯是人们出行常遇到的。如果让你来设计一个交通控制灯，你的策略会是怎样的？你能否将你认为好的策略在实验室的环境中搭建出来？

实验箱上的拨位开关可以作为有行人或者有车辆的输入，LED灯可以作为南北向、东西向的黄、红、绿指示灯。

5.11.2.3 串口通信

运用数字电路的知识来实现与计算机的串口通信，在实际工程和生活中应用得较多。如：打印机使用串口与计算机进行通信。“通信”是信息工程专业接触比较多的一个概念，从并行到串行、同步到异步，从有线到无线、低频到射频，以及信源编解码、信道编解码等，覆盖的知识面非常广。在实际工程中，经常需要电路系统与计算机进行信息交互以完成计算机对下位机的配置或者计算机对下位机的数据读取，而串口通信是一种简便易行的可选方案。

具体实现步骤如下：

(1)自行查阅计算机串口通信的相关知识，包括信号名称和信号时序波形图；

(2)编写适用于计算机串口通信的CPLD程序；

(3)在核心板上下载该程序并测试，完成与计算机的串口通信。

小贴士

使用核心板和计算机进行串口通信的系统结构如图5-13所示。核心板上设计了CH340方案的USB串口，可以使用USB连接线与计算机连接，同时计算机上需安装适配于CH340的串口驱动。计算机上使用串口调试助手实现计算机端串口的收发，而核心板上需根据串口时序要求自行编写适配的串口通信程序。

本实验中的串口为通用异步收发传输器(Universal Asynchronous Receiver/Transmitter，UART)，是一种异步收发传输通信总线。该总线双向通信，可以实现全双工传输和接收。UART有4个管脚(VCC、GND、RX、TX)，其中VCC和GND是电源管脚，RX和TX分别是收发管脚。传输时序如图5-14所示。在RX和TX传输线上，若处于空闲状态则传输1；第一个0为起始位，表示传输即将开始；紧接着是数据位、校验位、停止位。由于是异步通信，没有时钟信号来同步，所以需要约定好收发两方的传输速率(称为波特率，即每秒传输的比特数，波特率的倒数即为传送一个比特的周期，对应图5-14中则为起始位、每个数据位、校验位、停止位的每位的持续时长)。除此外,还会约定两个字符之间的空闲位时长至少为 5 个比特周期。

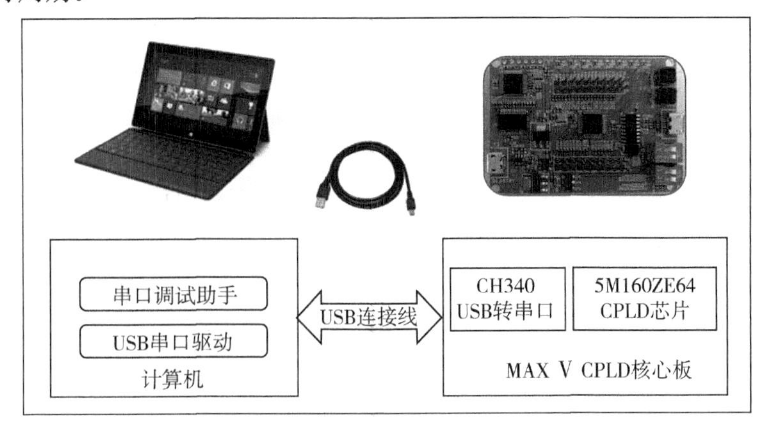

图 5-13　串口通信系统结构

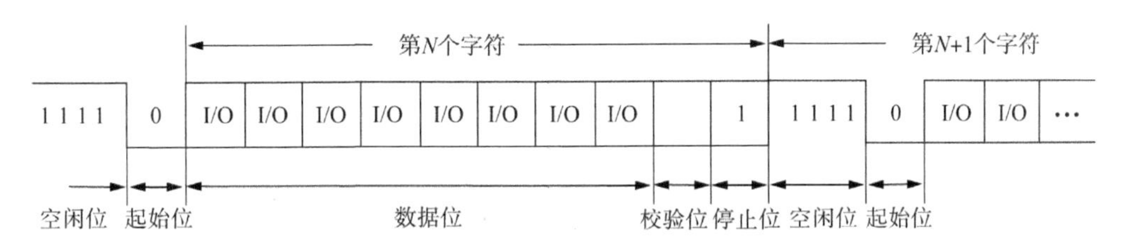

图 5-14　UART 传输时序

UART 的控制器包含收和发两个部分。接收时(即 RX 线上),注意在每个比特的中间位置采样,避开边沿,避免数据抖动。发送时(即驱动 TX 信号时),则是在每个比特的开始就改变数据并且持续一个比特周期,如图 5-15 所示。

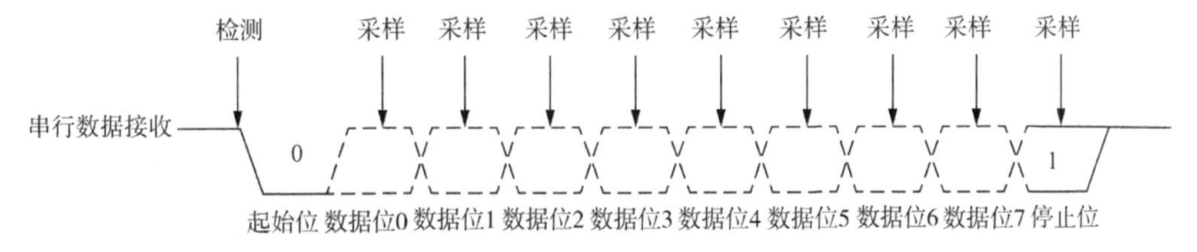

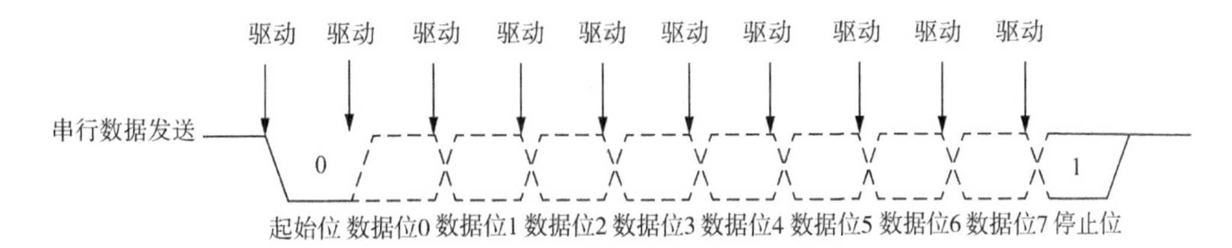

图 5-15　收发驱动

具体的实现过程如下:

(1)在 CH340 官网上下载 USB 串口驱动;自行下载并查阅 CH340 的器件手册。

(2)查看 MAX V CPLD 核心板的原理图,或查阅本书第 2 章内容,确定 UART 信号 RX、TX 与 CPLD 的连接引脚。在 Quartus 中编写程序实现串口通信的时序逻辑并做功能仿真,分配管脚、再次编译后将程序烧录到核心板的主控芯片里。

(3)按照图 5-13 搭建测试环境并完成测试。用 USB 连接线连接核心板和计算机,打开软件调试助手开始测试。测试过程中可以通过示波器观察核心板上主要信号的波形,既可以排查错误,又可以通过对照实际波形和串口通信的时序图加深对串口通信的理解。若通信过程中出现错误,根据现象分析可能出错的地方并排查和纠错,直到问题解决。

5.11.3 实验报告

实验报告至少包含以下内容:

(1)题目描述;

(2)设计思路和设计过程;

(3)具体实现和验证;

(4)总结;

(5)对该实验课程的建议。

参考文献

[1] 朱正东、伍卫国.数字逻辑与数字系统[M].北京:电子工业出版社,2015.

附录

数电诀

离散元件,逻辑单元,功能部件,数字系统;(概论数字电路的不同级别)

数字有序,逻辑平等,零一高阻,无始无知;("无始"指逻辑值 U,"无知"指逻辑值 X)

待定系数,除基取余,乘基取整,近点先得;(基数乘除法转换口诀)

物理意义,机器字长,题目要求,同等精度;(数制转换精度口诀)

求补取负,变反加一,减一变反,殊途同归;(求补口诀,求补一般指求一个补码的相反数的补码)

码组距离:格雷依序,校二纠三,最大似然;(可靠性编码的基本原理)

基本定理:多余化简,反演对偶,代入零一;

最简电路:门数最少,端数最少,级数最少;

几何相邻,相对相邻,相重相邻,虫洞包边;(卡诺图的边可以形象地描述为"虫洞")

无关化简:任意约束,意义不同,谨慎因果;(无关项化简完成后,其结果就被指定了)

电路为入,化简表达,分析功能,改进为善;(组合逻辑电路分析流程)

竞争险象:时差所致,逻辑为单,功能为双;

级联要义:低位选线,高位选片,位序对齐;

基本输入,基本输出,级联输入,级联输出;(重复电路结构)

进位产生,进位传递,片内超前,片间行波;(超前进位加法口诀)

译码编码,三态多选,比较校验,加减合一;(几种重要的组合逻辑电路模型)

三态电路:零一高阻,开甲关乙,先关后开;(三态门时序约束)

米莉电路:输出随入,脉冲到来,状态随入;

摩尔电路:输出随态,脉冲到来,状态随入;

D 锁存器: C 低保持,C 高跟随,电平决定;

D 触发器: C 低保持,C 高反馈,前沿触发;

保一建二,低二高三,二三得五,异步择一;(D 触发器的建立保持时间,频率上限,复位置位同时只能用一个)

触发激励:看现寻激,有效变态,无效则静;(激励表的记忆方法)

激励输出,次态二值,代数画图,特性功能;(电路分析流程)

节拍多出,脉冲单出,计数移位,译码相随;(节拍分配器构成)

原始状态,化简分配,触发激励,挂起留神;(电路设计流程)

次态相同,交错维持,后继等效,次态循环;(状态等效口诀)

隐含合并,覆盖闭合,次态无关,判断停止;(不完全给定时序电路化简流程)

出入相同,现态相邻,输入相邻,次态相邻;(相邻状态分配法记忆口诀)

发生控制,接收状态,接收外来,系统标志;(控制单元与信息处理单元)

矩形状态,菱形判别,米莉才有,条件输出;(逻辑流程图与 ASM 图)

逻辑流程,算法状态,状态转换,次态方程;(算法状态机图设计流程)

累加设计,控制互斥,杰克扩展,位间级联;("杰克"指 JK 触发器)

与或阵列:编程固定,编程编程,固定编程;(从 ROM、PLA 到 PAL 的变化)

乘积矩阵,查找选择,进位级联,核线口成;(CPLD、FPGA 结构:内核、连线、端口三部分)

异步复位,同步释放,时钟管理,群体延迟;(FPGA 基本设计注意点)

设计电路,安全第一,异步谨慎,同步为王;

单稳双稳,多谐振荡,整形鉴别,延时定时;(脉冲电路功能)

采样保持,量化编码,分辨线性,误差速度;(模数数模转换关注点)

原理方法,前后串联,默念口诀,夯实基础。

数电诀包含了数字电路基本原理、要点和难点的理解和记忆方法,能帮助学生学习、实践、理解、记忆和巩固所学内容。内容是在恩师毛文林老师、张琴老师已有口诀的基础上整理而出的,希望能对同学们学习数电有所帮助。

西安交通大学　符均
2019 年 8 月 1 日